博雅 高等学校计算机技术类课程规划教材

Python程序设计及其应用

主　编　李忠月

副主编　周中雨　林小燕　黄海隆　周　艳

内容简介

本书以 Python 3.7 为开发环境，分为 4 篇，一共 21 章。第 1 篇为基础篇，讲解 Python 的基础知识；第 2 篇为进阶篇，讲解面向对象编程、数据库编程和多线程编程等；第 3 篇为应用篇，讲解如何处理 Excel 电子表格、Word 文件和 PDF 文件，如何自动发送邮件以及如何自动登录等；第 4 篇为数据篇，讲解如何通过爬虫获取数据，以及如何对数据进行分析与可视化等。

本书是面向实践的 Python 编程，不仅介绍 Python 的基础知识，而且设计了大量的案例。一些重要、难懂的案例还有配套的微课视频，读者可以扫描书中的二维码观看。通过本书，读者不仅能掌握 Python 的编程技巧，而且能体会到利用 Python 编程的快乐。

本书可以作为高等学校计算机专业及其他相关专业的教学用书，也可以作为 Python 程序设计人员的参考用书。

图书在版编目(CIP)数据

Python程序设计及其应用 / 李忠月主编. —北京：北京大学出版社，2022.7
高等学校计算机技术类课程规划教材
ISBN 978-7-301-32809-5

Ⅰ. ①P… Ⅱ. ①李… Ⅲ. ①软件工具 – 程序设计 – 高等学校 – 教材 Ⅳ. ①TP311.561

中国版本图书馆CIP数据核字(2021)第273829号

书　　名　Python程序设计及其应用
　　　　　Python CHENGXU SHEJI JI QI YINGYONG
著作责任者　李忠月　主编
策划编辑　温丹丹
责任编辑　温丹丹
标准书号　ISBN 978-7-301-32809-5
出版发行　北京大学出版社
地　　址　北京市海淀区成府路205 号　100871
网　　址　http://www. pup. cn　　新浪微博：@ 北京大学出版社
电子信箱　编辑部 zyjy@pup. cn　总编室 zpup@pup.cn
电　　话　邮购部010-62752015　发行部010-62750672　编辑部010-62756923
印 刷 者　河北文福旺印刷有限公司
经 销 者　新华书店
　　　　　787毫米×1092毫米　16开本　19.5印张　498千字
　　　　　2022年7月第1版　2025年2月第2次印刷
定　　价　63.00元

前　　言

随着新时代的到来，Python 正在不断发展壮大。对于初学者来说，学习 Python 的主要原因是它具有简便性。同样，想要进入数据科学和机器学习的有经验的编程者，学习 Python 是有意义的，因为它具有强大的 API 和可用于 AI（人工智能）、数据科学和机器学习的库。而且近年来，Python 在高校中越来越受欢迎。

本书以程序设计为主线，从应用出发，通过案例和问题引入 Python 的相关知识，重点讲解程序设计的思想和方法，培养读者的程序设计能力和应用能力。在教材的结构设计上，本书强调学以致用，使读者从一接触 Python 语言，就开始练习编程。全书共 21 章，分为 4 篇来讲解：基础篇、进阶篇、应用篇和数据篇。为了提高读者的学习兴趣，各章一般是先导入实例后再介绍相关知识。第 1 篇，第 1 ～ 9 章，主要讲解 Python 的基础知识；第 9 章为基础知识大串讲，帮助读者融会贯通 Python 的基础知识点。第 2 篇，第 10 ～ 15 章，主要讲解面向对象编程、数据库编程和多线程编程等。第 3 篇，第 16 ～ 18 章，主要讲解如何处理 Excel 电子表格、Word 文件和 PDF 文件，如何自动发送邮件以及如何自动登录等。第 4 篇，第 19 ～ 21 章，主要讲解如何通过爬虫获取数据，以及如何对数据进行分析和可视化等。

书中案例涉及的外部网址或网页内容是作者当时编写时显示的状态，由于有些网址或者网页布局在本书出版后会有变动，读者可能发现书中的内容和实际内容有出入，但这些并不影响读者的学习及代码的实现，读者可以将这些网址换成类似的网址即可得到想要的结果。此外，为了案例的多样化，书中也使用了作者本校的内部网址，同样读者可以将案例中的内部网址替换成可以运行的网址。

本书有如下特色：

（1） 本书由来自高校教学一线和企业开发实践的作者共同编写，既凝聚了教育工作者多年的教学改革经验，又融入了行业专家在程序设计领域的实战智慧。本书从入门者的角度出发，以简洁、通俗易懂的语言逐渐展开 Python 程序设计及其应用的讲解。

（2）本书内容丰富，叙述清晰，并配套了大量的应用案例，帮助读者快速进入

Python 编程的世界。

（3）为了满足读者对在线开放学习的需要，书中配有习题、参考答案、拓展知识和例题讲解微课等相关资源，读者可以用微信扫描二维码获得。

（4）本书强调应用能力的训练，使程序设计教学重在培养读者对复杂问题的求解能力，让读者在问题求解过程中学习，有效地将学习与应用融为一体。通过对本书的学习，读者能够具备从事大数据、人工智能、金融分析、工程问题求解等领域相关工作的能力。

在本书的编写过程中，编者本着科学、严谨的态度，力求完美，如果书中有不妥之处，敬请读者批评指正。

编　者

2025 年 2 月修订

本教材配有练习题、参考答案、拓展知识和例题讲解微课等相关资源。

读者扫描右侧二维码，即可获取上述资源。

一书一码，相关资源仅能领取一次，请确认使用最终的微信账号进行扫描。

Python 程序设计及其应用
请刮开后扫描获取本书资源
本码2030年12月31日前有效

本教材配有教学课件或其他相关教学资源，如有老师需要，可扫描右边的二维码关注北京大学出版社微信公众号“未名创新大学堂”（zyjy-pku）索取。

- 课件申请
- 样书申请
- 教学服务
- 编读往来

目　录

第1篇　基　础　篇

第3篇　应　用　篇

第4篇 数 据 篇

第1篇 基础篇

第1章 Python概述

1.1 Python的起源

1989 年的圣诞节期间，荷兰阿姆斯特丹的一名计算机程序员吉多·范罗苏姆为了打发时间，决心开发一个新的解释程序，作为 ABC 语言的一种继承。

ABC 语言是由吉多参与设计的一种教学语言，它非常优美和强大，是专门为非专业程序员设计的。但是 ABC 语言并没有被推广成功，究其原因，吉多认为是 ABC 语言的代码不对外开放造成的。因此，吉多决心在 Python 中避免这一问题，结果获得了非常好的效果。

1991 年，第一个 Python 解释器诞生，它是用 C 语言实现的，并能够调用 C 语言的库文件。Python 一经诞生就已经具有了类、函数和异常处理等内容，包含字典、列表等核心数据结构，以及以模块为基础的拓展系统。

2000 年，Python 2.X 系列中的第一个版本 Python 2.0 发布。2020 年 1 月 1 日，Python 2.7 正式停止维护。最后一个版本 Python 2.7.18 于 2020 年 4 月 20 日正式发布。此次最终版本的正式发布，为 Python 2.X 系列画上了完美的句号。

2008 年，Python 3.X 系列中的第一个版本 Python 3.0 发布。Python 3.X 系列与 Python 2.X 系列是不兼容的，由于很多 Python 程序和库都是基于 Python 2.X 系列的，所以 Python 2.X 系列和 Python 3.X 系列程序会长期并存。Python 3.X 系列的新功能吸引了很多开发人员，因此，建议初学者在学习 Python 时从 Python 3.X 系列开始。

1.2 Python的特点

Python 能够流行起来，并长久不衰，得益于 Python 具有的很多优点：

（1）简单易学。Python 设计的目标之一就是能够方便学习，使用简单。它能使编程者专注于解决问题而不是过多地关注语言本身。

（2）面向对象。Python 支持面向对象的编程。与其他语言（如C++ 和 Java）相比，Python 以一种非常强大又简单的方式实现面向对象编程。

（3）解释性。Python 语言写的程序不需要编译成二进制代码，可以直接从源代码运行程序。在计算机内部，Python 解释器把源代码转换成字节码的中间形式，然后再把它翻译成计算机使用的机器语言并运行。这不仅使得编程者更容易使用 Python，也使得 Python 程序更加易于移植。

（4）免费开源。Python 是免费开放源代码的软件。简单来说，编程者可以自由地利用 Python 的源代码进行优化、传播以及二次开发。

（5）可移植性。Python 解释器已经被移植到许多平台上，Python 程序无须修改就可以在多个平台上运行。

（6）胶水语言。所谓胶水语言是用来连接其他语言编写的软件组件或模块。Python 能够被称为胶水语言的原因是，标准版本的 Python 是用 C 语言编译的（被称为 CPython）。因此，Python 可以调用 C 语言，借助 C 语言的接口，Python 几乎可以驱动所有已知的软件。

（7）丰富的库。Python 官方提供的 Python 标准库种类繁多，这些标准库可以帮助我们处理各种工作，它们不需要安装即可直接使用。除了标准库以外，还有很多其他高质量的第三方库。

（8）规范的代码。Python 的程序格式采用强制缩进的方式，使得代码具有极佳的可读性。

（9）支持函数式编程。虽然 Python 并不是一种单纯的函数式编程，但是它对函数式编程提供了支持。如函数类型、Lambda 表达式、高阶函数和匿名函数等。

（10）动态类型。Python 是动态类型语言，它不会检查数据类型，在变量声明时不需要指定数据类型。

1.3 Python的主要应用领域

Python 与 Java 一样，都是高级语言。Python 几乎可以做任何事情，下面是 Python 主要的应用领域：

（1）桌面应用开发。Python 可以开发传统的桌面应用程序，如 wxPython、Tkinter、PyQt、PySide 和 PyGTK 等 Python 库可以快速开发桌面应用程序。

（2）Web应用开发。Python也经常被用于Web开发。很多网站是基于Python Web开发的，如豆瓣、知乎等。有很多成熟的 Python Web 框架，如 Django、Flask、Tornado、Bottle 和 web2py 等可以帮助开发人员快速开发 Web 应用。

（3）自动化运维。Python 可以编写服务器运维自动化脚本。很多服务器采用 Linux 系统和 Unix 系统，以前，很多运维人员使用 Shell 编写系统管理脚本以实现运维工作，而现在使用 Python 编写系统管理脚本实现运维工作，在代码的可读性、可重用性、可扩展性等方面，Python 脚本优于普通的 Shell 脚本。

（4）科学计算。Python 也广泛地应用于科学计算。例如，numpy、scipy 和 pandas 是优秀的数值计算库和科学计算库。

（5）数据可视化。Python 也可使用数据分析将复杂的数据通过图表展示出来。例如，matplotlib 库就是优秀的可视化库。

（6）网络爬虫。Python 很早就用来编写网络爬虫。谷歌等搜索引擎公司大量地使用 Python 编写网络爬虫。Python 有很多这方面的工具，如 urllib、requests、selenium 和 Beautiful Soup 以及网络爬虫框架 Scrapy。

（7）人工智能。人工智能是现在非常火的一个研究方向。Python 广泛应用于机器学习、深度学习和自然语言处理等方面。由于 Python 的动态特点，很多人工智能框架都是采用 Python 实现的。

（8）大数据。大数据分析中涉及的分布式计算、数据可视化、数据库操作等，在 Python 中都有成熟的库用于完成这些工作。如 Hadoop 和 Spark 都可以直接使用 Python 编写计算逻辑。

（9）游戏开发。Python 可以直接调用 OpenGL 实现 3D 绘制，这是高性能游戏引擎的技 4 术基础。目前，有很多用 Python 实现的游戏引擎，如 Pygame、Pyglet 和 Cocos2d 等。

1.4 Python的种类

Python 是一门解释性语言，必须通过解释器执行代码文件。Python 有很多解释器，每种解释器的特点不同，分别是基于不同语言开发的。解释器有如下种类：

（1）CPython。从 Python 官方网站（http://python.org/downloads/）下载并安装好 Python 3.7 后，我们就获得了一个官方版本的解释器，这个解释器是用 C 语言开发的，所以叫 CPython。在命令行下运行 Python 即可启动 CPython 解释器。CPython 是使用最广的 Python 解释器。

（2）PyPy。PyPy 是另一种 Python 解释器，它采用 JIT 技术，对 Python 代码进行动态编译（注意不是解释），所以可以显著地提高 Python 代码的执行速度。

但是 PyPy 和 CPython 有一些不同，这就导致相同的 Python 代码在两种解释器下执行可能产生不同的结果，所以编程者需要了解 PyPy 和 CPython 的不同点。

（2）Jython。Jython 是运行在 Java 平台上的 Python 解释器，可以直接把 Python 代码编译成 Java 字节码后再执行。

（4）IronPython。IronPython 和 Jython 类似，只不过 IronPython 是运行在微软 .Net 平台上的 Python 解释器，可以直接把 Python 代码编译成 .Net 的字节码。

1.5 Python的设计哲学

Python有它的设计理念和哲学，称为“Python之禅”。“Python之禅”是Python的灵魂，理解“Python之禅”能帮助编程者编写出优秀的 Python 程序。在 Python 集成开发和学习环境 IDLE（也称为 Python Shell）中输入 import this 命令，显示的内容就是“Python之禅”。

此处对“Python之禅”不展开介绍，而只与大家分享其中的几条原则，来说明编程者为何它们对 Python 新手至关重要。

```
>>> import this
The Zen of Python, by Tim Peters
```

```
Beautiful is better than ugly.
```

即优美胜于丑陋。编程是要解决问题的，设计良好、高效而漂亮的解决方案会让程序员心生敬意。

```
Simple is better than complex.
```

即简洁胜于复杂。如果有两个解决方案，一个简单、一个复杂，但都行之有效，那么我们选择简单的解决方案。这样，我们编写的代码将更容易维护，以后改进这些代码时也会更容易。

```
Readability counts.
```

即可读性很重要。即便是复杂的代码，也要让它易于理解。当开发的项目涉及复杂代码时，一定要为这些代码编写有益的注释。

```
There should be one——and preferably only one——obvious way to do it.
```

即应该有一种——最好只有一种——显而易见的方法。如果让两名Python程序员去解决同一个问题，他们提供的解决方案大致相同。这并不是说编程没有创意空间，而是恰恰相反！大部分编程工作都是使用常见的解决方案来解决简单的小问题，但这些小问题都包含在更庞大、更有创意空间的项目中。在我们编写的程序中，各种具体细节对其他的Python程序员来说都应易于理解。

```
Now is better than never.
```

即现在总比没有好。我们不要企图编写完美无缺的代码，首先要编写行之有效的代码，其次决定是对代码做进一步改进，还是转而去编写新代码。

1.6 在Windows操作系统下搭建Python开发环境

Python官方只提供了一个解释器和一个交互式运行编程环境，而没有IDE（Integrated Development Environments，集成开发环境）工具。我们无论是否使用IDE工具，首先都要安装Python开发环境。

考虑到兼容性和其他一些性能，我们使用Python官方提供的CPython作为Python的开发环境。

（1）打开Python官方网站http://www.python.org/downloads/。

（2）下载Python 3.7下的任意版本。

在下载过程中，要注意Python版本以及适用的操作系统。如果要下载的Windows安装文件是64位的，就要找到Windows x86-64 executable installer超链接，进行下载。

在安装过程中，选中复选框“Add Python 3.7 to PATH”，表示将Python的安装路径添加到环境变量PATH中，这样就可以在任何文件夹下使用Python命令了。

（3）在开始菜单中找到成功安装的IDLE，输入如图1.1所示的代码，确保IDLE运行正常。

```
Python 3.7.7 Shell
File Edit Shell Debug Options Window Help
Python 3.7.7 (tags/v3.7.7:d7c567b08f, Mar 10 2020, 10:41:24
) [MSC v.1900 64 bit (AMD64)] on win32
Type "help", "copyright", "credits" or "license()" for more
information.
>>> print('Hello, World!')
Hello, World!
>>>
```

图 1.1　输入代码来测试 IDLE 的运行情况

（4）使用 pip 命令在线安装 Python 扩展库 numpy、matplotlib、pandas、openpyxl、pillow 等。例如，安装 openpyxl 的命令是：pip install openpyxl。

（5）在 IDLE 中使用 import 导入安装好的扩展库，验证是否安装成功。例如：

```
>>> import openpyxl
>>> import jieba
>>> import numpy as np
```

（6）如果扩展库安装不成功，则使用浏览器打开网址 https://www.lfd.uci.edu/~gohlke/pythonlibs/ 下载 whl 文件进行离线安装。

（7）使用 pip freeze>requirements.txt 命令迁移模块。当我们开发项目的时候，会用 virtualenv 创建很多 Python 独立环境，这时候就会出现在不同环境下安装相同模块的情况，为了避免通过互联网下载所需的模块，可以直接把之前 Python 环境中已经有的模块拿来使用。这时候就需要使用到 pip freeze 命令。打开 cmd 命令窗口，进行如下操作：

① 输入 pip freeze>requirements.txt，回车后就会在当前文件夹下产生一个名为 requirements.txt 的文本文件。

② 创建一个独立环境 virtualenv myenv 然后进入 myenv 的 Scripts 文件夹中，输入 activate 来激活环境。环境激活以后，命令行最前面会出现括号括着的标志，执行命令

```
pip install -r C:\Users\Administrator\requirements.txt
```

之后，就自动进行安装。

1.7　第一个Python程序

【例 1.1】输出“Hello, World!”。

长期以来，编程界都有一个不成文的规定，刚接触一门新语言时，都会使用它来编写一个在屏幕上显示一条“Hello, World!”消息的程序。要使用 Python 来编写这种“Hello, World!”程序，只需一行代码：

```
>>> print('Hello, World!')
Hello, World!
```

这里使用的是 Python Shell。字符串用单引号括起来，也可以用双引号、三单引号、三双引号括起来。

1.8 源文件打包

Python 编写的源程序可以用 pyinstaller 进行打包，使程序可以脱离 Python 环境运行。

pyinstaller 是一个第三方库，在使用前需要先安装。在 Python 安装目录的 Scripts 文件夹下执行命令：pyinstaller < 要打包的文件名 >。例如，要对 suchas.py 文件进行打包，执行如下命令：

```
C:\Users\hyh\anaconda3\Scripts>pyinstaller -F suchas.py
```

在打包时，有一个常用的参数 -F，该参数使源文件生成一个单独的可执行文件。如果打包成功，则会在该目录下创建 dist 和 build 两个文件夹。可执行文件在 dist 文件夹中。

如果程序中有用到如 txt、csv、excel 等外部文件，则打包后要把外部文件复制到目标文件夹下，保持外部文件和可执行文件之间的相对路径不变。

当遇到打包的文件不可运行时，我们可以考虑使用命令 pip install -U pyinstaller 对 pyinstaller 库进行更新。

1.9 小结

本章是 Python 概述，读者需要了解 Python 的起源、特点和应用领域；掌握如何编写第一个 Python 程序。对于一个初学者来说，必须要熟悉如下几个 Python 相关网站：

Python 标准库：https://docs.python.org/3/library/index.html

Python HOWTOs：https://docs.python.org/3/howto/index.html

Python 教程：https://docs.python.org/3/tutorial/index.html

PEP 规范：https://www.python.org/dev/peps/

第2章 Python基础

2.1 实例导入

【例 2.1】已知 *a*、*b* 均是整数，计算 *a*+*b*。

输入样例:

```
2 8
```

输出样例:

```
10
```

第 1 种方法:

```
a, b = input().split()
print(int(a) + int(b))
```

第 2 种方法:

```
a, b = map(int, input().split())
print(a + b)
```

第 3 种方法:

```
a, b = [int(x) for x in input().split()]
print(a + b)
```

第 4 种方法:

```
lst = [int(x) for x in input().split()]
print(sum(lst))
```

【例 2.2】已知 *a*、*b* 均是整数，交换 *a*，*b* 的值。

输入样例:

```
2 8
```

输出样例:

```
8 2
```

程序如下:

```
a, b = map(int, input().split())
a, b = b, a
print(a, b)
```

“a, b = b, a”这条语句用于交换两个变量的值。在 C 语言中，系统会为每个变量分配内存空间。而在Python中，Python为每个值分配内存空间。因此，“a, b=b, a”这条语句表示，先是变量a指向b值，然后变量b指向a值。

【例2.3】计算A除以B，其中，A是不超过1000位的正整数，B是1位正整数。要求输出商数Q和余数R，使得$A=B\times Q+R$成立。

输入样例：

```
123456789050987654321 7
```

输出样例：

```
17636684150141093474 3
```

程序如下：

```
a, b = [int(x) for x in input().split()]
q = a // b
r = a % b
# q, r = divmod(a, b)
print(q, r)
```

2.2 标识符和关键字

任何一种计算机语言都有标识符和关键字。

2.2.1 标识符

标识符就是作为变量、常量、函数、属性、类、模块以及其他对象的名称。Python中标识符的命名规则如下：

（1）区分大小写。

（2）首字符可以是下划线“_”或字母，但不能是数字。

（3）除了首字符以外，其他字符可以是下划线“_”、字母和数字。

（4）关键字不能作为标识符。

（5）不能使用Python内置函数作为自己的标识符。

2.2.2 关键字

关键字是类似于标识符的字符序列，由语言本身定义。Python中有33个关键字，只有False、True和None是首字母大写的，其他的首字母是小写的，如表2.1所示。

表2.1 Python中的关键字

False	None	True	and	as	assert
break	class	continue	def	del	elif
else	except	finally	for	from	global
if	import	in	is	lambda	nonlocal
not	or	pass	raise	return	try
while	with	yield			

2.3 变量和常量

变量和常量是构成表达式的重要组成部分。

2.3.1 变量

变量名的命名规则与标识符命名规则一样，想要创建一个比较好的变量名，需要经过一定的实践积累。

在 Python 中，不需要事先声明变量名及其类型，直接赋值即可创建各种类型的变量。例如：

```
>>> x = 3                              # 创建了整型变量 x，并赋值为 3
>>> x = 'Hello world.'                 # 创建了字符串变量 x，并赋值为 'Hello world.'
```

Python 解释器会根据赋值或运算来自动推断变量的类型。由于每种类型支持的运算可能不同，因此在使用变量时需要程序员自己确定所进行的运算是否合适，以免出现异常或者意料之外的结果。同理，同一个运算符对于不同类型的数据，操作的含义和计算结果也可能不同。此外，Python 还是一种动态类型语言，变量的类型可以随时变化。例如：

```
>>> x = 3
>>> print(type(x))
<class 'int'>
>>> x = 'Hello world.'
>>> print(type(x))                     # 查看变量类型
<class 'str'>
>>> x = [1, 2, 3]
>>> print(type(x))
<class 'list'>
>>> isinstance(3, int)                 # 测试对象是不是某个类型的实例
True
>>> isinstance('Hello world', str)
True
```

如果变量出现在赋值运算符或复合赋值运算符（例如 +=、*= 等）的左边，则表示创建变量或修改变量的值，否则表示引用该变量的值。

在 Python 中，允许多个变量指向同一个值，例如：

```
>>> x = 3
>>> id(x)
1786684560
>>> y = x
>>> id(y)
1786684560
```

当为其中一个变量修改值以后，其内存地址将会变化，但这并不影响另一个变量，接着上面的代码继续执行下面的代码：

```
>>> x += 6
```

```
>>> id(x)
1786684752
>>> y
3
>>> id(y)
1786684560
```

在这段代码中，内置函数 id( ) 用来返回变量所指值的内存地址。执行过程是，Python 解释器首先读取变量 x 原来的值，然后将其加 6，并将结果存放到新的内存中，最后将变量 x 指向该结果的内存空间。

在 Python 中修改变量值的操作，并不是修改了变量的值，而是修改了变量的指向。

Python 采用的是基于值的内存管理方式，如果为不同的变量赋相同的值，则这个值在内存中只有一份，即多个变量指向同一块内存地址。例如：

```
>>> x = 3
>>> id(x)
140717223345280
>>> y = [3, 3, 3, 3]
>>> id(y[0])
140717223345280
```

Python 具有自动内存管理功能，会跟踪所有的值，并自动删除不再有变量指向的值。因此，一般情况下，编程者不需要考虑太多有关内存管理的问题。尽管如此，使用 del 命令删除不需要的值或显式关闭不再需要访问的资源，仍是一个好的习惯，同时也是一个优秀编程者的基本素养之一。

2.3.2　常量

在 Python 中只能将变量当成常量使用，但是不要修改它，也就是说，Python 不能从语法层面上定义常量。如果被当成常量使用的变量无意中被修改，就会引发程序错误。如果想解决这个问题，要么靠编程者自律和自查，要么通过一些技术手段使变量不能被修改。

Python 作为解释型动态语言，很多情况下代码安全都需要靠编程者自查来实现。而 Java 和 C 等静态语言的这些问题会在编译期被检查出来。

2.4　运算符

与其他语言一样，Python 支持大多数算术运算符、关系运算符、逻辑运算符以及位运算符，并遵循与大多数语言一样的运算符优先级。除此之外，还有一些运算符是 Python 特有的，例如成员测试运算符、集合运算符、同一性测试运算符等。另外，Python 中很多运算符在作用于不同类型的操作数时含义也不同，非常灵活。Python 运算符如表 2.2 所示。

表 2.2　Python 运算符

运算符	功能说明	优先级
**	幂运算	高
~、+、-	位求反、一元加号、一元减号	
*、/、%、//	乘、除、取模、整除	
+、-	加法、减法	
<<、>>	左移、右移	
&	位与	
|、^	位或、位异或	
<、<=、>、>=	比较运算符	
<>、!=、==	不等于、等于运算符	
=、%=、/=、//=、-=、+=、*=、**=	赋值运算符	
is、is not	对象同一性测试，即测试是否为同一个对象，或内存地址是否相同	
in、not in	成员测试	
not、or、and	逻辑运算符	低

2.4.1　算术运算符

Python 中的除法有 / 和 // 两种，它们分别表示除法和整除运算。

% 运算符可以用于字符串格式化，还可以对整数和浮点数计算余数。由于浮点数的精确度不同，计算结果可能略有误差。例如：

```
>>> 3.1 % 2
1.1
>>> 6.0 % 2
0.0
>>> 6.0 % 2.0
0.0
>>> 6.3 % 2.1
2.0999999999999996
```

说明：实数的存储和表示会有误差。例如，实数 6.3 在计算机里面存储可能是 6.2999999999999996。因此，实数的任何运算都可能有误差。

请注意，结果包含的小数位数也可能是不确定的。例如：

```
>>> 0.2 + 0.1
0.30000000000000004
>>> 3*0.5
1.5
>>> 3 * 0.1
0.30000000000000004
```

所有语言都会存在这样的问题，Python 会尽可能精确地表示结果，可是由于计算机内部表示数字的方式，因此，在有些情况下很难做到精确。

2.4.2 关系运算符

关系运算符可以连用，一般用于同类型对象之间值的大小比较，或者测试集合之间的包含关系。例如：

```
>>> 1 < 3 < 5                          # 等价于1 < 3 and 3 < 5
True
>>> 'Hello' > 'world'                  # 比较字符串大小
False
>>> [1, 2, 3] < [1, 2, 4]              # 比较列表大小
True
>>> 'Hello' > 3                        # 字符串和数字不能比较
TypeError: unorderable types: str() > int()
>>> {1, 2, 3} < {1, 2, 3, 4}           #测试是不是子集
True
```

2.4.3 逻辑运算符

逻辑运算符有逻辑与(and)、逻辑或(or)、逻辑非(not)，它们对布尔型变量进行运算，其结果也是布尔型。

逻辑与（and），例如，a and b，a、b 都为 True 时，计算结果为 True，否则为 False。

逻辑或（or），例如，a or b，a、b 都为 False 时，计算结果为 False，否则为 True。

逻辑非（not），例如，not a，当 a 为 True 时，值为 False；当 a 为 False 时，值为 True。

Python 中的“逻辑与”和“逻辑或”都采用短路设计。例如，a and b，如果 a 为 False，则不计算 b，因为无论 b 为何值，“与”操作的结果都为 False；而对于 a or b，如果 a 为 True，则不计算 b，因为无论 b 为何值，“或”操作的结果都为 True。

2.4.4 位运算符

位运算是以二进位（bit）为单位进行运算的，操作数和结果都是整型数据。位运算符有：&、|、～、^、>> 和 <<。

位运算符只能用于整数，其内部执行过程为：首先将整数转换为二进制数，其次右对齐，必要的时候左侧补 0，按位进行运算，最后再把计算结果转换为十进制数字返回。

&：其功能是将参与运算的两个操作数对应的各二进制位相与。只有对应的两个二进制位均为 1，结果位才为 1，否则为 0。即 0 & 0=0，0 & 1=0，1 & 0=0，1 & 1=1。两个操作数以补码的形式参与运算。

|：其功能是将参与运算的两个操作数对应的各二进制位相或。只要对应的两个二进制位有一个为 1，结果位就为 1，否则为 0。即 0 | 0=0，0 | 1=1，1 | 0=1，1 | 1=1。两个操作数以补码的形式参与运算。

～：其功能是对操作数的各二进制位求反，即将操作数的各二进制位上的 1 变为 0，0 变为 1。操作数以补码的形式参与运算。

^：其功能是将参与运算的两个操作数对应的各二进制位相异或，只有对应的两个二

进制位相异时，结果位才为 1，否则为 0。即 0 ^ 0=0，0 ^ 1=1，1 ^ 0=1，1 ^ 1=0。两个操作数以补码的形式参与运算。

<< 和 >>，分别用于将运算中的左边的操作数左移和右移，移动的位数由右边的操作数指定。右边的操作数的值必须是非负值且不能大于存储左边的操作数的位数，否则移位的结果是不确定的。例如：

```
>>> 3 & 7                              # 位与运算
3
>>> 3 | 8                              # 位或运算
11
>>> 3 << 2                             # 把 3 左移 2 位
12
>>> 3 ^ 5                              # 位异或运算
6
```

2.4.5 赋值运算符

算术运算符和位运算符中的二元运算符都有对应的赋值运算符。

Python 不支持 ++ 和 -- 运算符，虽然在形式上似乎可以这样用，但实际上另有含义。例如：

```
>>> i = 3
>>> ++i                                # 正正得正
3
>>> +(+3)                              # 与 ++i 等价
3
>>> i++                                # Python 不支持 ++ 运算符，语法错误
SyntaxError: invalid syntax
>>> --i                                # 负负得正
3
>>> -(-i)                              # 与 --i 等价
3
```

2.4.6 同一性测试运算符

同一性测试运算符是指测试两个对象是不是同一个对象，类似于 == 运算符。== 运算符是测试两个对象的内容是否相同，如果是同一个对象，则 == 也返回 True。

同一性测试运算符有两个：is 和 is not。is 判断两个对象是不是同一个对象，is not 判断两个对象是否不是同一个对象。如果两个对象是同一个对象，则二者具有相同的内存地址。例如：

```
>>> 3 is 3
True
>>> x = [300, 300, 300]
>>> x[0] is x[1]                       #基于值的内存管理，同一个值在内存中只有一份
True
>>> x = [1, 2, 3]
>>> y = [1, 2, 3]
```

```
>>> x is y                          # 上面创建的 x 和 y 不是同一个列表对象
False
>>> x==y                            # 判断两个对象的内容是否相同
True
```

2.4.7 成员测试运算符

成员测试运算符有两个：in 和 not in。如果 x 是 s 中的一员，x in s 便为真，返回 True；否则，返回 False。而 x not in s 与 x in s 的意思相反。

所有内置序列和集合类型都支持成员测试。字典也支持成员测试，不过字典将键作为测试对象。例如：

```
>>> b = [1, 2]
>>> 2 in b
True
>>> 1 not in b
False
```

另外，对于 string 和 bytes 类型，仅当 x 是 y 的子串（Substring）时，x in y 为真，返回 True。例如：

```
>>> a = 'Hello'
>>> 'ell' in a
True
>>> 'e' not in a
False
```

2.5 语句

Python代码是由关键字、标识符、表达式和语句等构成的。语句是代码的重要组成部分。

在 Python 中，一行代码表示一条语句，语句结束可以加分号，也可以省略分号。从编程规范的角度来说，语句结束不需要加分号，而且每行至多包含一条语句。

此外，Python 还支持链式赋值语句，如果需要为多个变量赋相同的数值，可以表示为：

```
a = b = c = 10
```

这条语句是把整数 10 赋值给 a、b、c 3 个变量。

另外，if、for 和 while 的代码块不是通过大括号，而是通过缩进来界定的。一个缩进级别一般是一个制表符或 4 个空格，但不同的编辑器制表符显示的宽度不同，大部分编程语言推荐使用 4 个空格作为一个缩进级别。

2.6 模块导入与使用

Python 模块（Module）是一个 Python 文件，以 .py 结尾，包含 Python 对象定义和 Python 语句。模块是保存代码的最小单位，它不仅能定义函数、类和变量，而且包含可执行的代码。

模块事实上提供了一种命名空间（Namespace），同一个模块内部不能有相同名字的代码元素，但是不同模块之间可以使用相同名字的代码元素。

Python默认安装仅包含部分基本模块或核心模块，但编程者可以安装大量的扩展模块，pip是管理模块的重要工具。

在Python启动时，仅加载很少的一部分模块，在需要时由编程者显式地加载其他模块，这样可以减小程序运行的压力。用户可以使用sys.modules.items( )显示所有预加载模块的相关信息。

2.6.1 import 模块名 [as 别名]

例如：

```
>>> import math
>>> math.sin(0.5)                                        #求0.5的正弦
0.479425538604203
>>> import math as m
>>> m.sin(0.5)
0.479425538604203
```

编程者可以使用dir( )函数查看任意模块中所有的对象列表，如果调用不带参数的dir( )函数，则返回当前所有名字列表。编程者还可以使用help( )函数查看任意模块或函数的使用帮助。例如：

```
>>> dir()
>>> dir(math)
>>> help(math)
>>> help(math.sin)
```

2.6.2 from 模块名 import 对象名 [as 别名]

使用这种方式不仅可以导入明确指定的对象，而且可以为导入的对象起一个别名。这种导入方式可以减少查询次数，提高访问速度，同时也减少了编程者需要输入的代码量，因为不需要使用模块名作为前缀。例如：

```
>>> from math import sin
>>> sin(3)
0.1411200080598672
>>> from math import sin as f    #别名
>>> f(3)
0.1411200080598672
```

比较极端的情况是：一次导入模块中的所有对象，例如：

```
from math import *
```

使用这种方式固然简单省事，但是并不推荐这样使用，因为一旦多个模块中有同名的对象，这种方式将会导致程序混乱。

在导入模块时，Python首先在当前目录中查找需要导入的模块文件，如果没有找到模块文件，则到sys模块的path变量所指定的目录中查找；如果仍没有找到模块文件，则提示模块不存在。

此外，编程者可以使用 sys 模块的 path 变量查看 Python 导入模块时搜索模块的路径，也可以使用 append( ) 方法向 path 变量添加自定义的目录以扩展搜索路径。

在导入模块时，Python 会优先导入 .py 文件对应的 .pyc 文件，如果对应的 .pyc 文件不是最新的或不存在对应的 .pyc 文件，则导入 .py 文件并重新解释 .py 文件为 .pyc 文件。

在比较大的程序中，用户可能需要导入很多模块，建议按照下面的顺序来依次导入模块：

（1）导入 Python 标准库模块，如 os、sys、re。

（2）导入第三方扩展库，如 PIL、numpy、scipy。

（3）导入编程者自己定义和开发的本地模块。

2.6.3　动态导入模块

动态导入模块时，Python 官方建议使用 importlib 模块，importlib 模块可以通过传递字符串来导入模块。例如：

```
>>> import importlib
>>> m = importlib.import_module('math')
>>> m.sqrt(10)
3.1622776601683795
```

2.7　包

所有包都是模块，但并非所有模块都是包。或者换句话说，包只是一种特殊的模块。特别地，任何具有 __path__ 属性的模块都会被当作包。

如果有两个相同名字的模块，用户应如何防止出现命名冲突呢？那就是使用包（Package）来解决。很多程序语言都提供了包，例如 Java、Kotlin 等，它们的作用都是一样的，即提供一种命名空间。

包是按照文件夹的层次结构管理的，而且每个包下面会有一个 __init__.py 文件，它告诉解释器这是一个包，这个文件一般情况下是空的，也可以编写代码。

__init__.py 文件的主要用途是设置 __all__ 变量以及执行初始化包所需的代码。其中 __all__ 变量中定义的对象可以在使用 from … import * 时全部导入。

2.8　对象的删除

Python 具有自动管理内存的功能，Python 解释器会跟踪所有的值，一旦发现某个值不再有任何变量指向它，就会自动删除该值。

在 Python 中，可以使用 del 命令显式删除对象并解除它与值之间的指向关系。在删除对象时，如果 del 命令指向的值还有其他的变量指向，则不删除该值；如果使用 del 命令删除对象后该值不再有其他变量指向，则删除该值。

del 命令无法删除元组和字符串中的元素，但可以删除整个元组和字符串，因为它们均属于不可变序列。

2.9 基本的输入和输出

在用 Python 进行程序设计时，编程者可以通过 input( ) 函数来实现输入，input( ) 函数的一般格式为：

```
x = input('提示：')
```

该函数返回输入的对象。编程者可输入数字、字符串和其他任意类型的对象。

在 Python 3.x 中，input( ) 函数用来接收编程者的键盘输入，不论编程者输入数据时使用何种界定符，input( ) 函数的返回结果都是字符串，需要将其转换为相应的类型后再处理。

在 Python 3.x 中，编程者可以使用 print( ) 函数进行输出。例如：

```
>>> print(3, 5, 7)
3 5 7
>>> print(3, 5, 7, sep=',')          # 指定分隔符
3,5,7
>>> print(3, 5, 7, sep=':')
3:5:7
>>> for i in range(10, 20):
  print(i, end=' ')                  # 不换行
10 11 12 13 14 15 16 17 18 19
```

在 Python 3.x 中，编程者可以使用下面的方法进行重定向：

```
>>> fp = open('D:\mytest.txt', 'a+')
>>> print('Hello,world!', file = fp)
>>> fp.close()
```

或

```
>>> with open('D:\mytest.txt', 'a+') as fp:
 print('Hello,world!', file=fp)
```

2.10 Python编码规范

俗话说："没有规矩不成方圆"。编程工作往往都是一个团队协同进行的，因而一致的编码规范非常有必要，这样写成的代码不仅便于团队中的其他人员阅读，也便于编程者自己阅读。

本节介绍的 Python 编码规范借鉴了 Python 官方的 PEP 8 编码规范（https://www.python.org/dev/peps/pep-0008/）和谷歌 Python 编码规范（https://google.github.io/styleguide/pyguide.html）。

2.10.1 命名规范

程序代码中到处都是标识符，因此取一个一致并且符合规范的名字非常重要。不同的代码元素命名不同，下面将分类说明。

（1）包名。包名全部采用小写字母，中间可以由点分隔开，不推荐使用下划线。作为命名空间，包名应该具有唯一性，推荐采用公司或组织域名的倒置，如 cn.edu.wzu。

（2）模块名。模块名全部采用小写字母，如果它由多个单词构成，可以用下划线隔开，

如 dummy_threading。

（3）类名。类名采用大驼峰法命名，如 SplitViewController。

（4）异常名。异常属于类，命名规范同类名，但应该使用 Error 作为后缀，例如 FileNotFoundError。

（5）变量名。变量名全部采用小写字母，如果变量名由多个单词构成，则可以用下划线隔开。如果变量应用于模块或函数内部，则变量名可以用单下划线开头。

变量名不要用双下划线开头和结尾，因为这种格式是 Python 保留的。另外，编程者应避免使用 l、O 和 I 作为变量名。

（6）函数名和方法名。函数名和方法名的命名规范同变量名，如 balance_account。

（7）常量名。常量名全部采用大写字母，如果它是由多个单词构成的，则可以用下划线隔开，如 YEAR、WEEK_OF_MONTH。

2.10.2 注释规范

1. 文件注释

文件注释就是在每一个文件开头添加注释，采用多行注释。文件注释通常包括如下信息：版权信息、文件名、所在模块、作者信息、历史版本信息、文件内容和作用等。

2. 文档注释

文档注释就是文档字符串，注释内容能够生成 API 帮助文档，可以使用 Python 官方提供的 pydoc 工具从 Python 源代码文件中提取这些信息，也可以生成 HTML 文件。

文档注释规范有些“苛刻”，推荐使用一对三重双引号包裹它。文档注释应该位于被注释的模块、函数、类和方法内部的第一条语句之前。

如果文档注释短，则在一行内完成。如果文档注释很长，则在第一行注释之后要留一个空行，注释内容要与开始的三重双引号对齐，最后结束的三重双引号要独占一行，并与开始的三重双引号对齐。

3. 代码注释

程序代码中除了要处理文档注释，还需要在一些关键的地方添加代码注释。文档注释一般是给一些看不到源代码的人提供的帮助文档，而代码注释是给阅读源代码的人参考的。代码注释一般采用单行注释（以 # 开头）和多行注释。

4. 使用 TODO 注释

PyCharm 等 IDE 工具都为源代码提供了一些特殊的注释，即在代码中加一些标识，便于 IDE 工具能够快速定位代码，TODO 注释就是其中的一种。TODO 注释虽然不是 Python 官方提供的，但是主流的 IDE 工具也都支持 TODO 注释。如果代码中有 TODO 注释，则说明此处有待处理的任务，或者代码没有编写完成。

2.10.3 导入规范

导入语句总是放在文件顶部，位于模块注释和文档注释之后、模块全局变量和常量之前。每一个导入语句推荐导入一个模块。

导入语句应该按照从通用到特殊的顺序分组，顺序是：标准库 → 第三方库 → 自己的模块。每组之间有一个空行，而且组中模块是按照英文字母顺序排列的。

2.10.4 代码排版规范

代码排版包括空行、空格、缩进和断行等内容。代码排版规范的内容比较多，也非常重要。

1. 空行

空行用以将逻辑相关的代码段分隔开，以提高可读性。

使用空行的规范：import 语句块前后保留两个空行；函数声明之前保留两个空行；类声明之前保留两个空行；方法声明之前保留一个空行；两个逻辑代码块之间应该保留一个空行；等等。

空行不会影响代码的运行，但会影响代码的可读性。Python 解释器根据水平缩进情况来解读代码，但不关心垂直间距。

2. 空格

在 Python 中，需要加空格的一共有 4 个地方，即二元运算符、逗号、冒号和 # 号。

二元运算符前后，都要加空格，当作为函数参数时，等号前后不用加空格。如果使用具有不同优先级的运算符，只在具有最低优先级的运算符周围两边添加空格，其他的不用加。

逗号后面要加空格，但是如果逗号后面是小括号，则不用加空格。冒号前面不加空格，冒号后面要加空格，但在 Python 切片里，前后都不用加空格。# 号后要加一个空格。

3. 缩进

PEP 8 编码规范建议每级缩进都使用 4 个空格，这既可以提高程序的可读性，又给程序留下了足够的多级缩进空间。

4. 断行

一行代码最多 79 个字符，对于文档注释和多行注释来说，一行最多 72 个字符，如果注释中包含 URL 地址，则可以不受这个限制。否则，如果代码中的字符超过规定，则需要断行，编程者可以依据下面的规范断行：

（1）在逗号后面断开。

（2）在运算符前面断开。

（3）尽量不要使用续行符“\”。如果有括号（包括大括号、中括号和小括号），则在括号中断开，这样可以不使用续行符。

注意： 在 Python 中反斜杠“\”可以作为续行符使用，它告诉 Python 解释器当前行和下一行是连接在一起的。但在大括号、中括号和小括号中续行是隐式的。

2.11 Python文件

在 Python 中，不同扩展名的文件类型有不同的含义和用途，常见的扩展名主要有以下几种。

（1）py：Python 源文件，Python 解释器负责解释执行。

（2）pyw：Python 源文件，常用于图形界面程序文件。

（3）pyc：Python 字节码文件，无法使用文本编辑器查看它的内容，它可用于隐藏 Python 源代码和提高程序的运行速度。

对于 Python 模块，第一次被导入时将被编译成字节码的形式，并在以后再次导入时优先使用 .pyc 文件，以提高模块的加载和运行速度。

对于非模块文件，直接执行时并不生成 .pyc 文件，但可以使用 py_compile 模块的 compile( ) 函数进行编译以提高加载和运行速度。另外，Python 还提供了 compileall 模块，它包含 compile_dir( )、compile_file( ) 和 compile_path( ) 等方法，用来支持批量 Python 源程序文件的编译。

（4）pyd：一般是由其他语言编写并编译的二进制文件，常用于实现某些软件工具的 Python 编程接口插件或 Python 动态链接库。

2.12 Python脚本的__name__属性

在 Python 中，每一个 module 文件都有一个内置属性：__name__。这个 __name__ 有如下特点：

（1）如果 module 文件是被其他的文件导入的，那么该 __name__ 属性的值就是这个 module 文件的名字。

（2）如果 module 文件是被当成程序来执行的，那么，该 __name__ 属性的值就是 __main__。

例如，在文件 nametest.py 中有如下代码：

```
if __name__ == '__main__':
    print(__name__)
```

执行结果是：__main__

如果将该文件作为模块导入，则执行结果是：

```
>>> import nametest
>>>nametest.__name__
nametest
```

因此，在很多 Python 代码中，__name__ 属性被用来区分上述 module 文件被使用的两种方式。

例如，在 test.py 文件中有如下代码：

```
def tester():
    print("This is a test.")

if __name__ == '__main__':
    tester()
```

如果 test.py 文件是被其他文件导入的，那么不会执行 tester 函数，除非显示调用它。例如：

```
>>>import test
>>>test.tester()
This is a test.
```

如果 test.py 文件被当成程序执行，那么会执行 tester 函数。例如：

```
This is a test.
```

2.13 小结

本章主要介绍了 Python 的基础知识，读者需要了解标识符的命名规则和有哪些关键字，熟悉变量和常量的不同，了解有哪些运算符，重点掌握基本的输入和输出格式，了解 Python 的编码规范等。

第3章

数据类型

在 Python 中，因为所有的数据类型都是类，每一个变量都是类的“实例”，它们没有基本数据类型的概念，所以整数、浮点数和字符串也都是类。

Python 有 6 种标准数据类型：数字（Number）、字符串（String）、元组（Tuple）、列表（List）、集合（Set）和字典（Dictionary）。元组、列表、集合和字典可以保存多项数据。如表 3.1 所示，Python 中的数据类型有以下几种：

（1）有序：可以使用下标（索引）访问元素，也可以使用切片形式 [start:stop:step] 访问元素。

（2）无序：不可以使用下标（索引）访问元素。

（3）可变：可以被修改。

（4）不可变：不可以被修改。

表 3.1　Python 中的数据类型

是否可变	是否有序	
	有序	无序
可变	列表	集合、字典
不可变	字符串、元组	数字

请注意，Python 中没有数组结构。因为数组要求元素的类型要一致，而 Python 作为动态类型语言，不强制声明变量的数据类型，也不强制检查元素的数据类型，不能保证元素的数据类型一致，所以 Python 中没有数组结构。

本章只介绍数字和字符串两种数据类型，而元组、列表、集合和字典这四种数据类型会在第 5 章详细介绍。

3.1　实例导入

【例 3.1】部分 A+ 部分 B。正整数 A 的“D_A（为一位整数）部分”定义为由 A 中所有 D_A 组成的新整数 P_A。例如：给定 A=3862767，D_A=6，则 A 的“包含数字 6 的部分”P_A 是 66，因为 A 中有 2 个 6。

现给定 A、D_A、B、D_B，请编写程序计算 P_A+P_B。

输入样例 1：

```
3862767 6 13530293 3
```

输出样例 1:

```
399
```

输入样例 2:

```
3862767 1 13530293 8
```

输出样例 2:

```
0
```

第 1 种方法的程序如下:

```
a, da, b, db = input().split()
cnt1 = a.count(da)
cnt2 = b.count(db)
pa = int(da * cnt1) if cnt1 != 0 else 0
pb = int(db * cnt2) if cnt2 != 0 else 0
print(pa + pb)
```

字符串的 count( ) 函数运行效率较低。

请注意,我们为什么需要判断cnt1、cnt2是否为0呢?因为int( )函数作用在空字符串上,会抛出错误。例如:

```
>>> '*' * 0
''
>>> int('')
ValueError: invalid literal for int() with base 10: ''
```

第 2 种方法的程序如下:

```
a, da, b, db = input().split()
cnt1 = a.count(da)
cnt2 = b.count(db)
pa = int('0' + cnt1 * da)
pb = int('0' + cnt2 * db)
print(pa + pb)
```

3.2 数字类型

Python 的数字类型有四种:整型、浮点型、复数型和布尔型。需要注意的是,布尔型也是数字类型,实际上它是整型的一种。

数字类型是不可变的。例如,修改整型变量的值并不是真的修改了变量的值,而是使变量指向了新的内存地址。

3.2.1 整型

Python 的整型为 int,整型可以表示很大的整数,它只受计算机硬件的限制。Python 3.X 不再区分整数和长整数,例如:

```
>>> a=9999999999999999999999999999999
```

```
>>> a**3
99999999999999999999999999999997000000000000000000000000000000029999999999999
9999999999999999999
```

在默认情况下，一个整数值表示十进制数。其他进制，如二进制数、八进制数和十六进制数的表示方式如下：

二进制数，以 0b 或 0B 为前缀，其中，0 是阿拉伯数字。

八进制数，以 0o 或 0O 为前缀，其中，第一个字符是阿拉伯数字 0，第二个字符是英文小写字母 o 或大写字母 O。

十六进制数，以 0x 或 0X 为前缀，其中，0 是阿拉伯数字。

3.2.2　浮点型

浮点型主要用来储存小数数值，Python 的浮点型用 float 表示，Python 只支持双精度浮点型。Python 3.X 对于浮点数默认是 17 位数字的精度，例如：

```
>>> x = 1.3333333333333333333333333333333333333333
>>> x
1.3333333333333333
```

浮点型可以使用小数表示，也可以使用科学记数法表示。科学记数法使用英文大写字母 E 或小写字母 e 表示 10 的指数，如 e2 表示 10^2。15.0、0.37、-11.2、1.2e2、314.15e-2 都是合法的浮点数。

从 Python 3.6.X 开始，可以在数字的中间位置使用单个下划线作为分隔符来提高数字的可读性，这类似于数学上使用逗号作为千位分隔符。例如：

```
>>> 1_000_000
1000000
>>> 1_2_3_4
1234
>>> 1_2.3_45
12.345
```

3.2.3　复数型

复数在数学中是非常重要的概念，但是很多计算机语言不支持复数，而 Python 支持复数，这使得 Python 能够很好地用来进行科学计算。

Python 的复数型用 complex 表示，与数学中复数的形式完全一致，都是由实部和虚部构成的，使用 j 或 J 来表示虚部。例如：

```
>>> a = 3 + 4j
>>> b = 5 + 6j
>>> c = a + b
>>> c
(8+10j)
>>> c.real                    # 查看复数实部
8.0
>>> c.imag                    # 查看复数虚部
```

```
10.0
>>> a.conjugate()          # 返回共轭复数
(3-4j)
>>> a * b                  # 复数乘法
(-9+38j)
>>> a / b                  # 复数除法
(0.6393442622950819+0.03278688524590165j)
```

3.2.4 布尔型

Python 的布尔型用 bool 表示，bool 是 int 的子类，它只有两个值：True 和 False。

任何类型的数据都可以通过 bool( ) 函数转换为布尔值，那些被认为“没有的”“空的”值都会转换为 False，反之转换为 True。例如，None（空对象）、False、0、0.0、0j（复数）、''（空字符串）、[]（空列表）、()（空元组）、{}（空字典）都会转换为 False。

3.3 数字类型之间的转换

Python 通过一些函数可以实现不同数据类型之间的转换，如数字类型之间的转换、字符串与数字类型之间的转换。本节讨论数字类型之间的转换。

除了复数之外，其他三种数字类型都可以互相转换。转换分为隐式类型转换和显式类型转换。

3.3.1 隐式类型转换

多个数字类型数据之间可以进行数学计算，由于参与计算的数字类型可能不同，因此会发生隐式类型转换。计算过程中隐式类型转换规则如表 3.2 所示。

表 3.2 隐式类型转换规则

操作数1类型	操作数2类型	转换后的类型
布尔型	整型	整型
布尔型、整型	浮点型	浮点型

布尔值可以隐式转换为整数，布尔值 True 转换为整数 1，布尔值 False 转换为整数 0。例如：

```
>>> a = 1 + True
>>> a
2
>>> a = 1.0 + 1
>>> a
2.0
>>> type(a)
<class 'float'>
>>> a = 1.0 + True
>>> a
```

```
2.0
>>> a = 1.0 + 1 + False
>>> a
2.0
```

其中，type( ) 函数可以返回传入数据的类型，<class 'float'> 说明是浮点型。

3.3.2　显式类型转换

在不能进行隐式类型转换的情况下，可以使用转换函数进行显式类型转换。除了复数以外，整型、浮点型和布尔型都有自己的转换函数，分别是 int( )、float( ) 和 bool( ) 函数。

int( ) 函数可以将布尔值、浮点数和字符串转换为整数。布尔值 True 使用 int( ) 函数时返回 1，布尔值 False 使用 int( ) 函数时返回 0；浮点数使用 int( ) 函数时会截掉小数部分。字符串与数字类型的转换将在 3.6 节讲解。

float( ) 函数可以将布尔值、整数和字符串转换为浮点数。布尔值 True 使用 float( ) 函数时返回 1.0，布尔值 False 使用 float( ) 函数时返回 0.0；整数使用 float( ) 函数时会加上小数部分 “.0”。

bool( ) 函数用于将给定的参数转换为布尔型；如果没有参数，则返回 False。

3.4　字符串

由字符组成的一个序列称为“字符串”。字符串是有顺序的，从左到右，索引从 0 开始依次递增。Python 中的字符串类型是 str，它的表示方式有如下三种：

1. 普通字符串

普通字符串，就是采用单引号或双引号包裹起来的字符串。Python 中的字符采用 Unicode 编码，所以字符串可以包含中文等字符。

在 Python 中，如果想在字符串中包含一些特殊的字符，如换行符、制表符等，则需要转义。常用的转义符如表 3.3 所示。

表 3.3　转义符

字符表示	Unicode编码	说明
\t	\u0000	水平制表符
\r	\u000d	回车
\n	\u000a	换行
\"	\u0022	双引号
\'	\u0027	单引号
\\	\u005c	反斜杠

其中，包含单引号的字符串使用双引号包裹，包含双引号的字符串使用单引号包裹。

2. 原始字符串

原始字符串，就是在普通字符串前面加上英文小写字母 r，字符串中的特殊字符不需要转义，按照字符串的本来“面目”呈现。例如：

```
>>> s = 'Hello\tWorld'
>>> print(s)
Hello	World
>>> s = r'Hello\tWorld'
>>> print(s)
Hello\tWorld
```

3. 长字符串

长字符串，就是字符串中包含了换行、缩进等排版字符，可以使用三重单引号或三重双引号包裹起来。如果长字符串中包含特殊字符，也需要转义。

请注意，Python 字符串的驻留机制，即对于短字符串，将其赋值给多个不同的对象时，内存中只有一个副本，多个对象共享该副本。而长字符串不遵守驻留机制。

3.5 字符串的处理方法

字符串是非常重要的数据类型，Python 提供了很多处理字符串的方法，可以使用 dir("") 查看所有处理字符串的方法。

3.5.1 find( )、rfind( )、index( )、rindex( )、count( )

find( ) 和 rfind( ) 方法分别用来查找一个字符串在另一个字符串指定范围（默认是整个字符串）中首次出现的位置和最后一次出现的位置；如果指定的字符串不存在，则返回 -1。

index( ) 和 rindex( ) 方法分别用来返回一个字符串在另一个字符串指定范围中首次出现的位置和最后一次出现的位置；如果指定的字符串不存在，则抛出异常。

count( ) 方法用来返回一个字符串在另一个符串中出现的次数；如果指定的字符串不存在，则返回 0。

3.5.2 split( )、rsplit( )、partition( )、rpartition( )

split( ) 和 rsplit( ) 方法用指定的分隔符，分别把当前字符串从左往右、从右往左分隔成多个字符串，并返回包含分隔结果的列表。例如：

```
>>> s = "apple,peach,banana,pear"
>>> s.split(",")
["apple", "peach", "banana", "pear"]
```

对于 split( ) 和 rsplit( ) 方法，如果不指定分隔符，则字符串中的任何空白符号（包括空格符、换行符、制表符等）都将被认为是分隔符，并返回包含最终结果的列表。

partition( ) 和 rpartition( ) 方法用指定的分隔符，分别从左往右、从右往左将原字符串分隔为 3 个部分，即分隔符之前的字符串、分隔符字符串、分隔符之后的字符串。如果指定的分隔符不在原字符串中，则返回原字符串和两个空字符串。例如：

```
>>> s = "apple,peach,banana,pear"
>>> s.partition(',')
```

```
('apple', ',', 'peach,banana,pear')
>>> s.rpartition(',')
('apple,peach,banana', ',', 'pear')
>>> s.rpartition('banana')
('apple,peach,', 'banana', ',pear')
```

3.5.3 join( )

与 split( ) 方法相反，join( ) 方法把字符串用指定的符号连接起来，返回新的字符串。例如：

```
>>> a = ['a','b','c','d','e']          # 列表
>>> '-'.join(a)
'a-b-c-d-e'
>>> b = ('q','w')                      # 元组
>>> '+'.join(b)
'q+w'
>>> c = 'hello'                        # 字符串
>>> '*'.join(c)
'h*e*l*l*o'
>>> d = {'a':10, 'b':20}               # 字典
>>> '-'.join(d)
'a-b'
```

请注意，使用运算符“+”也可以连接字符串，但效率较低，应优先使用 join( ) 方法。

3.5.4 lower( )、upper( )、capitalize( )、title( )、swapcase( )

lower( )、upper( )、capitalize( )、title( )、swapcase( ) 方法分别用来将字符串转换为小写字符串、大写字符串、字符串首字母大写、每个单词的首字母大写，以及大小写互换。例如：

```
>>> s = "What is Your Name?"
>>> s.lower()                          # 返回小写字符串
'what is your name?'
>>> s.upper()                          # 返回大写字符串
'WHAT IS YOUR NAME?'
>>> s.capitalize()                     # 字符串首字母大写
'What is your name?'
>>> s.title()                          # 每个单词的首字母大写
'What Is Your Name?'
>>> s.swapcase()                       # 大小写互换
'wHAT IS yOUR nAME?'
```

请注意，这些方法没有改变字符串本身，而是返回一个新的字符串。

3.5.5 isalnum( )、isalpha( )、isdigit( )、isspace( )、isupper( )、islower( )

isalnum( )、isalpha( )、isdigit( )、isspace( )、isupper( )、islower( ) 方法分别用来测试字符串是不是数字字符或字母、是不是字母、是不是数字字符、是不是空白字符、是不是大

写字母、是不是小写字母。

3.5.6 strip( )、lstrip( )、rstrip( )

strip( )、lstrip( )、rstrip( ) 方法分别用来删除字符串的前导和末尾的空白字符、删除字符串左边的空白字符、删除字符串右边的空白字符。例如：

```
>>> s = '   Hello World   '
>>> s.strip()                            # 删除字符串的前导和末尾的空白字符
'Hello World'
>>> s.lstrip()                           # 删除字符串左边的空白符
'Hello World   '
>>> s.rstrip()                           # 删除字符串右边的空白符
'   Hello World'
```

在这几种方法中，有一个可选的字符串参数，用来指定两边、左边和右边的哪些字符应该删除。例如：

```
>>> s = 'SpamSpamBaconSpamEggsSpamSpam'
>>> s.strip('ampS')                      # 删除字符串开头和末尾的 a、m、p、S 字符
'BaconSpamEggs'
>>> s.lstrip('ampS')                     # 删除字符串开头的 a、m、p、S 字符
'BaconSpamEggsSpamSpam'
>>> s.rstrip('ampS')                     # 删除字符串末尾的 a、m、p、S 字符
'SpamSpamBaconSpamEggs'
```

请注意，作为这几个方法的参数的字符串，它的字符顺序并不重要。

3.5.7 ljust( )、rjust( )、center( )

ljust( )、rjust( )、center( ) 方法分别表示左对齐、右对齐和居中。

这三个方法的第一个参数都是整数，表示字符串要占的最小宽度；第二个可选参数指定一个填充字符，如果省略，就用空格字符填充。例如：

```
>>> 'Hello'.ljust(20)          # 字符串靠左对齐，并且宽度是 20
'Hello               '
>>> 'Hello'.rjust(20)          # 字符串靠右对齐，并且宽度是 20
'               Hello'
>>> 'Hello'.center(20)         # 字符串居中对齐，并且宽度是 20
'       Hello        '
>>> 'Hello'.ljust(20, '*')     # 字符串靠左对齐，并且宽度是 20，用 * 填充空位
'Hello***************'
>>> 'Hello'.rjust(20, '*')     # 字符串靠右对齐，并且宽度是 20，用 * 填充空位
'***************Hello'
>>> 'Hello'.center(20, '*')    # 字符串居中对齐，并且宽度是 20，用 * 填充空位
'*******Hello********'
```

3.5.8 startswith( )、endswith( )

startswith( ) 方法的语法如下：str.startswith(prefix[, start[, end]])。

startswith( ) 方法用于检查字符串是否以指定的字符串开头，如果是，则返回 True，否则返回 False。如果有可选项 start，则将从指定的位置开始检查；如果有可选项 end，则将在所指定的位置停止比较。例如：

```
>>> s = "this is string example....wow!!!"
>>> s.startswith('this')
True
>>> s.startswith('is', 2, 4)
True
>>> s.startswith('this', 2, 4)
False
```

endswith( ) 方法的语法如下：str.endswith(suffix[, start[, end]])。

endswith( ) 方法用于判断字符串是否以指定的后缀结尾，如果是以指定的后缀结尾，则返回 True，否则返回 False。如果有可选参数 start，则将从指定的位置开始检查；如果有可选参数 end，则将在指定的位置停止比较。例如：

```
>>> s = 'hello good boy doiido'
>>> s.endswith('o')
True
>>> s.endswith('do', 4)
True
>>> s.endswith('do', 4, 15)
False
```

3.5.9　replace( )

replace( ) 方法的语法如下：str.replace(old, new[, max])。

该方法把字符串中的 old 旧字符串替换成 new 新字符串，如果指定第三个参数 max，则替换不超过 max 次。例如：

```
>>> s = '中国，中国，中国'
>>> s.replace('中国', '中华人民共和国') #将字符串中的“中国”替换成“中华人民共和国”
'中华人民共和国，中华人民共和国，中华人民共和国'
>>> s.replace('中国', '中华人民共和国', 2) # 将字符串中的“中国”替换成“中华人民共和国”，
                                            并且替换次数不超过 2 次
'中华人民共和国，中华人民共和国，中国'
```

3.5.10　maketrans( )、translate( )

字符串对象的 maketrans( ) 方法用来生成字符映射表，而 translate( ) 方法用来根据字符映射表中的关系转换字符串。例如：

```
>>> # 创建映射表，将字符 'abcdef123' 一一对应地转换为 'uvwxyz@#$'
>>> table = ''.maketrans('abcdef123', 'uvwxyz@#$')
>>> s = 'Python is a greate programming language. I like it!'
>>> # 按映射表进行替换
>>> s.translate(table)
'Python is u gryuty progrumming lunguugy. I liky it!'
```

3.5.11 字符串反转

第 1 种方法：使用字符串切片。例如：

```
>>> s = 'Hello world!'
>>> result = s[::-1]
>>> result
'!dlrow olleH'
```

第 2 种方法：使用列表切片。例如：

```
>>> s = 'Hello world!'
>>> lst = list(s)
>>> result = ''.join(lst[::-1])
>>> result
'!dlrow olleH'
```

第 3 种方法：使用列表的 reverse( ) 方法。例如：

```
>>> s = 'Hello world!'
>>> lst = list(s)
>>> lst.reverse()
>>> result=''.join(lst)
>>> result
'!dlrow olleH'
```

第 4 种方法：使用 reversed( ) 函数。例如：

```
>>> s = 'Hello world!'
>>> result = ''.join(reversed(s))
>>> result
'!dlrow olleH'
```

第 5 种方法：使用 for 循环。例如：

```
>>> s = 'Hello world!'
>>> result = ''
>>> k = len(s) - 1
>>> for i, v in enumerate(s):
    result += s[k-i]
>>> result
'!dlrow olleH'
```

第 6 种方法：使用 reduce( ) 方法。例如：

```
>>> from functools import reduce
>>> s = 'Hello world!'
>>> result = reduce(lambda x, y: y+x, s)
>>> result
'!dlrow olleH'
```

3.5.12　用 pyperclip 模块复制、粘贴字符串

pyperclip 模块有 copy( ) 和 paste( ) 函数，可以向计算机的剪贴板发送文本，或从其接收文本。将程序的输出发送到剪贴板，它很容易粘贴到邮件、文字处理程序或其他软件中。pyperclip 模块不是 Python 自带的，需要安装。例如：

```
>>> import pyperclip
>>> pyperclip.copy('Hello world!')
>>> pyperclip.paste()
'Hello world!'
```

当然，如果你的程序之外的某个程序改变了剪贴板的内容，paste( ) 函数就会返回它。

3.6 字符串与数字类型的转换

3.6.1　字符串转换为数字

字符串转换为数字可以使用 int( )、float( ) 函数实现。如果字符串能成功转换为数字，则返回数字，否则引发异常。例如：

```
>>> int('8')
8
>>> int('9.6')
ValueError: invalid literal for int() with base 10: '9.6'
>>> float('9.6')
9.6
>>> int('AB')
ValueError: invalid literal for int() with base 10: 'AB'
```

在默认情况下，int( ) 函数都将字符串当成十进制数字进行转换，所以 int（'AB'）语句会执行失败。int( ) 函数也可以指定基数（进制）。例如：

```
>>> int('AB', 16)
171
```

3.6.2　数字转换为字符串

数字转换为字符串可以使用 str( ) 函数、字符串格式化来实现。例如：

```
>>> str(3.24)
'3.24'
>>> str(True)
'True'
>>> str([])
'[]'
>>> str([1, 2, 3])
'[1, 2, 3]'
>>> str(34)
'34'
```

```
>>> '{0:.2f}'.format(3.24)
'3.24'
>>> '{:.1f}'.format(3.24)
'3.2'
>>> '{:10.1f}'.format(3.24)
'       3.2'
```

3.7 小结

本章主要介绍了 Python 中的数据类型，读者需要重点掌握数字类型和字符串类型，熟悉数字类型的相互转换，以及字符串与数字类型的相互转换。

第4章

控制结构

程序设计中的控制结构有三种，即顺序结构、分支结构和循环结构。Python 通过控制结构来管理程序流，完成一定的任务。程序流是由若干语句组成的，语句既可以是单条语句，也可以是复合语句。

4.1 实例导入

【例 4.1】 输入 x，计算并输出下列分段函数的值，结果保留 3 位小数。

$$y=\begin{cases}x-10, & x\geqslant 0,\\ x+10, & x<0。\end{cases}$$

输入样例 1：

```
50
```

输出样例 1：

```
40.000
```

输入样例 2：

```
-12.34
```

输出样例 2：

```
-2.340
```

程序如下：

```
x = float(input())
if x >= 0:
    y = x - 10
else:
    y = x + 10
print('%.3f' % y)
```

【例 4.2】 编程计算 1 + 2 + 3 +… + 10 的值。

输入样例：

本题无输入

输出样例：

```
55
```

第 1 种方法的程序如下：

```
s=0
for i in range(1, 11):
    s += i
print(s)
```

第 2 种方法的程序如下：

```
lst = [i for i in range(1, 11)]
print(sum(lst))
```

第 3 种方法的程序如下：

```
print(sum(range(1,11)))
```

【例 4.3】求平均分。

输入样例：

```
70 90 78 85 97 94 65 80
```

输出样例：

```
82.375
```

第 1 种方法的程序如下：

```
a = [float(x) for x in input().split()]
s = 0
for x in a:
    s = s + x
print(s / len(a))
```

第 2 种方法的程序如下：

```
a = [float(x) for x in input().split()]
print(sum(a)/len(a))
```

4.2 分支结构

分支结构使得程序具有了“判断能力”，它使部分程序根据某些表达式的值被有选择地执行。Python 中的分支结构提供了 if-else 语句和 elif 语句。

4.2.1 if-else 语句

if-else 语句根据表达式的值来决定要执行的语句：当值的结果为真时，执行“语句 1”；当值的结果为假，并且包含 else 部分（也有可能没有 else）时，执行“语句 2”。这里的语句可以是单条语句，也可以是复合语句。if-else 语句的语法如下：

```
if 条件：
    语句 1
[else:
    语句 2]
```

if-else 语句的执行流程如图 4.1 所示。

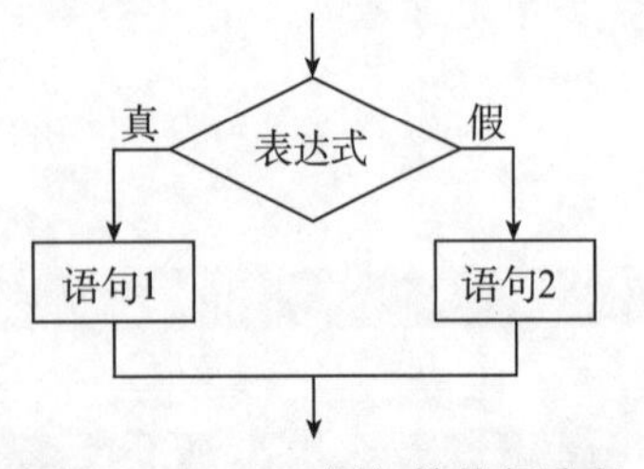

图 4.1 if -else 语句的执行流程

4.2.2 elif 语句

elif 语句的语法如下：

```
if 表达式 1:
    语句 1
elif 表达式 2:
    语句 2
……
elif 表达式 n-1:
    语句 n-1
[else:
    语句 n]
```

其中，关键字 elif 是 else if 的缩写。我们首先求解表达式 1，如果表达式 1 的值为“真”，则执行语句 1，并结束整个 if 语句的执行；否则，求解表达式 2，……，最后 else 处理的是条件都不满足的情况，即当表达式 1，表达式 2，……，表达式 n-1 的值都为“假”时，执行语句 n（也有可能没有 else）。elif 语句的执行流程如图 4.2 所示。

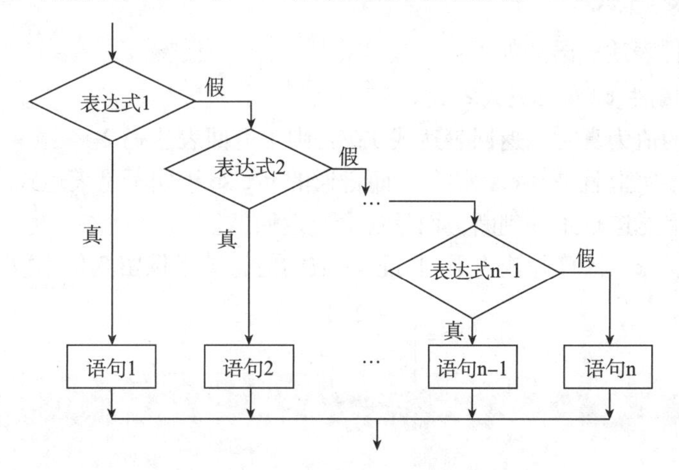

图 4.2 elif 语句的执行流程

【例 4.4】编程判断一个整数是正数、零还是负数。

输入样例 1：

```
5
```

输出样例 1：

```
The number is positive.
```

输入样例 2：

```
-5
```

输出样例 2：

```
The number is negative.
```

输入样例 3：

```
0
```

输出样例 3：

```
The number is zero.
```

【分析】根据题目的要求、输入样例和输出样例，算法设计如下：

Step1 输入一个数 n；

Step2 如果 $n>0$，输出“The number is positive.”；

Step3 否则如果 $n<0$，输出“The number is negative.”；

Step4 否则如果 $n=0$，输出“The number is zero.”。

程序如下：

```
n = int(input())
if n > 0:
    print("The number is positive.")
elif n < 0:
    print("The number is negative.")
else:
    print("The number is zero.")
```

4.2.3 条件表达式

Python 的条件表达式语法如下：

```
表达式1  if 条件 else 表达式2
```

当条件计算的值为真时，返回表达式 1；否则，返回表达式 2。

条件表达式事实上就是 if-else 语句，而普通的 if-else 语句不是表达式，不会有返回值，而条件表达式不但能进行条件判断，而且还会有返回值。

【例 4.5】 输入 x，计算并输出下列分段函数的值，结果保留 3 位小数。

$$y=\begin{cases}x+2, & 1\leqslant x\leqslant 2,\\ x+1, & \text{其他。}\end{cases}$$

输入样例 1：

```
1.6
```

输出样例 1：

```
3.600
```

输入样例 2：

```
-10
```

输出样例 2：

```
-9.000
```

程序如下：

```
x = float(input())
y = x + 2 if 1 <= x <= 2 else x + 1
# print('%.3f' % y)
print('{:.3f}'.format(y))
```

4.3 循环结构

Python 的循环结构提供了两种基本的循环语句：while 循环语句与 for 循环语句。

4.3.1 while 循环语句与 for 循环语句

while 循环语句一般用于循环次数难以提前确定的情况。while 循环语句的语法如下：

```
while 条件表达式：
   循环体
[else:
   else 子句代码块 ]
```

for 循环语句一般用于循环次数可以提前确定的情况，尤其是适用于枚举序列或迭代对象中的元素。for 循环语句的语法如下：

```
for 取值 in 序列或迭代对象：
   循环体
[else:
    else 子句代码块 ]
```

while 循环语句和 for 循环语句都可以带 else 子句。如果循环因为条件表达式不成立而自然结束，则执行 else 子句；如果循环是因为执行了 break 语句而导致循环提前结束，则不执行 else 子句。

相同或不同的循环语句之间都可以互相嵌套，也可以与分支语句嵌套使用，用来实现更为复杂的逻辑计算。

【例 4.6】编程计算 1×2 + 3×4 + 5×6 + 7×8 + …+ 99×100 的值。

输入样例：

本题无输入

输出样例：

```
169150
```

【分析】这是一个累加问题。算法设计如下：

Step1：处理阶段。变量 sum 用于存放累加和，循环体为：sum=sum+ 第 i 项，第 i 项为 i*（i+1）。我们选用 for 循环语句，让 i 从 1 变到 99，步长为 2。

Step2：输出阶段。输出计算结果 sum。

程序如下：

```
sum = 0
for i in range(1, 100, 2):
    sum = sum + i * (i + 1)
print(sum)
```

【例 4.7】编程输出所有“水仙花数”。水仙花数是指一个 3 位自然数，其各位数字的立方和等于该数本身。例如，153 是一个水仙花数，因为 $153=1^3+5^3+3^3$。

输入样例：

本题无输入

输出样例：

```
153
370
371
407
```

第 1 种方法的程序如下：

```
for i in range(100, 1000):
    a, b, c = map(int, str(i))
    if a**3 + b**3 + c**3 == i:
        print(i)
```

第 2 种方法的程序如下：

```
for i in range(100, 1000):
    r = map(lambda x:int(x)**3, str(i))
    if sum(r) == i:
        print(i)
```

【例 4.8】编程输出 9×9 的乘法表。乘法表总共有 9 行，公式的格式如下：*i**j*=*k*，每个式子占 7 位。

输入样例：

本题无输入

输出样例：

```
1*1=1
2*1=2  2*2=4
3*1=3  3*2=6  3*3=9
4*1=4  4*2=8  4*3=12 4*4=16
5*1=5  5*2=10 5*3=15 5*4=20 5*5=25
6*1=6  6*2=12 6*3=18 6*4=24 6*5=30 6*6=36
7*1=7  7*2=14 7*3=21 7*4=28 7*5=35 7*6=42 7*7=49
8*1=8  8*2=16 8*3=24 8*4=32 8*5=40 8*6=48 8*7=56 8*8=64
9*1=9  9*2=18 9*3=27 9*4=36 9*5=45 9*6=54 9*7=63 9*8=72 9*9=81
```

程序如下：

```
for i in range(1, 10):
    for j in range(1, i+1):
        print('{0}*{1}={2}'.format(i, j, i*j).ljust(7), end=' ')
    print()
```

【例 4.9】编写程序打印如下给定的图案。

输入样例：

```
4
```

输出样例：

```
   $
  $$$
 $$$$$
$$$$$$$
```

```
 $$$$$
  $$$
   $
```

【分析】先打印图案的上半部分，再打印图案的下半部分。程序如下：

```
n = int(input())
for i in range(1, n):
    print(('$' * (2 * i - 1)).center(2 * n - 1))
for i in range(n, 0, -1):
    print(('$' * (2 * i - 1)).center(2 * n - 1))
```

如果需要去掉右边的空格，则可以进行如下操作：

```
n = int(input())
for i in range(1, n):
    print(('$' * (2 * i - 1)).center(2 * n - 1).rstrip())
for i in range(n, 0, -1):
    print(('$' * (2 * i - 1)).center(2 * n - 1).rstrip())
```

4.3.2 循环结构的优化

为了优化程序以获得更高的效率和运行速度，在编写循环语句时，我们应尽量减少循环内部不必要的计算，将与循环变量无关的代码尽可能地放到循环之外。

在循环中应该尽量使用局部变量，因为局部变量的查询和访问速度比全局变量略快。另外，在使用模块中的方法时，我们可以通过将其直接导入来减少查询次数和提高运行速度。

4.4 跳转语句

跳转语句能够改变程序的执行顺序，实现程序的跳转。Python 有三种跳转语句：break、continue 和 return。

break 语句在 while 循环语句和 for 循环语句中都可以使用。一旦 break 语句被执行，整个循环将提前结束。

continue 语句用来结束本次循环，跳过循环体中尚未执行的语句，接着执行终止条件的判断，以决定是否继续循环。

4.5 范围

在 Python 中，范围的类型是 range，表示一个整数序列；创建范围对象需要使用 range( ) 函数，range( ) 函数的语法如下：

```
range([start, ] stop[, step])
```

语法中的三个参数都是整型：start 是开始值，可以省略（表示从 0 开始）；stop 是结束值；step 是步长。

注意：start ≤整数序列取值 <stop，步长 step 可以为负数。当步长为负数时，可以创建递减序列。

【例 4.10】素数是只能被 1 和自己整除的整数。例如，2，3，5，7 是素数，4，6，8，9 不是素数。给定一个正整数，编程判定该正整数是否为素数。如果是素数，就输出 yes，否则输出 no。

输入样例 1：

```
2
```

输出样例 1：

```
yes
```

输入样例 2：

```
9
```

输出样例 2：

```
no
```

程序如下：

```
import math
n = int(input())
if n <= 1:
    print('no')
elif n == 2:
    print('yes')
elif n % 2 == 0:
    print('no')
else:
    limit = int(math.sqrt(n)) + 2                # limit = int(n ** 0.5) + 2
    for i in range(3, limit, 2):
        if n % i == 0:
            print('no')
            break
    else:
        print('yes')
```

4.6 小结

本章主要介绍 Python 的控制结构，读者需要掌握分支语句（if-else 和 elif）、循环语句（while 和 for）和跳转语句（break、continue 和 return），以及范围语句（range）。

第5章 元组、列表、集合和字典

5.1 实例导入

【例 5.1】编写程序：生成一个含有 10 个随机整数的列表，要求每个元素的值在 [1, 100] 内，并且所有元素都不相同。

程序如下：

```
import random
x = set()
while len(x) < 10:
    n = random.randint(1, 100)
    x.add(n)
print(sorted(x))
```

输出结果为：

```
[6, 18, 20, 21, 32, 40, 56, 63, 64, 84]
```

注意：每次的输出结果都不一样。

【例 5.2】编写程序：输出由 1、2、3 这三个数字组成的每位数都不相同的所有三位数。

输入样例：

```
本题无输入
```

输出样例：

```
123
132
213
231
312
321
```

第 1 种方法的程序如下：

```
# digits = [1, 2, 3]            # 列表
digits = (1, 2, 3)              # 元组
for i in digits:                # 百位
    for j in digits:            # 十位
```

```
        if i == j:
            continue
        for k in digits:          # 个位
            if i != k and j != k:
                print(i * 100 + j * 10 + k)
```

第 2 种方法的程序如下：

```
digits = {1, 2, 3}                # 集合
for i in digits:
    for j in digits - {i}:
        for k in digits - {i, j}:
            print(i * 100 + j * 10 + k)
```

第 3 种方法的程序如下：

```
from itertools import permutations
res = list(permutation('123'))
for x in res:
    print(''.join(x))
```

【例 5.3】有 10 个用户及其喜欢的电影清单，某用户已看过并喜欢一些电影，现在想找一些新电影看一看。请你查找与该用户爱好最相似的用户及其喜欢看的电影，并推荐给该用户。

说明：用户编号为 user1 ～ user10，电影编号为 film1 ～ film15，每个用户喜欢看的电影数量为 1 ～ 10，某用户已看过并喜欢的电影是 film1、film2、film3。

【分析】根据已有的数据，查找与该用户爱好最相似的用户，然后从找到的用户喜欢的电影中选取该用户还没有看过的电影，并推荐给他。

```
from random import randrange

#  每个用户数据的键值对为 'userId':{ 电影集合 }
data = {'user' + str(i):
        {'film' + str(randrange(1, 16)) for _ in range(randrange(1, 11))}
        for i in range(1, 11)}

for item in data.items():
     print(item[0], ':', item[1])

# 该用户已看过并喜欢一些电影
like_films = {'film1', 'film2', 'film3'}

# 查找与该用户最相似的用户和他喜欢看的电影
similarUser, films = max(data.items(), key=lambda x: len(x[1] & like_films))

print(' 最相似的用户 : ', similarUser, ':', films)
print(' 推荐的电影 : ', films - like_films)
```

运行结果为：

```
user1 : {'film11', 'film9', 'film15', 'film3', 'film14', 'film1', 'film5', 'film12'}
user2 : {'film14'}
```

```
user3 : {'film11', 'film10', 'film3', 'film14', 'film5', 'film12'}
user4 : {'film11', 'film15', 'film9', 'film10', 'film2', 'film1'}
user5 : {'film7', 'film2', 'film14', 'film1', 'film13', 'film3'}
user6 : {'film11', 'film9', 'film10', 'film2', 'film13'}
user7 : {'film11', 'film15', 'film10', 'film7', 'film13', 'film5', 'film3'}
user8 : {'film7'}
user9 : {'film7'}
user10 : {'film9', 'film6', 'film12', 'film14', 'film13', 'film5', 'film3'}
最相似的用户： user5 : {'film7', 'film2', 'film14', 'film1', 'film13', 'film3'}
推荐的电影： {'film13', 'film7', 'film14'}
```

5.2 序列

序列是一种可迭代、元素有序并且可以重复出现的数据结构，可以通过索引访问元素。字符串、字节、范围、元组、列表都是序列。

5.2.1 索引操作

序列中的元素通过索引访问，序列的索引有正值索引和负值索引两种。

正值索引：序列中第一个元素的索引是 0，其他元素的索引是第一个元素的正偏移量，最后一个元素的索引是“序列长度 -1”。

负值索引：最后一个元素的索引是“-1”，其他元素的索引是最后一个元素的负偏移量。

例如，a =‘Hello’字符串，它的正负索引示例如图 5.1 所示。

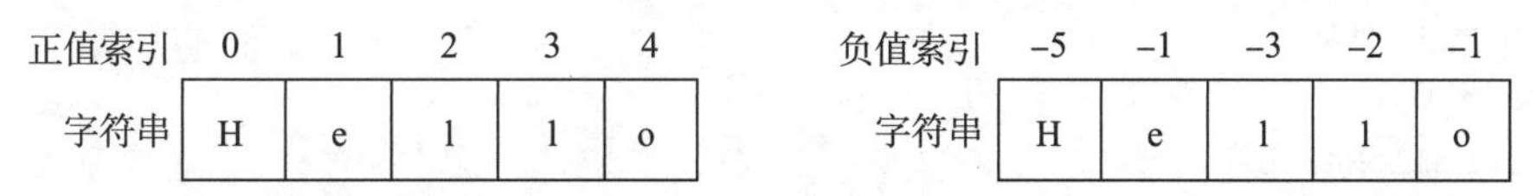

图 5.1 正负索引示例

其中，a[0]、a[-5] 都是所访问序列的第一个元素，a[4]、a[-1] 都是所访问序列的最后一个元素。如果索引超过范围，则会发生 IndexError 错误。

5.2.2 序列切片

序列的切片(Slicing)就是从序列中切分出小的子序列，是Python序列的重要操作之一。语法格式如下：

```
[start:end:step]
```

其中，start是开始索引，end是结束索引，step是步长。切下的子序列包括start位置元素，但不包括 end 位置元素，而且 start 和 end 都可以省略。

步长是在切片时获取元素的间隔。步长可以为正整数，也可以为负整数。如果省略步长参数，则默认值是 1。当步长为负数时比较麻烦，这时是从右往左获取元素，所以表达式 [::-1] 切片的结果是原始字符串的倒置。具体示例如下：

```
>>> a = 'Hello'
>>> a[1:3]
```

```
'el'
>>> a[:3]
'Hel'
>>> a[0:3]
'Hel'
>>> a[0:]
'Hello'
>>> a[0:5]
'Hello'
>>> a[:]
'Hello'
>>> a[1:-1]
'ell'
```

在上述代码表达式中，a[1:3] 是切出位置 1 ～ 3 的子字符串，但不包括位置 3 的元素，所以结果是 el；表达式 a[:3] 省略了开始索引，默认开始索引是 0，所以 a[:3] 与 a[0:3] 的切片结果是一样的；表达式 a[0:] 省略了结束索引，默认结束索引是序列的长度（即 5），所以 a[0:] 与 a[0:5] 的切片结果是一样的；表达式 a[:] 省略了开始索引和结束索引，a[:] 与 a[0:5] 的切片结果一样；表达式 a[1:-1] 使用了负值索引，不难计算出 a[1:-1] 的结果是 ell。

5.2.3 序列的加和乘

“+”和“*”运算符可以应用于序列。“+”运算符可以将两个序列连接起来，“*”运算符可以将序列重复多次。例如：

```
>>> a = 'Hello'
>>> a * 3
'HelloHelloHello'
>>> a
'Hello'
>>> a += ' World'
>>> a
'Hello World'
```

5.3 元组

5.3.1 创建元组

创建元组可以使用 tuple（[iterable]）函数，或者直接使用逗号“,”将元素分隔。例如：

```
>>> 21, 32, 43, 45                          # 没有圆括号
(21, 32, 43, 45)
>>> (21, 32, 43, 45)
(21, 32, 43, 45)
>>> a = (21, 32, 43, 45)
>>> a
```

```
(21, 32, 43, 45)
>>> ('Hello', 'World')                    # 创建了一个字符串元组
('Hello', 'World')
>>> ('Hello', 'World', 1, 2, 3)           # 创建字符串和整数混合的元组
('Hello', 'World', 1, 2, 3)
>>> tuple([21, 32, 43, 45])               # 把列表转换为元组
(21, 32, 43, 45)
>>> tuple('abcdefg')                      # 把字符串转换为元组
('a', 'b', 'c', 'd', 'e', 'f', 'g')
>>> tuple()                               # 空元组
()
>>> ()
()
```

我们在创建元组时，使用圆括号把元素括起来只是为了提高程序的可读性，不是必须的。Python 中不强制声明数据类型，因此元组中的元素可以是任何数据类型。

当一个元组只有一个元素时，后面的逗号不能省略。例如，(21,) 表示的是只有一个元素的元组，而 (21) 表示的是一个整数。

注意：元组是不可变类型，不能删除元组的元素，但是能使用 del 命令删除元组。

元组的不可变仅仅是其元素的绑定不可变，如果其绑定的对象本身就是可变对象，则元组是可变的。例如：

```
>>> a = ([1, 2, 3], 4)
>>> a[0].append(10)
>>> a
([1, 2, 3, 10], 4)
```

5.3.2 访问元组

元组作为序列可以通过索引（下标）访问其中的元素，也可以对其进行切片。元组还可以进行拆包（unpack）操作，即将元组中的元素取出赋值给多个变量。例如：

```
>>> a = ('Hello', 'World', 1, 2, 3)
>>> str1, str2, n1, n2, n3 = a
>>> print(str1, str2, n1, n2, n3)
Hello World 1 2 3
>>> str1, str2, *n = a
>>> print(str1, str2, n)
Hello World [1, 2, 3]
>>> str1, _, n1, n2, _ = a
>>> print(str1, n1, n2)
Hello 1 2
```

接收拆包元素的变量个数应该小于等于元组个数。此外，可以使用下划线指定哪些元素不用取值。

5.3.3 遍历元组

一般使用 for 循环遍历元组。例如：

```
>>> a = (21, 32, 43, 45)
>>> for x in a:
    print(x, end=' ')
21 32 43 45
```

元组遍历方式适合于所有序列。

5.4 列表

列表也是一种序列结构，但与元组不同，列表具有可变性，可以增加、删除和替换列表中的元素。列表常用的方法如表 5.1 所示。

表 5.1　列表常用的方法

操作	方法	解释
增加	lst.append（obj）	将对象 obj 添加至列表 lst 的尾部
	lst.extend（iter）	将可迭代对象的每个元素逐个插入列表 lst 的尾部
	lst.insert（index, obj）	将对象 obj 插入到列表 lst 的 index 位置，index 位置后面的所有元素后移一个位置
删除	lst.pop（[index]）	删除并返回列表 lst 中下标为 index（默认为 -1）的元素
	lst.remove（obj）	在列表 lst 中删除首次出现的指定元素，该元素之后的所有元素前移一个位置
	lst.clear( )	删除列表 lst 中的所有元素，但保留列表对象
排序	lst.sort（key=None, reverse=False）	对列表 lst 中的元素进行排序，key 用来指定排序依据，reverse 决定升序（False）还是降序（True），默认是升序
逆序	lst.reverse( )	将列表 lst 中的元素进行逆序，直接修改列表本身
查找	lst.index（obj）	返回给定元素第一次出现位置的下标；若不存在，则抛出异常
数量统计	lst.count（obj）	返回指定元素在列表 lst 中出现的次数
复制	lst.copy( )	返回列表 lst 的浅复制

5.4.1 创建列表

创建列表可以使用 list（[iterable]）函数，或者使用中括号“[]”将元素括起来，元素之间用逗号分隔。

```
>>> a_list = []                    # 创建空列表
>>> b_list = list()                # 创建空列表
>>> c_list = ['a', 'b', 'mpilgrim', 'z', 'example']
```

此外，也可以使用 list( ) 函数将元组、range 对象、字符串或其他类型的可迭代对象类型的数据转换为列表。例如：

```
>>> d_list = list((3, 5, 7, 9, 11))
>>> d_list
```

```
[3, 5, 7, 9, 11]
>>> list(range(1, 10, 2))
[1, 3, 5, 7, 9]
>>> list('hello world')
['h', 'e', 'l', 'l', 'o', ' ', 'w', 'o', 'r', 'l', 'd']
```

当创建只有一个元素的列表时，中括号不能省略，但是后面的逗号可以省略。例如：

```
>>> e_list = [12]
>>> type(e_list)
<class 'list'>
```

当不再使用列表时，可以使用 del 命令删除它。如果列表对象所指向的值不再有其他对象指向，则 Python 也会删除该值。例如：

```
>>> del a_list
```

5.4.2 增加元素

1. append( ) 方法

列表的 append( ) 方法可以在列表尾部追加元素。该操作速度较快，不改变其内存首地址，属于原地操作。例如：

```
>>> a_list = [10, 4, 5, 7]
>>> id(a_list)
867227757000
>>> a_list.append(9)
>>> a_list
[10, 4, 5, 7, 9]
>>> id(a_list)
867227757000                    # a_list 内存地址不变
```

2. extend() 方法

列表的 extend( ) 方法可以将另一个迭代对象的所有元素添加到列表尾部。这种方法也不改变其内存首地址，属于原地操作。例如：

```
>>> a_list = [5, 2, 4]
>>> id(a_list)
335979469704
>>> a_list.extend([7, 8, 9])
>>> a_list
[5, 2, 4, 7, 8, 9]
>>> id(a_list)
335979469704                    # 内存地址不变
```

3. “+” 运算符

下面是“+”运算符示例：

```
>>> a_list = [3, 4, 5]
>>> id(a_list)
788497845448
>>> a_list = a_list + [10, 7]
```

```
>>> a_list
[3, 4, 5, 10, 7]
>>> id(a_list)
788503198216                 # 内存地址改变
```

严格意义上来说，这并不是真正地为列表添加元素，而是创建了一个新列表，并将原列表中的元素和新元素依次复制到新列表的内存空间。由于涉及大量元素的复制，该操作速度较慢，因此程序中涉及大量元素添加时不建议使用该方法。

4. insert( ) 方法

插入元素可以使用列表的 insert (index, obj) 方法，该方法可以在指定索引位置插入一个对象。例如：

```
>>> a_list = [3, 4, 5, 7, 9, 11, 13, 15, 17]
>>> id(a_list)
560394136200
>>> a_list.insert(3, 6)   # 在下标为 3 的位置插入元素 6
>>> a_list
[3, 4, 5, 6, 7, 9, 11, 13, 15, 17]
>>> id(a_list)
560394136200
```

列表的 insert( ) 方法可以在列表的任意位置插入元素，但由于列表的自动内存管理功能，insert( ) 方法会涉及在列表中插入位置之后所有元素的移动。因此，除非必要，应尽量避免在列表的中间位置进行插入和删除元素的操作。

5.4.3　删除元素

1. pop( ) 方法

列表的 pop( ) 方法可以删除并返回指定位置的元素，默认为最后一个。如果给定的索引超出了列表的范围，则抛出异常。例如：

```
>>> a_list = [3, 5, 7, 9, 11]
>>> a_list.pop()
11
>>> a_list
[3, 5, 7, 9]
>>> a_list.pop(1)
5
>>> a_list
[3, 7, 9]
```

2. remove( ) 方法

列表的remove( )方法可以删除首次出现的指定元素。如果列表中不存在要删除的元素，则抛出异常。例如：

```
>>> a_list = [3, 5, 7, 9, 7, 11]
>>> a_list.remove(7)
>>> a_list
[3, 5, 9, 7, 11]
```

3. clear( ) 方法

列表的 clear( ) 方法可以删除列表中的所有元素。例如：

```
>>> a_list = [3, 5, 7, 9, 11]
>>> a_list.clear()
>>> a_list
[]
```

4. del 命令

del 命令可以删除列表中的指定位置上的元素。例如：

```
>>> a_list = [3, 5, 7, 9, 11]
>>> del a_list[1]
>>> a_list
[3, 7, 9, 11]
>>> del a_list
>>> a_list
NameError: name 'aList' is not defined
```

注意：del 命令也可以直接删除整个列表。

5.4.4　删除元素的怪异现象

列表的remove( )方法只删除首次出现的指定元素，如果要删除的值在列表中出现多次，就需要使用循环来判断是否删除了所有这样的值。例如，删除列表中的所有 1：

```
x = [1, 2, 1, 2, 1, 2, 1, 2]
for i in x:
    if i == 1:
        x.remove(i)
print(x)
```

运行结果为：

```
[2, 2, 2, 2]
```

如果列表改为 x = [1, 2, 1, 2, 1, 1, 1, 1]，则运行结果为：

```
[2, 2, 1, 1]
```

同样的代码，仅仅是要处理的列表不同，却并没有删除列表中所有的 1，问题出在哪里呢？我们试着修改上面的程序：

```
x = [1, 2, 1, 2, 1, 1, 1, 1]
for i in range(len(x)):
    if x[i] == 1:
        x.remove(x[i])
    print(i, len(x), x)
```

运行结果为：

```
0 7 [2, 1, 2, 1, 1, 1, 1]
1 6 [2, 2, 1, 1, 1, 1]
2 5 [2, 2, 1, 1, 1]
3 4 [2, 2, 1, 1]
```

```
IndexError: list index out of range
```

修改后的程序不但没有解决问题，反而引发了一个异常：下标越界。这种问题的产生，是由列表的自动内存管理功能造成的。

我们试着采取从后往前删除，修改程序如下：

```
x = [1, 2, 1, 2, 1, 1, 1, 1]
for i in range(len(x)-1, -1, -1):
    if x[i] == 1:
        x.remove(x[i])
    print(i, len(x), x)
```

运行结果为：

```
7 7 [2, 1, 2, 1, 1, 1, 1]
6 6 [2, 2, 1, 1, 1, 1]
5 5 [2, 2, 1, 1, 1]
4 4 [2, 2, 1, 1]
3 3 [2, 2, 1]
2 2 [2, 2]
1 2 [2, 2]
0 2 [2, 2]
```

这次修改后的运行结果正确，但删除过程非常怪异，居然是从前往后进行删除的！这是因为 remove( ) 删除的是首次出现的指定元素。我们可以用 filter( ) 函数试着修改上面的程序：

```
x = [1, 2, 1, 2, 1, 1, 1, 1]
res = list(filter(lambda x: x != 1, x))
print(res)
```

运行结果为：

```
[2, 2]
```

这次修改后的运行结果正确，并且正常。

5.4.5 列表排序

在实际应用中，经常需要对列表元素进行排序，Python 提供了多种不同的方法来实现这一功能。

1. 使用列表对象的 sort( ) 方法进行原地排序

代码示例如下：

```
>>> a_list = [17, 15, 9, 5, 3, 11, 13, 7, 6, 4]
>>> a_list.sort()                              # 默认是升序排序
>>> a_list
[3, 4, 5, 6, 7, 9, 11, 13, 15, 17]
>>> a_list.sort(reverse = True)                # 降序排序
>>> a_list
[17, 15, 13, 11, 9, 7, 6, 5, 4, 3]
>>> a_list.sort(key = lambda x:len(str(x)))    # 按转换成字符串的长度排序
>>> a_list
```

```
[9, 7, 6, 5, 4, 3, 17, 15, 13, 11]
```

2. *使用内置函数 sorted( ) 对列表进行排序并返回新列表*

代码示例如下：

```
>>> a_list = [17, 15, 9, 5, 3, 11, 13, 7, 6, 4]
>>> sorted(a_list)                                    # 升序排序
[3, 4, 5, 6, 7, 9, 11, 13, 15, 17]
>>> sorted(a_list, reverse = True)                    # 降序排序
[17, 15, 13, 11, 9, 7, 6, 5, 4, 3]
```

方法 sort( ) 永久性地修改了列表元素的排列顺序，而 sorted( ) 按特定顺序对列表元素进行排序，但不影响它们在列表中的原始排列顺序。

【例 5.4】 编程：对列表 [11, 2, 33, 7, 11, 8, 19, 1, 2] 去重，但要保持原来的顺序。

第 1 种方法的程序如下：

```
lst1 = [11, 2, 33, 7, 11, 8, 19, 1, 2]
lst2 = []
for x in lst1:
    if x not in lst2:
        lst2.append(x)
print(lst2)
```

第 2 种方法的程序如下：

```
lst1 = [11, 2, 33, 7, 11, 8, 19, 1, 2]
lst2 = list(set(lst1))
lst2.sort(key=lst1.index)
print(lst2)
```

运行结果为：

```
[11, 2, 33, 7, 8, 19, 1]
```

5.4.6　其他常用方法

前面介绍了列表增加、删除和排序的一些方法。事实上，列表还有很多方法，现在再介绍几个常用方法。

1. *reverse( ) 方法*

列表的 reverse( ) 方法将列表元素原地逆序。例如：

```
>>> a_list = [3, 4, 5, 6, 7, 9, 11, 13, 15, 17]
>>> a_list.reverse()
>>> a_list
[17, 15, 13, 11, 9, 7, 6, 5, 4, 3]
```

2. *index(x, start, end) 方法*

index(x, start, end) 方法用来查找 x，返回 x 第一次出现的索引。其中，start 可选，是查找的起始索引；end 可选，是查找的结束索引。如果没有找到对象，则抛出异常。该方法继承自序列，元组和字符串也可以使用该方法。例如：

```
>>> a_list = [3, 4, 5, 6, 3, 9, 3, 13, 3, 3]
>>> a_list.index(3)
```

```
0
>>> a_list.index(3, 5, 10)
6
>>> a_list.index(100)
ValueError: 100 is not in list
```

3. count(x) 方法

count(x)方法返回x出现的次数。该方法继承自序列，元组和字符串也可以使用该方法。例如：

```
>>> a_list = [3, 4, 5, 6, 3, 9, 3, 13, 3, 3]
>>> a_list.count(3)
5
>>> a_list.count(0)
0
```

5.4.7 列表推导式

Python中有一种特殊表达式，即推导式。它可以将输入时的一种数据结构，经过过滤、计算等处理，最后输出为另一种数据结构。根据数据结构的不同，推导式可分为列表推导式、集合推导式和字典推导式。

列表推导式使用非常简洁的方式来快速生成满足特定需求的列表。例如，0～9中偶数的平方数列可以通过列表推导式实现：

```
>>> a_list = [x**2 for x in range(10) if x%2 == 0]
>>> a_list
[0, 4, 16, 36, 64]
```

图5.2是列表推导式的语法结构，其中，in后面的表达式是“输入序列”；for前面的表达式是“输出表达式”，它的运算结果会保存在一个新列表中；if条件语句用来过滤“输入序列”，符合条件的才传递给“输出表达式”，如果“条件语句”省略，那么所有元素都传递给“输出表达式”。

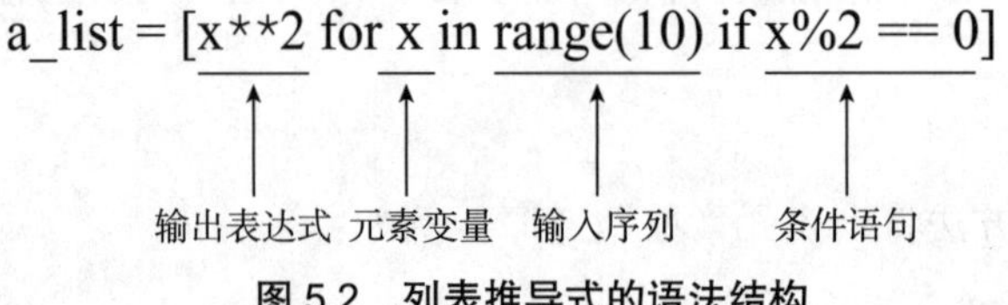

图5.2 列表推导式的语法结构

条件语句可以包含多个条件。

（1）列表推导式在内部实际上是一个循环结构，只是形式更加简洁。例如：

```
>>> a_list = [x*x for x in range(10)]
```

相当于：

```
>>> a_list = []
>>> for x in range(10):
        a_list.append(x*x)
```

也相当于：

```
>>> a_list = list(map(lambda x: x*x, range(10)))
```

（2）过滤不符合条件的元素。例如：

```
>>> a_list = [-1, -4, 6, 7.5, -2.3, 9, -11]
>>> [x for x in a_list if x>0]
[6, 7.5, 9]
```

（3）在列表推导式中可以使用多个循环，实现多序列元素的任意组合，并且可以结合条件语句过滤特定元素。例如：

```
>>> [(x, y) for x in range(3) for y in range(3)]
[(0, 0), (0, 1), (0, 2), (1, 0), (1, 1), (1, 2), (2, 0), (2, 1), (2, 2)]
```

（4）使用列表推导式实现嵌套列表的平铺。例如：

```
>>> vec = [[1, 2, 3], [4, 5, 6], [7, 8, 9]]
>>> result = [num for elem in vec for num in elem]
>>> result
```

相当于：

```
>>> vec = [[1, 2, 3], [4, 5, 6], [7, 8, 9]]
>>> result = []
>>> for elem in vec:
    for num in elem:
            result.append(num)
>>> result
[1, 2, 3, 4, 5, 6, 7, 8, 9]
```

（5）列表推导式中可以使用函数或复杂表达式。例如：

```
>>> def f(v):
    if v%2 == 0:
        v = v**2
    else:
        v = v+1
    return v
>>> [f(v) for v in [2, 3, 4, -1] if v>0]
```

相当于：

```
>>> [v**2 if v%2 == 0 else v+1 for v in [2, 3, 4, -1] if v>0]
[4, 4, 16]
```

5.4.8　乘法操作

乘法操作可以将列表与整数相乘，生成一个新列表，新列表是原列表中元素的重复。乘法操作同样适用于字符串和元组，并具有相同的特点。例如：

```
>>> a_list = [3, 5, 7]
>>> id(a_list)
53195296328
>>> a_list = a_list * 3
>>> a_list
[3, 5, 7, 3, 5, 7, 3, 5, 7]
>>> id(a_list)
```

```
53195305224
```

需要注意的是，如果列表的元素也是一个列表，则将列表与整数相乘并不是复制子列表值，而是复制子列表的引用。因此，当修改其中一个值时，相应的引用也会被修改。例如：

```
>>> x = [[1, 2, 3]] * 3
>>> x
[[1, 2, 3], [1, 2, 3], [1, 2, 3]]
>>> x[0][0] = 10
>>> x
[[10, 2, 3], [10, 2, 3], [10, 2, 3]]
```

5.4.9 切片操作

当切片作用于列表时，功能非常强大。可以使用切片来截取列表中的任何部分，得到一个新列表，也可以通过切片来修改和删除列表中的部分元素，甚至可以通过切片操作为列表对象增加元素。例如：

```
>>> a_list = [3, 5, 7]
>>> a_list[len(a_list):] = [9]              # 在尾部追加元素
>>> a_list
[3, 5, 7, 9]
>>> a_list[:3] = [1, 2, 3]                  # 替换前 3 个元素
>>> a_list
[1, 2, 3, 9]
>>> a_list[:3] = []                         # 删除前 3 个元素
>>> a_list
[9]
>>> a_list = list(range(10))
>>> a_list
[0, 1, 2, 3, 4, 5, 6, 7, 8, 9]
>>> a_list[::2] = [0] * 5                   # 替换偶数位置上的元素
>>> a_list
[0, 1, 0, 3, 0, 5, 0, 7, 0, 9]
>>> a_list[::2] = [1] * 3                   # 切片不连续，两个元素个数必须一样多
ValueError: attempt to assign sequence of size 3 to extended slice of size 5
```

此外，也可以使用 del 与切片结合来删除列表元素。例如：

```
>>> a_list = [3, 5, 7, 9, 11]
>>> del a_list[:3]                          # 删除前 3 个元素
>>> a_list
[9, 11]
>>> a_list = [3, 5, 7, 9, 11]
>>> del a_list[::2]                         # 删除偶数位置上的元素
>>> a_list
[5, 9]
```

切片操作不会因为下标越界而抛出异常，而是简单地在列表尾部截断或者返回一个空列表，代码具有更强的健壮性。例如：

```
>>> a_list = [3, 5, 7, 9, 11]
>>> a_list[20:]
[]
```

5.5 集合

集合是一种可迭代、无序、不能包含重复元素的数据结构。集合又分为可变集合和不可变集合。需要注意的是，集合不是序列。

5.5.1　创建可变集合

创建可变集合可以使用 set([iterable]) 函数，或者使用大括号“{}”将元素括起来，元素之间用逗号分隔。例如：

```
>>> a_set = set(range(8, 14))
>>> a_set
{8, 9, 10, 11, 12, 13}
>>> b_set = {3, 5}
>>> b_set
{3, 5}
>>> c_set = set([0, 1, 2, 3, 0, 1, 2, 3, 7, 8])          # 自动去除重复的元素
>>> c_set
{0, 1, 2, 3, 7, 8}
>>> d_set = set()                                          # 空集合
>>> d_set
set()
```

5.5.2　修改可变集合

1. add(obj)：*增加元素*

如果元素已经存在，则不能增加，但不会抛出错误。例如：

```
>>> a_set = {3, 7, 10, 5, 13}
>>> a_set.add(20)
>>> a_set
{3, 5, 7, 10, 13, 20}
```

2. update(obj)：*更新元素*

更新后，增加的对象可以是列表、字典等，并且可以是多个，彼此之间用逗号隔开。例如：

```
>>> a_set = {3, 7, 10, 5, 13}
>>> a_set.update((-1, 40), [11, 23])
>>> a_set
{3, 5, 7, 40, 10, 11, 13, 23, -1}
```

3. remove(obj)：*删除元素*

如果元素不存在，则抛出错误。例如：

```
>>> a_set = {3, 7, 10, 5, 13}
>>> a_set.remove(10)
>>> a_set
{3, 5, 7, 13}
>>> a_set.remove(50)
Traceback (most recent call last):
  File "<pyshell#134>", line 1, in <module>
    a_set.remove(50)
KeyError: 50
```

4. discard(obj)：删除元素

即使元素不存在，也不会抛出错误。例如：

```
>>> a_set = {3, 7, 10, 5, 13}
>>> a_set.discard(10)
>>> a_set
{3, 5, 7, 13}
>>> a_set.discard(50)
>>> a_set
{3, 5, 7, 13}
```

5. pop( )：随机删除一个元素

代码示例如下：

```
>>> a_set = {3, 7, 10, 5, 13}
>>> a_set.pop()
3
>>> a_set.pop()
5
>>> a_set.pop()
7
```

6. clear( )：清空集合

代码示例如下：

```
>>> a_set = {3, 7, 10, 5, 13}
>>> a_set.clear()
>>> a_set
set()
```

5.5.3 遍历集合

集合是无序的，不能通过下标访问单个元素，但可以遍历集合。例如：

```
>>> a_set = {3, 7, 10, 5, 13}
>>> for x in a_set:
    print(x, end=' ')
3 5 7 10 13
```

5.5.4 不可变集合

不可变集合类型是 frozenset，创建不可变集合使用 frozenset([iterable]) 函数，不能使用大括号“{}”。例如：

```
>>> a_set = frozenset({'a', 'b', 'c', 'd'})
>>> type(a_set)
<class 'frozenset'>
>>> a_set.add('e')
AttributeError: 'frozenset' object has no attribute 'add'
```

由于创建的是不可变集合，不能被修改，因此试图修改就会发生错误。

5.5.5　集合推导式

集合推导式与列表推导式类似，只是输出的结果是集合。由于集合中是不能有重复元素的，所以集合推导式输出的结果会过滤重复的元素。例如：

```
>>> a_list = [2, 3, 2, 4, 5, 6, 6, 6]
>>> n_set = {x ** 2 for x in a_list}
>>> n_set
{4, 36, 9, 16, 25}
```

5.5.6　集合操作

Python 集合支持并集、交集和差集等运算。例如：

```
>>> a_set = set([8, 9, 10, 11, 12, 13])
>>> b_set = {0, 1, 2, 3, 7, 8}
>>> a_set | b_set                                   # 并集
{0, 1, 2, 3, 7, 8, 9, 10, 11, 12, 13}
>>> a_set.union(b_set)                              # 并集
{0, 1, 2, 3, 7, 8, 9, 10, 11, 12, 13}
>>> a_set & b_set                                   # 交集
{8}
>>> a_set.intersection(b_set)                       # 交集
{8}
>>> a_set - b_set                                   # 差集
{9, 10, 11, 12, 13}
>>> a_set.difference(b_set)                         # 差集
{9, 10, 11, 12, 13}
```

5.6　字典

字典是可迭代、可变的数据结构，通过键来访问元素。字典结构比较复杂，它包含两部分：键和值。定义字典时，每个元素的键和值用冒号“:”分隔，元素之间用逗号“,”分隔，所有的元素放在一对大括号“{}”中。

5.6.1　创建字典

可以使用 dict( ) 函数，或者使用大括号将“键 : 值”对括起来创建字典。例如：

```
>>> x = dict()                                                # 空字典
>>> x
{}
>>> x = {}                                                    # 空字典
>>> x
{}
>>> a_dict = {'a':11, 'b':31}
>>> a_dict
{'a': 11, 'b': 31}
```

此外，也可以使用内置函数 dict( )，通过已有数据快速创建字典。例如：

```
>>> keys = ['a', 'b', 'c', 'd']
>>> values = [1, 2, 3, 4]
>>> x = dict(zip(keys, values))
>>> x
{'a': 1, 'c': 3, 'b': 2, 'd': 4}
```

在使用 dict( ) 函数创建字典时，参数可以采用“键 - 值”对的形式，语法格式如下：

```
dict (key1=value1, key2=value2, key3=value3…)
```

“键 - 值”对的形式只能创建键是字符串类型的字典。例如：

```
>>> x = dict(name='Dong', age=37)
>>> x
{'age': 37, 'name': 'Dong'}
```

也可以以给定的内容为键，创建值为空的字典。例如：

```
>>> x = dict.fromkeys(['name', 'age', 'sex'])
>>> x
{'age': None, 'name': None, 'sex': None}
```

当不再需要某个字典时，可以使用 del 命令删除它，也可以使用 del 命令删除字典中指定的元素。

【例 5.5】编写程序：列表中的元素是字典，它的值为 [{'name': 'hailun', 'age': 80}, {'name': 'weilai', 'age': 8},{'name': 'nibian', 'age': 90},{'name': 'lixu', 'age': 20}]，对列表中的元素按照 age 由小到大排序。

程序如下：

```
lst1 = [
    {'name': 'hailun', 'age': 80},
    {'name': 'weilai', 'age': 8},
    {'name': 'nibian', 'age': 90},
    {'name': 'lixu', 'age': 20}
]
lst2 = sorted(lst, key=lambda x: x['age'])
print(lst2)
# lst1.sort(key=lambda x: x['age'])
# print(lst1)
```

5.6.2 修改字典

字典可以被修改，但都是针对键和值同时操作的，修改字典操作包括增加、替换和删除“键 - 值”对。

当以指定键为字典赋值时，若键存在，则可以修改该键的值；若不存在，则表示添加一个“键 - 值”对，也就是增加一个新元素。例如：

```
>>> x = {'name':'Dong', 'sex':'male', 'age':20}
>>> x['address'] = 'beijing'                # 增加
>>> x
{'name': 'Dong', 'sex': 'male', 'age': 20, 'address': 'beijing'}
>>> x['age'] = 23                           # 修改
>>> x
{'name': 'Dong', 'sex': 'male', 'age': 23, 'address': 'beijing'}
>>> x.pop('sex')                            # 删除
'male'
>>> x
{'name': 'Dong', 'age': 23, 'address': 'beijing'}
>>> x.popitem()                             # 删除
('address', 'beijing')
>>> x.popitem()
('age', 23)
>>> x
{'name': 'Dong'}
>>> del x['name']
>>> x
{}
```

字典的 pop(key[, default]) 方法在删除“键 - 值”对时，如果键不存在，则返回默认值 default。字典的 popitem( ) 方法可以删除任意“键 - 值”对，返回删除的“键 - 值”对构成的元组。使用 del 命令删除“键 - 值”对时，如果键不存在，则会抛出错误。

5.6.3　访问字典

1. *get( ) 方法*

get(key[, default])：返回键对应的值，如果键不存在，则返回默认值。例如：

```
>>> x = {'name':'Dong', 'sex':'male', 'age':20}
>>> print(x.get('adress'))
None
>>> x.get('address', 'beijing')
'beijing'
>>> x
{'name': 'Dong', 'sex': 'male', 'age': 20}  # 字典 x 的键 - 值对没有改变
>>> x['score'] = x.get('score', [])
>>> x
{'name': 'Dong', 'sex': 'male', 'age': 20, 'score': []}
>>> x['score'].append(98)
>>> x['score'].append(88)
>>> x
{'name': 'Dong', 'sex': 'male', 'age': 20, 'score': [98, 88]}
```

2. keys( )、values( ) 和 items( ) 方法

keys( ) 方法返回字典的键，values( ) 方法返回字典的值，items( ) 方法返回字典的所有“键 - 值”对。

这些方法返回的值不是真正的列表，它们不能被修改，但数据类型分别是 dict_keys、dict_values 和 dict_items，可以用 for 循环进行遍历。例如：

```
>>> x = {'color': 'red', 'age': 42}
>>> x.keys()
dict_keys(['color', 'age'])
>>> x.values()
dict_values(['red', 42])
>>> x.items()
dict_items([('color', 'red'), ('age', 42)])
>>> 'color' in x
True
>>> 'color' not in x
False
```

在访问字典时，也可以使用 in 和 not in 运算符。但需要注意的是，in 和 not in 运算符只是测试键是否存在。

5.6.4 遍历字典

字典有两个视图，遍历时可以只遍历值视图，也可以只遍历键视图，也可以同时遍历。遍历过程都是通过 for 循环实现的。例如：

```
>>> x = {'color': 'red', 'age': 42}
>>> for k in x:                                # 如果不加说明，则返回的是键
    print(k)
color
age
>>> for k in x.keys():
    print(k)
color
age
>>> for v in x.values():
    print(v)
red
42
>>> for key, value in x.items():
    print(key, value)
color red
age 42
>>> for item in x.items():
    print(item)
('color', 'red')
('age', 42)
```

5.6.5　字典转换为列表

代码示例如下：

```
>>> x = {'name':'Zara ','age':7,'class':'First'}
>>> print(list(x))                          # 将字典的键转换为列表
['name', 'age', 'class']
>>> print(list(x.keys()))                   # 将字典的键转换为列表
['name', 'age', 'class']
>>> print(list(x.values()))                 # 将字典的值转换为列表
['Zara', 7, 'First']
>>> print(list(x.items()))                  # 列表的每一个元素是一个元组
[('name', 'Zara'), ('age', 7), ('class', 'First')]
```

5.6.6　在字典中找最小值、最大值所对应的键

代码示例如下：

```
>>> x = {'dog': 33, 'cat': 36, 'fish': 41, 'bird': 42}
>>> min(x, key=x.get)
'dog'
>>> max(x, key=x.get)
'bird'
```

5.6.7　setdefault( ) 方法

在 setdefault( ) 方法中，第一个参数是要检查的键，第二个参数是如果该键不存在时要设置的值，如果该键存在，就会返回该键的值。例如：

```
>>> x = {'name': 'Zara', 'age': 5}
>>> x.setdefault('color', 'black')
'black'
>>> x
{'name': 'Zara', 'age': 5, 'color': 'black'}
>>> x.setdefault('color', 'white')
'black'
>>> x
{'name': 'Zara', 'age': 5, 'color': 'black'}
```

其中，在第一次调用 x.setdefault（'color', 'black'）时，x 变量中的字典变为 {'name': 'Zara', 'age': 5, 'color': 'black'}。该方法的返回值为 'black'，因为现在该值已被赋给键 'color'。

当 x.setdefault（'color', 'white'）再次被调用时，该键的值“没有”被改变成 'white'，因为 x 变量已经有名为 'color' 的键。该方法的返回值为 'black'。

setdefault( ) 方法可以确保一个键的存在。

【例 5.6】编写程序：计算一个字符串中每个字符出现的次数。如果程序中导入 pprint 模块，就可以使用 pprint( ) 和 pformat( ) 函数，它们将“漂亮地打印”一个字典。

```
message = 'It was a bright cold day in April, and the clocks were striking thirteen.'
m_dict = {}
```

```
for character in message:
    m_dict.setdefault(character, 0)
    m_dict[character] += 1
print(m_dict)
```

运行结果为：

```
{' ': 13, ',': 1, '.': 1, 'A': 1, 'I': 1, 'a': 4, 'c': 3, 'b': 1, 'e': 5, 'd': 3,
'g': 2, 'i': 6, 'h': 3, 'k': 2, 'l': 3, 'o': 2, 'n': 4, 'p': 1, 's': 3, 'r': 5,
't': 6, 'w': 2, 'y': 1}
```

程序循环迭代 message 字符串中的每一个字符，计算每个字符出现的次数。setdefault( ) 方法确保了每个键的初始值为 0，这样在执行 m_dict[character] += 1 时，就不会抛出 KeyError 错误。

如果导入 pprint 模块，则将 print（m_dict）改为：

`pprint.pprint(m_dict)` 或 `print(pprint.pformat(m_dict))`

运行结果为：

```
{' ': 13,
 ',': 1,
 '.': 1,
 'A': 1,
 'I': 1,
 'a': 4,
 'b': 1,
 'c': 3,
 'd': 3,
 'e': 5,
 'g': 2,
 'h': 3,
 'i': 6,
 'k': 2,
 'l': 3,
 'n': 4,
 'o': 2,
 'p': 1,
 'r': 5,
 's': 3,
 't': 6,
 'w': 2,
 'y': 1}
```

可以看出，运行结果很清晰，键也排过序。

5.6.8 字典推导式

因为字典包含了键和值两个不同的结构，所以字典推导式非常灵活。例如：

```
>>> {i: str(i) for i in range(1, 5)}
{1: '1', 2: '2', 3: '3', 4: '4'}
>>> x = ['A', 'B', 'C', 'D']
>>> y = ['a', 'b', 'c', 'd']
```

```
>>> {i:j for i, j in zip(x, y)}
{'A': 'a', 'B': 'b', 'C': 'c', 'D': 'd'}
>>> dict1 = {'one':1, 'two':2, 'three':3, 'four':4}
>>> dict2 = {k:v for k, v in dict1.items() if v %2 == 0}
>>> dict2
{'two': 2, 'four': 4}
```

注意：因为字典不是序列，所以输入结构不能直接使用字典，但可以通过字典的items( )方法返回字典中的“键-值”对序列。

5.6.9 有序字典

如果需要一个可以记住元素插入顺序的字典，则可以使用collections.OrderedDict( )方法创建一个有序字典。例如：

```
>>> import collections
>>> x = collections.OrderedDict()                          #有序字典
>>> x['a'] = 3
>>> x['b'] = 5
>>> x['c'] = 8
>>> x
OrderedDict([('a', 3), ('b', 5), ('c', 8)])
```

注意：从Python3.7开始字典是有序的。字典会记住插入时的顺序，对键的更新不会影响顺序，删除并再次添加的键将被插入到末尾。例如：

```
>>> d = {'one': 1, 'two': 2, 'three': 3}
>>> d['four'] = 4
>>> d
{'one': 1, 'two': 2, 'three': 3, 'four': 4}
>>> d['one'] = 42
>>> del d['two']
>>> d['two'] = None
>>> d
{'one': 42, 'three': 3, 'four': 4, 'two': None}
```

5.7 reduce( )函数

聚合操作会将多个数据聚合起来输出单个数据，聚合操作中最基础的是归纳函数reduce( )。reduce( )函数会将多个数据按照指定的算法积累并叠加起来，它是在functools模块中定义的。reduce( )函数的语法格式如下：

```
reduce(function, iterable[, initializer])
```

其中，参数function是聚合操作函数，参数iterable是可迭代对象，参数initializer是初始值。例如：

```
>>> from functools import reduce
>>> a = (1, 2, 3, 4)
>>> a_reduce = reduce(lambda acc, i:acc+i, a)
```

```
>>> a_reduce
10
>>> b_reduce = reduce(lambda acc, i:acc+i, a, 2)
>>> b_reduce
12
```

在上述代码中，lambda acc，i: acc + i 是进行聚合操作的 lambda 表达式，acc 参数是上次累积的计算结果，i 参数是当前元素，acc + i 表达式是进行累加操作的。reduce( ) 函数最后的计算结果是一个数值，可以直接通过 reduce( ) 函数返回。

5.8 浅复制和深复制

在 Python 中，对于数据的复制可分为浅复制和深复制。

5.8.1 浅复制

浅复制，是指对数据的表面结构进行复制。如果数据为嵌套的结构，则嵌套结构里面的元素是对之前数据的引用，修改之前的数据会影响复制得到的数据。

1. 列表对象的直接赋值

代码示例如下：

```
>>> a = [3, 5, 7]
>>> b = a                          # 直接赋值，b 与 a 指向同一个内存
>>> b
[3, 5, 7]
>>> a == b                         # 两个列表的元素完全一样
True
>>> a is b                         # 两个列表是同一个对象
True
>>> id(a) == id(b)
True
>>> a[1] = 8                       # 修改其中一个对象会影响另一个对象
>>> a
[3, 8, 7]
>>> b
[3, 8, 7]
```

2. 切片

切片返回的也是列表的浅复制，但与列表对象的直接赋值并不一样。

（1）如果原列表中只包含整数、实数和复数等基本类型或者元组、字符串这样的不可变类型的数据，一般不会出现问题。例如：

```
>>> c = [3, 5, 7]
>>> d = c[::]
>>> d
[3, 5, 7]
>>> c == d                         # 两个列表的元素完全一样
```

```
True
>>> c is d                          # 但不是同一个对象
False
>>> id(c) == id(d)                  # 内存地址不一样
False
>>> c[1] = 8                        # 修改其中的一个对象不会影响另一个对象
>>> c
[3, 8, 7]
>>> d
[3, 5, 7]
```

（2）如果原列表中包含列表之类的可变数据类型，则由于浅复制时只是把子列表的引用复制到新列表中，故修改任何一个对象都会影响另外一个对象。例如：

```
>>> x = [1, 2, [3, 4]]
>>> y = x[:]                        # 与 y = x.copy() 的结果完全一样
>>> x[0] = 5
>>> x
[5, 2, [3, 4]]
>>> y
[1, 2, [3, 4]]                      # 值没有改变
>>> x[2].append(6)
>>> x
[5, 2, [3, 4, 6]]
>>> y
[1, 2, [3, 4, 6]]                   # 值改变了
```

5.8.2　深复制

深复制解决了嵌套结构中深层结构只是引用的问题，它会对所有的数据进行一次复制，修改之前的数据不会改变复制得到的数据。Python 中的 copy 模块可以实现深复制。例如：

```
>>> import copy
>>> x = [1, 2, [3, 4]]
>>> y = copy.deepcopy(x)
>>> x[0] = 5
>>> x[2].append(6)
>>> x
[5, 2, [3, 4, 6]]
>>> y
[1, 2, [3, 4]]
```

5.9　小结

本章首先介绍序列，读者需要了解序列的特点，熟悉序列包括哪些类型；其次，详细介绍了 Python 中的几种数据结构，包括元组、列表、集合和字典，它们是读者要重点掌握的内容。

第6章 内置函数

内置函数是指不需要导入任何模块即可直接使用的函数。执行下面的命令可以列出所有的内置函数[①]和内置对象：

```
>>> dir(__builtins__)
```

内置函数如表 6.1 所示。

表 6.1 内置函数

abs( )	delattr( )	hash( )	memoryview( )	set( )
all( )	dict( )	help( )	min( )	setattr( )
any( )	dir( )	hex( )	next( )	slice( )
ascii( )	divmod( )	id( )	object( )	sorted( )
bin( )	enumerate( )	input( )	oct( )	staticmethod( )
bool( )	eval( )	int( )	open( )	str( )
breakpoint( )	exec( )	isinstance( )	ord( )	sum( )
bytearray( )	filter( )	issubclass( )	pow( )	super( )
bytes( )	float( )	iter( )	print( )	tuple( )
callable( )	format( )	len( )	property( )	type( )
chr( )	frozenset( )	list( )	range( )	vars( )
classmethod( )	getattr( )	locals( )	repr( )	zip( )
compile( )	globals( )	map( )	reversed( )	__import__( )
complex( )	hasattr( )	max( )	round( )	

6.1 实例导入

【例 6.1】编写程序：数字黑洞。

数字黑洞原理：给定任意一个各位数字不完全相同的 4 位正整数，如果我们先把 4 个数字按非递增排序，再按非递减排序，然后用第 1 个数字减第 2 个数字，将得到一个新的数字。直到两个数的差为 6174，我们才停止操作。数字 6174 即为数字黑洞，它也称为 Kaprekar 常数。

① 具体的内置函数可以查看 https://docs.python.org/3/library/functions.html。

程序操作：输入一个 $(0,10^4)$ 区间内的正整数 N。如果 N 的 4 位数字全部相等，则在一行内输出 $N-N=0000$；否则将计算的每一步在一行内输出，直到数字 6174 作为差出现，输出格式见样例。注意，每个数字按 4 位数格式输出。

输入样例 1：

```
6767
```

输出样例 1：

```
7766 - 6677 = 1089
9810 - 0189 = 9621
9621 - 1269 = 8352
8532 - 2358 = 6174
```

输入样例 2：

```
2222
```

输出样例 2：

```
2222 - 2222 = 0000
```

第 1 种方法的程序如下所示：

```
n = input()
while True:
    if len(n) < 4:
          n += '0' * (4 - len(n))
    a = ''.join(sorted(n, reverse=True))
    n1 = int(a)
    n2 = int(a[::-1])
    n = n1 - n2
    print('%04d - %04d = %04d' % (n1, n2, n))
    if n == 0 or n == 6174:
          break
    n = str(n)
```

第 2 种方法的程序如下所示：

```
n = input()
while True:
    n = '{:0>4}'.format(n)
    n1 = ''.join(sorted(n, reverse=True))  # 大值
    n2 = n1[::-1]  # 小值
    n = '{:0>4}'.format(int(n1) - int(n2))
    print('{0} - {1} = {2}'.format(n1, n2, n))
    if n == '0000' or n == '6174':
          break
```

第 3 种方法的程序如下所示：

```
n = input()
while True:
    # zfill()方法返回指定长度的字符串，原字符串右对齐，前面填充0。
```

```
    n = n.zfill(4)
    n1 = ''.join(sorted(n, reverse=True))  # 大值
    n2 = n1[::-1]  # 小值
    n = str(int(n1) - int(n2)).zfill(4)
    print('{} - {} = {}'.format(n1, n2, n))
    if n == '0000' or n == '6174':
        break
```

6.2 bin( )函数

bin( ) 函数将整数转换为二进制数组成的字符串。例如：

```
>>> bin(0)
'0b0'
>>> bin(1)
'0b1'
>>> bin(10)
'0b1010'
```

注意：bin( ) 函数返回的结果是字符串。

6.3 divmod( )函数

divmod( ) 函数把除数和余数运算结果结合起来，返回一个包含商和余数的元组 (a // b, a % b)。例如：

```
>>> divmod(7, 2)
(3, 1)
```

6.4 int( )函数

int( ) 函数将一个数字或 base 类型的字符串转换成整数，其语法格式如下：

```
int(x, [base])
```

其中，base 默认值为 10，也就是说不指定 base 的值时，函数将 x 按十进制处理。x 可以是数字或字符串，但是base被赋值后x只能是字符串。x作为字符串时必须是base类型，即 x 变成数字时必须能用 base 进制表示。

base的取值范围是2～36，它囊括了所有的英文字母（不区分大小写），在十六进制中，F 表示 15，那么 G 在二十进制中表示 16，依此类推，Z 在三十六进制中表示 35。例如：

```
int('FZ', 16)          # 出错，FZ不能用十六进制表示
int('FZ', 36)          # 575
```

字符串 0x 可以出现在十六进制中，它是表示十六进制的符号；同理，0b 可以出现在二进制中，它是表示二进制的符号；除此之外，都视作数字 0、字母 x 和字母 b。例如：

```
int('0x10', 16)        # 16，0x是十六进制的符号
```

```
int('0x10', 17)            # 出错，'0x10' 中的 x 被视作英文字母 x
int('0x10', 36)            # 42804，三十六进制包含字母 x
```

6.5 len( )函数

len( ) 函数返回列表中的元素个数，它适用于字符串、元组、集合和字典等。

6.6 map( )函数

映射操作使用 map( ) 函数，它可以对可迭代对象的元素进行变换。map( ) 函数的语法格式如下：

```
map(function, iterable, …)
```

其中，参数 function 是一个函数，参数 iterable 是可迭代对象。当调用 map( ) 函数时，iterable 会被遍历，它的元素被逐一传入 function( ) 函数，然后程序在 function( ) 函数中对元素进行变换。例如：

```
>>> a = ['1', '2', '3']
>>> map(int, a)
<map object at 0x0000007D3F8042B0>
>>> list(map(int, a))
[1, 2, 3]
>>> x, y, z = map(int, a)
>>> print(x, y, z)
1 2 3
>>> users = ['Tony', 'Tom', 'Ben', 'Alex']
>>> users_map = map(lambda u: u.lower(), users)
>>> list(users_map)
['tony', 'tom', 'ben', 'alex']
```

map( ) 函数返回迭代器，需要使用 list( ) 函数将变换之后的数据转换为列表。

例如，lambda 有两个形参，map( ) 函数可以并行：

```
>>> m1 = map(lambda x, y: (x**y, x+y), [1, 2, 3], [1, 2, 3])
>>> for i in m1:
   print(i)
(1, 2)
(4, 4)
(27, 6)
```

map( ) 函数还可以处理列表长度不一致的情况，但无法处理类型不一致的情况，例如：

```
>>> m2 = map(lambda x, y: (x**y, x+y), [1, 2, 3], [1, 2])
>>> for i in m2:
    print(i)
(1, 2)
(4, 4)
```

6.7 filter( )函数

过滤操作使用 filter( ) 函数，它可以对可迭代对象的元素进行过滤。filter( ) 函数的语法格式如下：

```
filter(function, iterable)
```

其中，参数 function 是一个函数，参数 iterable 是可迭代对象。

当调用 filter( ) 函数时，iterable 会被遍历，它的元素被逐一传入 function( ) 函数，function( ) 函数返回布尔值。在 function( ) 函数中编写过滤条件，结果为 True 的元素被保留，结果为 False 的元素被过滤掉。例如：

```
>>> res = filter(lambda x: x>5, range(10))
>>> for i in res:
  print(i, end=' ')
6 7 8 9
```

filter( ) 函数返回的不是一个列表，需要使用 list( ) 函数将过滤之后的数据转换为列表。例如：

```
>>> users = ['Tony', 'Tom', 'Ben', 'Alex']
>>> users_filter = filter(lambda u: u.startswith('T'), users)
>>> users_filter
<filter object at 0x00000019BA3C97B8>
>>> list(usersFilter)
['Tony', 'Tom']
```

6.8 enumerate( )函数

enumerate 是一个可迭代对象，enumerate( ) 函数一般用在 for 循环当中。enumerate( ) 函数的语法格式如下：

```
enumerate(sequence, [start=0])
```

其中，sequence 是一个序列、迭代器或其他可迭代对象；start 是下标的起始位置。enumerate( ) 函数返回 enumerate（枚举）对象。例如：

```
>>> seasons = ['Spring', 'Summer', 'Fall', 'Winter']
>>> enumerate(seasons)
<enumerate object at 0x02ED9558>
>>> for item in enumerate(seasons):
   print(item)
(0, 'Spring')
(1, 'Summer')
(2, 'Fall')
(3, 'Winter')
>>> list(enumerate(seasons))
[(0, 'Spring'), (1, 'Summer'), (2, 'Fall'), (3, 'Winter')]
>>> list(enumerate(seasons, start=1000))        # 下标从 1000 开始
[(1000, 'Spring'), (1001, 'Summer'), (1002, 'Fall'), (1003, 'Winter')]
```

6.9 zip( )函数

zip( ) 函数将多个列表或元组对应位置的元素组合为元组，并返回包括这些元组的 zip 对象。例如：

```
>>> a = [1, 2, 3, 4]
>>> b = ['a', 'b', 'c', 'd']
>>> c = zip(a, b)
>>> c
<zip object at 0x02ECB558>
>>> for item in c:
    print(item)
(1, 'a')
(2, 'b')
(3, 'c')
(4, 'd')
>>> list(c)
[(1, 'a'), (2, 'b'), (3, 'c'), (4, 'd')]
```

6.10 sum( )、max( )、min( )函数

sum（列表）函数对数值型列表的元素进行求和运算，对非数值型列表运算则出错。它适用于数值型元组、集合、range 对象和字典等。

max(列表)、min(列表)函数分别返回列表中的最大元素、最小元素。它们适用于元组、集合、range 对象、字典等，要求所有元素之间可以进行大小比较。

在对字典进行操作时，这些方法默认是对字典的“键”进行计算，如果需要对字典的“值”进行计算，则需要使用字典对象的 values( ) 方法明确说明。例如：

```
>>> sum([0, 1, 2])
3
>>> sum([0, 1, 2, 3, 4], 2)
12
>>> a = {1:1, 2:5, 3:8}
>>> sum(a)
6
>>> sum(a.values())
14
>>> max(a)
3
>>> max(a.values())
8
```

max( ) 函数和 min( ) 函数的 key 参数可以用来指定比较规则。例如：

```
>>> a = [-9, -8, 1, 3, -4, 6]
>>> max(a, key=lambda x: abs(x))          # 找出一组数中绝对值最大的数
-9
```

6.11 sorted( )函数

sort( ) 函数与 sorted( ) 函数的区别：sort( ) 函数对列表进行排序操作，sorted( ) 函数可以对所有可迭代对象进行排序操作。

列表的 sort( ) 函数是对已经存在的列表进行操作，无返回值。而 sorted( ) 函数可以对所有可迭代对象进行排序操作。当 sorted( ) 函数对列表进行排序操作时，返回的是一个新的列表，而不是在原来的可迭代对象上进行操作。

sorted( ) 函数的语法如下：

```
sorted(iterable, key, reverse)
```

其中，参数 iterable 表示可迭代对象，例如可以是 dict.keys( )、dict.items( ) 等；参数 key 是一个函数，用来选取参与比较的元素；参数 reverse 则是用来指定是降序还是升序的。如果 reverse=True，则是降序；如果 reverse=False，则是升序。默认情况下，reverse=False。例如：

```
>>> d = {'lilee': 25, 'wangyan': 21, 'huhai':21, 'liqun': 32, 'lidaming': 19}
>>> sorted(d.items())                    # 按 key 值对字典进行排序
[('huhai', 21), ('lidaming', 19), ('lilee', 25), ('liqun', 32), ('wangyan', 21)]
>>> sorted(d.keys())                     # 按 key 值对字典进行排序
['huhai', 'lidaming', 'lilee', 'liqun', 'wangyan']
>>> sorted(d.values())                   # 按 value 值对字典进行排序
[19, 21, 21, 25, 32]
>>> sorted(d.items(), key=lambda x: x[1])
[('lidaming', 19), ('wangyan', 21), ('huhai', 21), ('lilee', 25), ('liqun', 32)]
```

在代码中，排序后的返回值是一个列表，而原字典中的“键 - 值”对被转换为了列表中的元组。这里的 d.items( ) 实际上是将 d 转换为可迭代对象，迭代对象的元素为 ('lilee', 25)，('wangyan', 21)，('huhai', 21)，('liqun', 32)，('lidaming', 19)。items( ) 方法将字典的元素转换成了元组。

key 参数对应的 lambda 表达式的意思是，选取元组中的第二个元素作为比较参数。如果 key=lambda x:x[0]，则选取第一个元素作为比较对象，即 key 值作为比较对象。例如：

```
>>> sorted(d.items(), key=lambda x: [-x[1], x[0]])
[('liqun', 32), ('lilee', 25), ('huhai', 21), ('wangyan', 21), ('lidaming', 19)]
```

在代码中，先按字典的值进行降序排列，如果值相同，则再按字典的键进行升序排列。

6.12 reversed( )函数

reversed( ) 函数返回一个反转的迭代器，它的语法格式如下：

```
reversed(seq)
```

其中，seq 是要转换的序列，适用于字符串、元组、列表和 range 对象。例如：

```
>>> from random import shuffle
>>> a = list(range(10))
>>> a
```

```
[0, 1, 2, 3, 4, 5, 6, 7, 8, 9]
>>> shuffle(a)
>>> a
[0, 3, 4, 8, 1, 7, 6, 9, 5, 2]
>>> b = reversed(a)
>>> b
<list_reverseiterator object at 0x000000827A977E88>
>>> list(b)
[2, 5, 9, 6, 7, 1, 8, 4, 3, 0]
```

在代码中，shuffle( ) 函数将序列的所有元素随机排序，该函数返回 None。

6.13 eval( )函数

eval( ) 函数尝试把任意字符串转化为 Python 表达式并求值。例如：

```
>>> eval('3 + 4')
7
>>> a = 3
>>> b = 5
>>> eval('a + b')
8
>>> import math
>>> eval('math.sqrt(3)')
1.7320508075688772
>>> eval('aa')                                  # 当前上下文中不存在对象 aa
NameError: name 'aa' is not defined
>>> eval('*'.join(map(str, range(1, 6))))       #5 的阶乘
120
```

eval( ) 函数还可以实现把字符串转换为元组、列表和字典等。例如：

```
>>> a = '([1,2], [3,4], [5,6], [7,8], (9,0))'
>>> b = eval(a)
>>> b
([1, 2], [3, 4], [5, 6], [7, 8], (9, 0))
>>> c = '[[1,2], [3,4], [5,6], [7,8], [9,0]]'
>>> d = eval(c)
>>> d
[[1, 2], [3, 4], [5, 6], [7, 8], [9, 0]]
>>> e = "{1: 'a', 2: 'b'}"
>>> f = eval(e)
>>> f
{1: 'a', 2: 'b'}
```

如果用户巧妙地构造输入字符串，eval( ) 函数还可以执行任意外部程序。例如，下面的代码运行后可以启动记事本程序：

```
>>> a = input("Please input:")
Please input:__import__('os').startfile(r'C:\Windows\notepad.exe')
```

```
>>> eval(a)
```

我们再执行下面的代码试试，然后看看当前工作目录中多了什么：

```
>>> eval("__import__('os').system('md test')")
```

当然还可以调用命令来删除这个文件夹或其他文件，或者精心地构造其他字符串来达到特殊目的。

6.14 format( )函数

从 Python 2.6 开始，新增了一种格式化字符串函数 format( )，它增强了字符串格式化的功能。相对于老版的 % 格式化方法，它有很多优点：

（1）在 % 格式化方法中，%s 只能替代字符串类型，而在 format( ) 中不需要理会数据类型；

（2）单个参数可以多次输出，参数的顺序可以不同；

（3）填充方式十分灵活，对齐方式也十分强大；

（4）官方推荐用格式化字符串函数 format( )，% 格式化方法将会被淘汰。

6.14.1 一般格式化

（1）按照默认顺序，不指定位置。例如：

```
>>> print('{} {}'.format('hello', 'world') )
hello world
```

（2）设置指定位置，可以多次使用。例如：

```
>>> print('{0} {1} {0}'.format('hello', 'or'))
hello or hello
```

（3）使用字典格式化。例如：

```
>>> person = {'name': 'Mary', 'age':20}
>>> print('My name is {name}. I am {age} years old.'.format(**person))
My name is Mary. I am 20 years old.
```

（4）通过列表格式化。例如：

```
>>> stu = ['Linux', 'MySQL', 'Python']
>>> print('My name is {0[0]}, I love {0[1]}!'.format(stu))
My name is Linux, I love MySQL!
>>> print('My name is {0}, I love {1}!'.format(*stu))
My name is Linux, I love MySQL!
>>> name = 'Mary'
>>> age = 18
>>> s = '{n} 的年龄是 {a} 岁。'.format(n=name, a=age)
>>> print(s)
Mary 的年龄是 18 岁。
```

占位符可以用参数索引表示，如 {0}、{1} 等；也可以使用参数的名字表示，如 {n}、{a} 等。format( ) 函数中的占位符替换为参数内容。

6.14.2　数字格式化

占位符中还可以有格式化控制符，对字符串的格式进行更加精准的控制。不同的数据类型在进行格式化时需要不同的控制符，例如：

```
3.1415926      {:.2f}       3.14，保留小数点后两位
3.1415926      {:+.2f}      +3.14，带符号保留小数点后两位
-1             {:+.2f}      -1.00，带符号保留小数点后两位
2.71828        {:.0f}       3，不带小数
5              {:0>2d}      05，补零，填充左边，宽度为 2
5              {:x<4d}      5xxx ，补 x，填充右边，宽度为 4
1000000        {:,}         1,000,000，以逗号分隔的数字格式
0.25           {:.2%}       25.00%，百分比格式
1000000000     {:.2e}       1.00e+09，科学记数法
13             {:10d}       13，右对齐，默认，宽度为 10
13             {:<10d}      13，左对齐，宽度为 10
13             {:^10d}      13，中间对齐，宽度为 10
```

其中，“+”表示在正数前显示 +，负数前显示 -；空格表示在正数前加空格。“:”号后面带填充的字符，只能是一个字符，如果不指定，则默认是用空格填充。

6.14.3　进制转换

进制转换示例如下所示：

```
11             {:b}         1011，二进制
11             {:d}         11，十进制
11             {:o}         13，八进制
11             {:x}         b，十六进制
11             {:#x}        0xb，十六进制
11             {:#X}        0XB，十六进制
```

6.15　小结

在使用内置函数、扩展库函数或对象方法时，一定要注意它们的用法，是原地操作还是返回处理后的新对象，这决定了函数或方法的用法。

第7章 函数

程序中反复执行的代码可以封装到一个代码块中，这个代码块模仿了数学中的函数，具有函数名、参数和返回值，这就是程序中的函数。

Python 中的函数很灵活，在类之外定义的，就是函数，其作用域是当前模块；也可以在其他的函数中定义，就是嵌套函数；还可以在类中定义，就是方法。

7.1 实例导入

【例 7.1】编写函数：计算圆的面积。

```
import math
def circle_area(r):
    if isinstance(r, (int, float)):  # 确保接收的参数为数值
        return math.pi * r * r
    else:
        return 'Please give an integer or a float as radius.'
print(circle_area(3))
```

运行结果为：

```
28.274333882308138
```

【例 7.2】编写函数：接收任意多个实数，返回一个元组，元组第一个元素为所有参数的平均值，元组的其他元素为所有参数中大于平均值的实数。

```
def demo(*para):
    ave = sum(para) / len(para)
    g = [x for x in para if x > ave]
    return (ave,) + tuple(g)
print(demo(1, 2, 3, 4))
```

运行结果为：

```
(2.5, 3, 4)
```

【例 7.3】编写函数：接收字符串参数，返回一个列表，列表第一个元素为大写字母个数，第二个元素为小写字母个数。

```
def demo(s):
```

```
    result = [0, 0]
    for ch in s:
        if ch.isupper():
            result[0] += 1
        if ch.islower():
            result[1] += 1
    return result
print(demo('AaaaabeiiwpAAAWEIIEIaa'))
```

运行结果为：

```
[10, 12]
```

【例 7.4】 令 P_i 表示第 i 个素数。现在任意给出两个正整数 $M \leqslant N \leqslant 10^4$，请输出 P_M 到 P_N 的所有素数。

在一行中输入 M 和 N，以一个空格分隔。输出从 P_M 到 P_N 的所有素数，每 10 个数字占 1 行，数字之间以一个空格分隔，但行末不得有多余的空格。

输入样例：

```
5 27
```

输出样例：

```
11 13 17 19 23 29 31 37 41 43
47 53 59 61 67 71 73 79 83 89
97 101 103
```

【分析】 求一段范围内的所有素数，用筛选法。此外，还要注意 P_i 表示第 i 个素数，所以范围比较大。

```
def prime(n):
    flag = [True] * (n + 1)
    lst = [2]
    for i in range(3, n + 1, 2):                    # 偶数不是素数，所以不考虑
        if flag[i]:
            lst.append(i)
            for j in range(2 * i, n + 1, i):        # i 的倍数不是素数
                flag[j] = False
    return lst

m, n = map(int, input().split())
lst = prime(200000)
res = lst[m - 1:n]
for i in range(0, len(res), 10):
    tmp = res[i:i + 10]
    print(' '.join([str(x) for x in tmp]))
```

7.2 函数的定义和调用

在前面的章节中我们用到了一些函数，如 len( )、min( ) 和 max( ) 等，这些函数都是由 Python 官方提供的，称为内置函数。本章介绍自定义函数，自定义函数的语法如下：

```
def 函数名([形式参数]):
    """注释"""
    函数体
```

在 Python 中使用 def 关键字来定义函数，然后是空格（一个或多个空格，一般是一个，起分隔的作用）和函数名，接下来是一对圆括号，在圆括号内是形式参数（简称形参，Parameters），如果有多个形参则使用逗号隔开，圆括号之后是一个冒号和换行，最后是注释和函数体。

函数调用就是让 Python 执行函数的代码。如果调用函数，则可依次指定函数名以及用圆括号括起来的必要信息。

在定义函数时，开头部分的注释并不是必须的。如果为函数的定义加上一段注释，则可以为用户提供友好的提示和使用帮助。定义函数时需要注意：

（1）函数名需要符合标识符命名规范。

（2）函数形参不需要声明其类型，也不需要指定函数返回值类型。

（3）即使该函数不需要接收任何参数，也必须保留一对空的圆括号。

（4）圆括号后面的冒号必不可少。

（5）函数体相对于 def 关键字必须保持一定的空格缩进。

（6）在 Python 中，允许嵌套定义函数，也就是在一个函数中可以定义另一个函数。

7.3 函数的参数传递

函数定义时圆括号内是使用逗号分隔开的形参列表，函数调用时向其传递实参（Arguments）。那么，Python 的参数传递机制，是传值还是传引用呢？

【例 7.5】 Python 的参数传递机制示例 1。

```
def test(c):
    print('test before ', id(c))
    c += 2
    print('test after ', id(c))

if __name__ == '__main__':
    a = 2
    print('main before invoke test')
    print(id(a))
    test(a)
    print('main after invoke test')
    print(a)
    print(id(a))
```

运行结果为：

```
main before invoke test
8781559266400
test before  8781559266400
test after  8781559266464
main after invoke test
```

```
2
8781559266400
```

从例 7.5 可以看出，将变量 a 作为参数传递给 test( ) 函数，即把变量 a 的地址传递过去，所以在函数内获取的变量 c 的地址跟变量 a 的地址是一样的。但在函数内，对变量 c 进行了赋值运算，变量 c 的值从 2 变成 4，从而变量 c 指向 4 所在的内存。而变量 a 仍然指向 2 所在的内存，所以后面在打印变量 a 时，其值还是 2。

【例 7.6】Python 的参数传递机制示例 2。

```
def test(c):
    print('test before ', id(c))
    c[1] = 30
    print('test after ', id(c))

if __name__ == '__main__':
    lst = ['male', 25, 'female']
    print('main before invoke test')
    print(id lst1
    test(lst)
    print('main after invoke test')
    print(lst)
    print(id(lst))
```

运行结果为：

```
main before invoke test
159472013768
test before  159472013768
test after  159472013768
main afterf invoke test
['male', 30, 'female']
159472013768
```

由例 7.5 可知，如果函数收到的是一个不可变对象（比如数字、字符或者元组）的引用，就不能直接修改原始对象，这相当于通过“传值”来传递对象。

由例 7.6 可知，如果函数收到的是一个可变对象（比如列表或者字典）的引用，就能修改对象的原始值，这相当于通过“传引用”来传递对象。

因此，Python 不允许程序员选择采用传值还是传引用。Python 参数传递采用的是“传对象引用”的方式，这是一种相当于传值和传引用的综合方式。

Python 中函数传递参数的形式主要有以下 5 种：位置传递、关键字传递、默认值传递、包裹传递和解包裹传递。

7.3.1　位置传递

位置传递就是指位置固定，参数传递时按照形参定义的顺序提供实参。位置传递的优点是使用方便；缺点是当参数数目较多时，函数调用容易混淆。

在调用函数时，实参和形参的顺序必须严格一致，并且实参和形参的数量必须相同。例如：

```
>>> def demo(a, b, c):
    print(a, b, c)
>>> demo(3, 4, 5)                    # 位置传递
3 4 5
>>> demo(3, 5, 4)
3 5 4
>>> demo(1, 2, 3, 4)                 # 实参与形参的数量必须相同
TypeError: demo() takes 3 positional arguments but 4 were given
```

7.3.2 关键字传递

在调用函数时，提供实参对应的形参名称，根据每个形参的名称传递实参，关键字不需要遵守位置的对应关系。调用者能够清晰地看出传递参数的含义，关键字参数对于有多个参数的函数调用非常有用。例如：

```
>>> def demo(a, b, c):
    print(a, b, c)
>>> demo(a=7, b=3, c=6)
7 3 6
>>> demo(c=6, a=7, b=3)
7 3 6
```

需要注意的是，在进行函数调用时，关键字参数必须出现在函数实参列表的右端。

7.3.3 默认值传递

在定义函数时可以为形参设置一个默认值，在调用带有默认值形参的函数时，如果不为设置了默认值的形参传值，将会直接使用函数定义时设置的默认值。带有默认值形参的函数定义语法如下：

```
def 函数名(…, 形参名=默认值):
    函数体
```

例如：

```
>>> def say( message, times =1 ):
   print(message * times)
>>> say('hello')
hello
>>> say('hello', 3)
hello hello hello
>>> say.__defaults__
(1,)
```

可以使用“函数名.__defaults__”随时查看函数所有默认值形参的当前值。

需要注意的是，在定义带有默认值形参的函数时，带有默认值的形参必须出现在函数形参列表的右端。

多次调用函数并且不为默认值参数传递值时，默认值参数只在第一次调用时进行解释。如果形参的默认值是数字、字符串、元组或其他不可变类型的数据，就不会有什么影响；如果形参的默认值是列表、集合和字典等可变类型，调用时就要小心了。例如：

```
def extend_list(v, lst=[]):              # 形参 lst 是列表，为可变类型
    lst.append(v)
    return lst

list1 = extend_list(10)
list2 = extend_list(123, [])
list3 = extend_list('a')

print(list1)
print(list2)
print(list3)
print(list1 is list3)
```

运行结果为：

```
[10, 'a']
[123]
[10, 'a']
True
```

如果想得到正确结果，建议把函数改写成下面的样子：

```
def extend_list(v, lst=None):
    if lst is None:
        lst = []
    lst.append(v)
    return lst
```

这时，运行结果为：

```
[10]
[123]
['a']
False
```

Python 不支持函数重载，而是使用形参默认值的方式提供类似函数重载的功能。因为形参默认值只需要定义一个函数即可，而重载需要定义多个函数，这会增加代码量。

7.3.4 包裹传递

包裹传递也称为可变参数传递，用于在定义函数时不能确定函数调用会传递多少个实参的情形。Python 中可变参数有两种，即参数前加“*”和“**”符号。“*”可变参数在函数中被组装成一个元组，“**”可变参数在函数中被组装成一个字典。

【例 7.7】可变参数示例 1。

```
def my_sum1(a, b, *c):
    total = a + b
    for x in c:
        total = total + x
    return total
print(my_sum1(1, 2))
print(my_sum1(1, 2, 3, 4, 5))
```

```
print(my_sum1(1, 2, 3, 4, 5, 6, 7))
```

运行结果为：

```
3
15
28
```

【例 7.8】可变参数示例 2。

```
def my_sum2(a, b, *c, **d):
    total = a + b
    for x in c:
        total = total + x
    for key in d:
        total = total + d[key]
    return total
print(my_sum2(1, 2))
print(my_sum2(1, 2, 3, 4, 5))
print(my_sum2(1, 2, 3, 4, 5, male=6, female=7))
```

运行结果为：

```
3
15
28
```

7.3.5 解包裹传递

为含有多个形参的函数传递实参时，可以使用 Python 元组、列表、集合、字典以及其他可迭代对象，并在实参名前加一个“*”符号，Python 解释器将自动进行解包，然后传递给多个单变量形参。例如：

```
>>> def demo(a, b, c):
    print(a + b + c)
>>> tup = (1, 2, 3)                                  # 元组
>>> demo(*tup)
6
>>> seq = [1, 2, 3]                                  # 列表
>>> demo(*seq)
6
>>> s = {1, 2, 3}                                    # 集合
>>> demo(*s)
6
```

使用字典作为实参，则默认使用字典的“键”。如果需要将字典的“值”作为实参，则需要调用字典的 values( ) 方法；如果需要将字典中“键 - 值”对作为实参，则需要使用 items( ) 方法。请注意，要保证实参和形参中的元素个数相等，否则将出现错误。例如：

```
>>> dic = {1: 'a', 2: 'b', 3: 'c'}                   # 字典
>>> demo(*dic)
6
>>> demo(*dic.keys())
```

```
6
>>> demo(*dic.values())
abc
>>> demo(*dic.items())
(1, 'a', 2, 'b', 3, 'c')
```

7.4 函数的返回值

Python 函数的返回值比较灵活，主要有三种形式：无返回值、单一返回值和多返回值。

无返回值，事实上是返回 None，None 表示没有实际意义的数据。如果函数没有 return 语句或者执行了不返回任何值的 return 语句，Python 将认为该函数以 return None 结束，即返回空值。

实现返回多个值的方式有很多种，简单的方式是使用元组返回多个值。因为元组可以容纳多个数据并且元组是不可变的，所以使用起来比较安全。

在调用函数或对象方法时，一定要注意有没有返回值，这决定了该函数或方法的用法。

【例 7.9】在列表中查找元素。

```
def search(lst, x):
    for index, value in enumerate(lst):
        if value == x:
            return index
    return False
lst = list(range(1, 100, 2))
pos = search(lst, 3)                    # 查找 3 在列表中的下标
if pos:
    print(pos)
else:
    print('not exists')
```

运行结果为：

```
1
```

上面这段代码的结果是正确的，但是有隐患，严格来说代码本身就是错误的，会在某些特殊情况下表现得不稳定。例如：

```
pos = search(lst, 1)              # 查找 1 在列表中的下标
```

运行结果为：

```
not exists
```

如果改成下面这样的代码：

```
if pos != False:
    print(pos)
else:
    print('not exists')
```

还是不行！

问题的根源是：字符串、元组、列表的下标都是从 0 开始的。在 Python 中，当 0 和 False 作为值来使用的时候，它们是等价的。那么，应该怎么写呢？

如果被调用函数可能会返回 False，那么在主调函数中尽量不要使用隐式的条件表达式，而使用关键字 is 或者 is not 来显式判断返回值是否为 False。例如：

```
if pos is not False:
    print(pos)
else:
    print('not exists')
```

在函数中如果不符合条件，建议返回 None。这样出错的概率就会小很多。例如：

```
def search(lst, x):
    for index, value in enumerate(lst):
        if value == x:
            return index
    return None
lst = list(range(1, 100, 2))
pos = search(lst, 1)                    # 查找 3 在列表中的下标
if pos is not None:                     # 也可以用 if pos!=None
    print(pos)
else:
    print('not exists')
```

建议在 search( ) 函数中使用 return -1 代替 return None。

7.5 嵌套函数

函数还可定义在其他函数中，称作嵌套函数。

【例 7.10】嵌套函数示例。

```
def calculate(n1, n2, opr):
    multiple = 2

    # 定义相加函数
    def add(a, b):
        return (a + b) * multiple
    # 定义相减函数
    def sub(a, b):
        return (a - b) * multiple

    if opr == '+':
        return add(n1, n2)
    else:
        return sub(n1, n2)

print(calculate(10, 5, '+'))  # 输出结果是 30
# add(10, 5) 发生错误
# sub(10, 5) 发生错误
```

在例 7.10 中定义了两个嵌套函数 add( ) 和 sub( )。嵌套函数可以访问所在外部函数 calculate( ) 中的变量 multiple，而外部函数不能访问嵌套函数的局部变量。另外，嵌套函

数的作用域在外部函数体内，因此，在外部函数体之外直接访问嵌套函数会发生错误。

7.6 变量作用域

变量起作用的代码范围称为变量的作用域，不同作用域内的同名变量之间互不影响。

变量可以在模块中创建，其作用域是整个模块，称为全局变量。变量也可以在函数中创建，默认情况下其作用域是整个函数，称为局部变量。

函数中创建的变量的默认作用域是当前函数，如果在函数中将变量声明为global，就可以把变量的作用域变成全局的。例如：

```
>>> def demo():
    global x                          # 声明或创建全局变量
    x = 3                             # 修改全局变量的值
    y = 4                             # 局部变量
    print(x, y)
>>> x = 5
>>> demo()
3  4
>>> x
3
>>> y
NameError: name 'y' is not defined
```

当函数运行结束后，在该函数内部定义的局部变量会被自动删除而不可以访问；但在函数内部定义的全局变量仍然存在并且可以访问。

如果局部变量与全局变量具有相同的名字，那么该局部变量会在自己的作用域内隐藏同名的全局变量。

如果需要在同一个程序的不同模块之间共享全局变量，可以编写一个专门的模块来实现这个目的。例如，假设在模块A.py中有如下变量定义：

```
global_variable = 0
```

在模块B.py中，用以下语句来设置全局变量：

```
import A
A.global_variable = 1
```

在模块C.py中，用以下语句来访问全局变量的值：

```
import A
print(A.global_variable)
```

从而实现了在不同模块之间共享全局变量的目的。

一般而言，局部变量的引用比全局变量的速度快，编程者应优先考虑使用。除非真的有必要，否则应尽量避免使用全局变量，因为全局变量会增加不同函数之间的隐式耦合度，从而降低代码的可读性，并使得代码测试和纠错变得很困难。

7.7 函数式编程

函数式编程（Functional Programming）与面向对象编程一样都是一种编程范式，函数式编程也称为面向函数的编程。

Python 并不是彻底的函数式编程语言，但它提供了一些函数式编程必备的技术，主要有函数类型和 lambda 表达式，这是实现函数式编程的基础。

7.7.1 函数类型

Python 提供了一种函数类型 function，函数调用时，就创建了函数类型实例，即函数对象。函数类型实例与其他类型实例一样，在使用上没有区别，它可以赋值给一个变量，也可以作为实参传递给一个函数，还可以作为函数返回值使用。

【例 7.11】函数类型示例。

```
def calculate(opr):
    # 定义相加函数
    def add(a, b):
        return a + b
    # 定义相减函数
    def sub(a, b):
        return a - b
    if opr == '+':
        return add  # 这里的函数名本质上是函数对象
    else:
        return sub

f1 = calculate('+')
f2 = calculate('-')
print(type(f1))
# 函数对象与函数一样使用
print('10 + 5 = {0}'.format(f1(10, 5)))
print('10 - 5 = {0}'.format(f2(10, 5)))
```

运行结果为：

```
<class 'function'>
10 + 5 = 15
10 - 5 = 5
```

7.7.2 lambda 表达式

lambda 表达式本质上是一种匿名函数。匿名函数也是函数，有函数类型，也可以创建函数对象。定义 lambda 表达式的语法如下：

```
lambda 形参列表： lambda体
```

lambda 是关键字，声明这是一个 lambda 表达式。lambda 表达式的形参列表与函数的形参列表是一样的，但不需要用圆括号括起来。冒号后面是 lambda 体，lambda 表达式的主要代码在这里编写，类似于函数体。

请注意，lambda 体部分不能是一个代码块，只能是一条语句，语句会计算一个结果返回给 lambda 表达式，但是与函数不同的是，不需要使用 return 语句返回结果。与其他语言的 lambda 表达式相比，Python 中提供的 lambda 表达式只能处理一些简单的计算。

例如：

```
>>> f = lambda x, y: x+y
>>> type(f)
<class 'function'>
>>> f(12, 34)
46
```

又如：

```
>>> a = map(lambda x: x*3, (1, 2, 3))
>>> for x in a:
    print(x, end=' ')
3 6 9
>>> lst = [1, 2, 3, 4, 5]
>>> list(map(lambda x:x+10, lst))
[11, 12, 13, 14, 15]
```

再如：

```
>>> def demo(n):
    return n*n
>>> lst=[1, 2, 3, 4, 5]
>>> list(map(lambda x: demo(x), lst))
[1, 4, 9, 16, 25]
```

7.7.3 三个基础函数

函数式编程的本质是通过函数处理数据，过滤、映射和聚合是处理数据的三大基本操作。针对这三大基本操作，Python 提供了三个基础函数：filter( )、map( ) 和 reduce( )。这三个函数在前面的章节已讲解，此处不再赘述。

7.8 装饰器

装饰器（Decorators）是 Python 的一个重要部分，它的本质是函数，用于装饰其他函数，也就是为其他函数添加附加功能。装饰器对被装饰的函数来说是透明的。装饰器有两个原则：①不能修改被装饰函数的源代码；②不能修改被装饰函数的调用方式。

Python 包含内置的装饰器，例如：staticmethod、classmethod 和 property 等。用户也可以自定义装饰器。

1. 函数即“变量”

例如：

```
>>> calc = lambda x:x*3
>>> calc(9)
27
```

2. 高阶函数

高阶函数具备下面的特点：①把一个函数名当成实参传给另外一个函数；②返回值中包含函数名。

3. 装饰器的声明和使用

Python 函数装饰器使用下列形式装饰一个函数：

```
@装饰器
def函数:
    函数体
```

上述定义相当于：

```
函数=装饰器(函数)
```

装饰器返回一个修改之后的函数对象，并且具有相同的函数签名。装饰器是一种设计模式，一个函数定义可以使用多个装饰器，结果与装饰器的位置顺序有关。

【例 7.12】用 fun( ) 函数装饰 test( ) 函数，并且在调用 test( ) 函数前，输出“start”，调用 test( ) 函数后，输出“end”。

【分析】

第 1 步：写一个 fun( ) 函数和一个 test( ) 函数，在 fun( ) 函数中调用 test( ) 函数。

```
def fun():
    print('start')
    test()
    print('end')
def test():
    print('test')
fun()
```

第 2 步：把 test( ) 函数的函数名当作实参传给 fun( ) 函数。

```
def fun(fn):
    print('start')
    fn()
    print('end')
def test():
    print('test')
fun(test)
```

第 3 步：把 fun( ) 函数变成高阶函数，并且在 fun( ) 函数内写一个嵌套函数 wrapper( )。

```
def fun(fn):
    def wrapper():
        print('start')
        fn()
        print('end')
    return wrapper
def test():
    print('test')
test = fun(test)
test()
```

第 4 步：用 fun( ) 函数装饰 test( ) 函数。

```
def fun(fn):
    def wrapper():
        print('start')
        fn()
        print('end')
    return wrapper
@fun  # 与 test = fun(test) 等价
def test():
    print('test')
test()
```

运行结果为：

```
start
test
end
```

【例 7.13】用 fun( ) 函数装饰 test( ) 函数，并且统计 test( ) 函数的运行时间。

```
import time
def fun(fn):
    def wrapper():
        start_time = time.time()
        fn()
        stop_time = time.time()
        print('the function run time is %s' % (stop_time - start_time))
    return wrapper
@fun  # 与 test=fun(test) 等价
def test():
    time.sleep(3)
    print('test')
test()
```

运行结果为：

```
test
the function run time is 3.000183343887329
```

【例 7.14】用 fun( ) 函数装饰 test( ) 函数（用带参数的装饰器），统计 test( ) 函数的运行时间。

```
import time
def fun(fn):
    def wrapper(*args, **kwargs):
        start_time = time.time()
        fn(*args, **kwargs)
        stop_time = time.time()
        print('the function run time is %s' % (stop_time - start_time))
    return wrapper
@fun  # 与 test=fun(test) 等价
def test(name):
```

```
    time.sleep(3)
    print('test:', name)
test('Zhang')
```

运行结果为：

```
test: Zhang
the function run time is 3.000488519668579
```

7.9 小结

本章主要讲解自定义函数，读者需要熟悉如何在 Python 中自定义函数，如何调用自定义函数，掌握函数变量作用域和嵌套函数，了解自定义装饰器，学习 Python 中函数式编程基础知识。

第8章 生成器和迭代器

可循环迭代的对象称为可迭代对象（Iterable），迭代器和生成器都是可迭代对象。可迭代对象实现了 __iter__( ) 方法，Python 提供了定义迭代器和生成器的协议和方法。

迭代器对象必须实现 __iter__( ) 方法和 __next__( ) 方法，这两个方法合称为迭代器协议。__iter__( ) 方法用于返回对象本身，以方便 for 语句进行迭代；__next__( ) 方法用于返回下一个元素。

8.1 生成器

8.1.1 生成器推导式

生成器推导式的结果是一个生成器对象。从形式上看，生成器推导式与列表推导式非常相似，只是生成器推导式使用圆括号，而列表推导式使用中括号。

在使用生成器对象时，可以根据需要将其转化为列表或元组，也可以使用生成器对象的 __next__( ) 方法或内置函数 next( ) 进行遍历，或者直接将它作为迭代器对象来使用。但是不管用哪种方法访问生成器对象，都无法再次访问已访问过的元素。例如：

```
>>> g = ((i+2)**2 for i in range(10)) # 创建生成器对象
>>> g
<generator object <genexpr> at 0x0000000003095200>
>>> tuple(g)                          # 将生成器对象转换为元组
(4, 9, 16, 25, 36, 49, 64, 81, 100, 121)
>>> list(g)                           # 生成器对象已遍历结束，没有元素了
[]
>>> g = ((i+2)**2 for i in range(10)) # 重新创建生成器对象
>>> g.__next__()                      # 使用生成器对象的 __next__() 方法获取元素
4
>>> g.__next__()                      # 获取下一个元素
9
>>> next(g)                           # 使用函数 next() 获取生成器对象中的元素
16
>>> g = ((i+2)**2 for i in range(10))
>>> for item in g:                    # 使用循环直接遍历生成器对象中的元素
```

```
        print(item, end=' ')
4 9 16 25 36 49 64 81 100 121
```

生成器对象具有惰性求值的特点，只在需要时生成新元素，具有效率高、空间占用少等特点，尤其适合大数据处理的场合。

8.1.2 生成器函数

在一个函数中经常使用 return 关键字返回数据，但是有时候也会使用 yield 关键字返回数据。使用 yield 关键字的函数返回的是一个生成器（Generator）对象，它是一种可迭代对象。

例如，计算平方数列。

首先，定义一个函数，通过循环计算一个数的平方；其次，将结果保存到一个列表对象中；最后，返回列表对象。代码如下：

```
def square(n):
    lst = []
    for i in range(1, n + 1):
        lst.append(i * i)
    return lst
for i in square(5):
    print(i, end=' ')
```

在 Python 中还可以有更好的解决方案，实现如下：

```
def square(n):
    for i in range(1, n + 1):
        yield i * i
for i in square(5):
    print(i, end=' ')
```

上面的代码使用了 yield 关键字返回平方数，不再需要 return 关键字。调用 square( ) 函数返回的是生成器对象。

生成器函数通过 yield 语句返回数据。yield 语句与 return 语句不同的是：return 语句一次返回所有数据，函数调用结束；而 yield 语句只返回一个数据，函数调用不会结束，只是暂停，直到 __next__( ) 方法被调用为止，程序继续执行 yield 语句之后的语句。

请注意，生成器特别适合用于遍历一些大序列对象，它无须将对象的所有元素都载入内存后再开始进行操作，仅在迭代至某个元素时才会将该元素载入内存。

8.2 迭代器

可以直接作用于 for 循环的有两种情况：一种是字符串、元组、列表、集合、字典等；一种是生成器。

这些可以直接作用于 for 循环的对象统称为可迭代对象。可以使用 isinstance( ) 函数判断一个对象是不是可迭代对象。例如：

```
>>> from collections import Iterable
```

```
>>> isinstance(100, Iterable)
False
>>> isinstance('abc', Iterable)
True
>>> isinstance([], Iterable)
True
>>> isinstance({}, Iterable)
True
>>> isinstance((x for x in range(10)), Iterable)
True
```

生成器不但可以作用于 for 循环，还可以被 next( ) 函数不断调用并返回下一个值，直到最后抛出 StopIteration 错误，表示无法继续返回下一个值。

可以被 next( ) 函数调用并不断返回下一个值的对象称为迭代器（Iterator）。

生成器都是迭代器对象。字符串、列表、字典虽然是可迭代的，但不是迭代器。可以使用 iter( ) 函数把字符串、列表、字典变成迭代器。

为什么字符串、列表、字典等数据类型不是迭代器呢?

这是因为 Python 的迭代器表示的是一个数据流，迭代器可以被 next( ) 函数调用并不断返回下一个数据，直到没有数据时抛出 StopIteration 错误为止。我们也可以把这个数据流看做是一个有序序列，但是却不能提前知道序列的长度，只能不断用 next( ) 函数得到下一个数据。因此，迭代器的计算是惰性的，只有在需要返回下一个数据时它才会计算。

迭代器甚至可以表示一个无限大的数据流，例如，全体自然数，而使用列表是永远不可能存储全体自然数的。

Python 中的 for 循环本质上就是通过不断调用 next( ) 函数实现的。

8.3 Python内置的可迭代对象

Python 内置的可迭代对象有 range、map、itertools.startmap、filter、itertools.filterfalse、zip、zip_longest 等。

8.3.1 range

range 是一个可迭代对象，迭代时产生指定范围的数字序列，故可节省内存空间。例如:

```
>>> range
<class 'range'>
>>> for i in range(1, 10):
  print(i, end=',')
1,2,3,4,5,6,7,8,9,
>>> list(range(1, 10, 2))                    # 把可迭代对象转换为列表输出
[1, 3, 5, 7, 9]
```

8.3.2 map 和 itertools.startmap

map 是一个可迭代对象，可以节省内存空间。map 使用指定函数处理可迭代对象的每

一个元素。如果函数需要多个参数，则对应各可迭代对象。例如：

```
>>> map
<class 'map'>
>>> list(map(abs, (1, -2, 3)))
[1, 2, 3]
>>> import operator
>>> list(map(operator.add, (1, 2, 3), (1, 2, 3)))
[2, 4, 6]
```

如果函数的参数为元组，则需要使用 itertools.startmap 可迭代对象。intertools.startmap 的语法如下：

```
itertools.startmap(function, iterable)          # 构造函数
```

例如：

```
>>> import itertools
>>> list(itertools.starmap(pow, [(2, 5), (3, 2), (10, 3)]))
[32, 9, 1000]
```

8.3.3 filter 和 itertools.filterfalse

filter 是一个可迭代对象，可节省内存空间。filter 使用指定函数处理可迭代对象的每一个元素，函数返回 bool 类型的值。若结果为 True，则返回该元素；如果 function 为 None，则返回元素为 True 的元素。例如：

```
>>> filter
<class 'filter'>
>>> list(filter(lambda x: x>0, (-1, 2, -3, 0, 5)))
[2, 5]
>>> list(filter(None, (1, 2, 3, 0, 5)))
[1, 2, 3, 5]
```

如果需要返回结果为 False 的元素，则需要使用 itertools.filterfalse 可迭代对象。例如：

```
>>> import itertools
>>> list(itertools.filterfalse(lambda x: x%2, range(10)))
[0, 2, 4, 6, 8]
```

8.3.4 zip 和 zip_longest

zip 是一个可迭代对象，可节省内存空间，其语法如下：

```
zip(*iterables)          # 构造函数
```

zip 可拼接多个可迭代对象，返回新的可迭代对象。如果多个可迭代对象的长度不同，则取最小长度。例如：

```
>>> zip
<class 'zip'>
>>> zip((1, 2, 3), 'abc', range(3))
<zip object at 0x00000015AF5ED7C8>
>>> list(zip((1, 2, 3), 'abc', range(3)))
[(1, 'a', 0), (2, 'b', 1), (3, 'c', 2)]
```

```
>>> list(zip('abc', range(10)))
[('a', 0), ('b', 1), ('c', 2)]
```

如果多个可迭代对象的长度不同，但需要取最大的长度，就要使用 itertools.zip_longest 可迭代对象。

```
zip_longest(*iterables, fillvalue=None)          # 构造函数
```

其中，fillvalue 是填充值，默认为 None。例如：

```
>>> import itertools
>>> list(itertools.zip_longest('ABCD', 'xy', fillvalue='-'))
[('A', 'x'), ('B', 'y'), ('C', '-'), ('D', '-')]
```

8.4 小结

迭代器和生成器都是可迭代对象。迭代器只能往前不会后退，而生成器就是一个迭代器。

第9章 基础知识大串讲

9.1 成绩排名

【例 9.1】读入 n（n>0）名学生的姓名、学号、成绩，并分别输出成绩最高和成绩最低学生的姓名和学号。[①]

输入要求：姓名和学号均为不超过 10 个字符的字符串，成绩为 0 到 100 之间的一个整数，这里保证在一组输入样例中没有两个学生的成绩是相同的。

输出要求：对每个输入样例输出两行，第一行是成绩最高学生的姓名和学号，第二行是成绩最低学生的姓名和学号，字符串之间以一个空格分隔。

输入样例：

```
3
Joe Math990112 89
Mike CS991301 100
Mary EE990830 95
```

输出样例：

```
Mike CS991301
Joe Math990112
```

9.2 编程团体赛

【例 9.2】编程团体赛的规则为：每个参赛队由若干队员组成，所有队员独立比赛，参赛队的成绩为所有队员的成绩和，成绩最高的队获胜。现给定所有队员的比赛成绩，请你编写程序找出冠军队。

输入要求：第一行给出一个正整数 N（$N \leqslant 10^4$），即所有参赛队员的总数。随后输入的 N 行，每行给出一位队员的成绩，格式为：队伍编号 - 队员编号 成绩。其中，队伍编号为 1 到 1000 的正整数，队员编号为 1 到 10 的正整数，成绩为 0 到 100 的整数。

输出要求：在一行中输出冠军队的编号和总成绩，它们之间以一个空格分隔。

①本章所有的题目来源于 PAT（Basic Level）Practice（中文），网址是：https://pintia.cn/problem-sets/994805260223102976/problems/type/7。

注意：题目保证冠军队是唯一的。

输入样例：

```
6
3-10 99
11-5 87
102-1 0
102-3 100
11-9 89
3-2 61
```

输出样例：

```
11 176
```

9.3 一元多项式求导

【例 9.3】设计函数求一元多项式的导数 [x^n（n 为整数）的一阶导数为 nx^{n-1}]。

输入要求：以指数递降的方式输入多项式非零项的系数和指数（绝对值均为不超过 1000 的整数），数字之间以一个空格分隔。

输出要求：以与输入相同的格式输出导数多项式非零项的系数和指数，数字之间以一个空格分隔，但结尾不能有多余空格。

注意："零多项式"的指数和系数都是 0，但是表示为 0 0。

输入样例：

```
3 4 -5 2 6 1 -2 0
```

输出样例：

```
12 3 -10 1 6 0
```

9.4 月饼

【例 9.4】月饼是中国人在中秋佳节时必备的一种传统食品，不同地区有许多不同风味的月饼。现给定所有种类月饼的库存量、总售价，以及市场的最大需求量，请编写程序计算可以获得的最大收益是多少。

输入要求：每个输入包含一个输入样例。每个输入样例先给出一个不超过 1000 的正整数 N 来表示月饼的种类数，以及不超过 500（以万吨为单位）的正整数 D 来表示市场的最大需求量。随后一行给出 N 个正数表示每种月饼的库存量（以万吨为单位）；最后一行给出 N 个正数表示每种月饼的总售价（以亿元为单位）。数字之间以一个空格分隔。

输出要求：对每组输入样例，在一行中输出最大收益，以亿元为单位并精确到小数点后 2 位。

输入样例：

```
3 20
18 15 10
75 72 45
```

输出样例：

```
94.50
```

9.5 个位数统计

【例 9.5】给定一个 k 位整数 $N=d_{k-1}10^{k-1}+\cdots+d_1 10^1+d_0$（$0 \leqslant d_i \leqslant 9, i=0,\cdots,k-1, d_{k-1}>0$），请编写程序统计每种不同的个位数字出现的次数。例如：给定 N=100311，则有 2 个 0，3 个 1 和 1 个 3。

输入要求：每个输入包含 1 个输入样例，即一个不超过 1000 位的正整数 N。

输出要求：对 N 中每一种不同的个位数字，以 D:M 的格式在一行中输出该位数字 D 及其在 N 中出现的次数 M，要求按 D 的升序输出。

输入样例：

```
100311
```

输出样例：

```
0:2
1:3
3:1
```

9.6 统计同成绩学生

【例 9.6】读入 N 名学生的成绩，输出某一给定分数的学生人数。

输入要求：第 1 行输入不超过 10^5 的正整数 N，即学生总人数；随后一行给出 N 名学生的百分制整数成绩，数字之间以一个空格分隔；最后一行给出要查询的分数个数 K（不超过 N 的正整数），随后是 K 个分数，数字之间以一个空格分隔。

输出要求：在一行中按查询顺序给出得分等于指定分数的学生人数，中间以一个空格分隔，但行末不得有多余空格。

输入样例：

```
10
60 75 90 55 75 99 82 90 75 50
3 75 90 88
```

输出样例：

```
3 2 0
```

9.7 字符统计

【例 9.7】找出一段给定文字中出现最频繁的英文字母。

输入要求：在一行中输入一个长度不超过 1000 的字符串。字符串由 ASCII 码表中任意可见的字符及空格组成，至少包含 1 个英文字母，按回车符结束（回车符不算在内）。

输出要求：在一行中输出出现频率最高的英文字母及其出现次数，它们之间以一个空格分隔。如果有多个符合条件的字母，则输出按英文字母排序最小的那个字母。统计时不区分英文字母大小写，但输出小写字母。

输入样例：

```
This is a simple TEST.  There ARE numbers and other symbols 1&2&3..........
```

输出样例：

```
e 7
```

9.8 到底买不买

【例 9.8】小红想买些珠子做一串自己喜欢的珠串。卖珠子的摊主有很多串五颜六色的珠串，但是他不肯把任何一串珠串拆散了卖。请你帮小红判断一下，某串珠串里面是否全部包含小红想要颜色的珠子？如果是，那么告诉小红有多少多余的珠子；如果不是，那么告诉小红缺了多少珠子。

为方便起见，我们用 0 ～ 9、a ～ z、A ～ Z 范围内的字符来表示颜色。例如，在图 9.1 中，第 3 串是小红想做的珠串；那么第 1 串可以买，因为包含了小红想要的所有颜色珠子，还多了 8 颗她不需要的珠子；第 2 串不能买，因为它没有黑色的珠子，并且还少一颗红色的珠子。

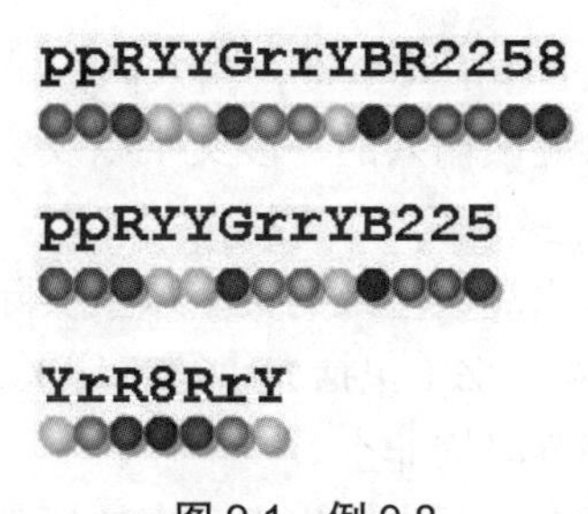

图 9.1 例 9.8

输入要求：每个输入包含 1 个测试样例。每个测试样例分别在两行中先后给出摊主的珠串和小红想做的珠串，两串都不超过 1000 个珠子。

输出要求：如果珠串可以买，则在一行中输出 Yes 以及有多少多余的珠子；如果珠串不可以买，则在一行中输出 No 以及缺了多少珠子。输出之间以一个空格分隔。

输入样例：

```
ppRYYGrrYBR2258
YrR8RrY
```

输出样例：

```
Yes 8
```

9.9 最好吃的月饼

【例 9.9】月饼是中国久负盛名的传统糕点之一，现在给出全国各地各种月饼的销量，请你从中找出销量冠军的月饼，并且认定其为最好吃的月饼。

输入要求：首先给出两个正整数 N 和 M（$N \leqslant 1000$，$M \leqslant 100$），分别表示月饼的种类数（默认月饼种类从 1 到 N 编号）和参与统计的城市数量。

接下来 M 行，每行给出 N 个非负整数（均不超过 100 万），其中第 i 个整数为第 i 种月饼的销量（块）。数字之间以一个空格分隔。

输出要求：在第一行输出月饼的最大销量，在第二行输出销量最大的月饼的种类编号。如果冠军不唯一，则按编号递增的顺序输出并列冠军。数字之间以一个空格分隔，行首尾不得有多余空格。

输入样例：

```
5 3
1001 992 0 233 6
8 0 2018 0 2008
36 18 0 1024 4
```

输出样例：

```
2018
3 5
```

9.10 旧键盘

【例 9.10】 计算机的旧键盘上坏了几个键，当人们在敲一段文字的时候，对应的字符就不会在屏幕上出现。现在给出应该输入的一段文字以及实际被输入的文字，请你输出键盘中的坏键。

输入要求：在两行中分别给出应该输入的文字以及实际被输入的文字。每段文字都是不超过 80 个字符的串，由字母 A ～ Z（包括大小写字母）、数字 0 ～ 9 以及下划线 _（代表空格）组成。题目保证两个字符串均非空。

输出要求：按照发现顺序，在一行中输出键盘中的坏键。其中，英文字母只输出大写形式，每个坏键只输出一次。题目保证键盘中至少有一个坏键。

输入样例：

```
7_This_is_a_test
_hs_s_a_es
```

输出样例：

```
7TI
```

9.11 字符串A+B

【例 9.11】 给定两个字符串 A 和 B，请你输出 A+B，即两个字符串的并集。要求先输出 A，再输出 B，但重复的字符必须被剔除。

输入要求：在两行中分别给出 A 和 B，均为长度不超过 10^6 并由可见的 ASCII 码中的字符（即码值为 32 ～ 126）和空格以及由标识结束的回车符等非空字符串组成。

输出要求：在一行中输出题目要求的 A 和 B 的和。

输入样例：

```
This is a sample test
to show you_How it works
```

输出样例：

```
This ampletowyu_Hrk
```

9.12 N-自守数

【例 9.12】如果某个数 K 的平方乘以 N 以后，结果的末尾几位数等于 K，那么就称这个数为 N- 自守数。例如 $3 \times 92^2=25392$，而 25392 的末尾两位正好是 92，所以 92 是一个 3- 自守数。请你编写程序判断一个给定的数字是否关于某个 N 是 N- 自守数。

输入要求：在第一行中给出正整数 M（$M \leqslant 20$），随后一行给出 M 个待检测的、不超过 1000 的正整数 K。

输出要求：对于每个需要检测的数字，如果它是 N- 自守数，就在一行中输出最小的 N 和 $N \times K^2$ 的值，并且以一个空格分隔；否则输出 No。注意：题目保证 $N<10$。

输入样例：

```
3
92 5 233
```

输出样例：

```
3 25392
1 25
No
```

9.13 射击比赛

【例 9.13】本题目给出的射击比赛的规则是：谁打的弹洞距离靶心最近，谁就是第一名，谁离得最远，谁就是最后一名。本题给出一系列弹洞的平面坐标 (x, y)，请编写程序找出第一名和最后一名。我们假设靶心在原点 (0, 0)。

输入要求：在第一行中给出一个正整数 N（$N \leqslant 10000$）。随后 N 行，每行按下列格式给出：ID x y。

其中，ID 是运动员的编号（由 4 位数字组成）；x 和 y 是其打出的弹洞的平面坐标（x,y），均为整数，且 $|x| \geqslant 0, |y| \leqslant 100$。题目保证每个运动员的编号不重复，并且每人只打 1 枪。

输出要求：输出第一名和最后一名的编号并以一个空格分隔。题目保证没有重复的名次。

输入样例：

```
3
0001 5 7
1020 -1 3
0233 0 -1
```

输出样例:

```
0233 0001
```

9.14 朋友数

【例 9.14】如果两个整数的各位数字的和是一样的，则这两个整数被称为“朋友数”，而那个公共的和就是它们的“朋友证号”。例如，123 和 51 就是朋友数，因为 1+2+3 = 5+1 = 6，而 6 就是它们的朋友证号。给定一些整数，请统计它们中有多少个不同的朋友证号。

输入要求：输入第一行给出正整数 N。随后一行给出 N 个正整数，数字间隔一个空格。题目保证所有数字小于 10^4。

输出要求：第一行输出给定数字中不同的朋友证号的个数；第二行按递增顺序输出这些朋友证号，数字间隔一个空格，并且行末不得有多余空格。

输入样例:

```
8
123 899 51 998 27 33 36 12
```

输出样例:

```
4
3 6 9 26
```

9.15 MOOC期终成绩

【例 9.15】对于在中国大学 MOOC（http://www.icourse163.org/）学习“数据结构”课程的学生，如果想获得一张合格证书，必须获得不少于 200 分的在线编程成绩，并且总评成绩不少于 60 分（满分 100 分）。总评成绩的计算公式为：如果 $G_{\text{mid-term}}>G_{\text{final}}$，则总评成绩 $G=(G_{\text{mid-term}}\times 40\%+G_{\text{final}}\times 60\%)$；否则 $G=G_{\text{final}}$。这里 $G_{\text{mid-term}}$ 和 G_{final} 分别为学生的期中成绩和期末成绩。

现在的问题是，每次考试都产生一张独立的成绩单。请编写程序，把不同的成绩单合为一张。

输入要求：在第一行给出 3 个整数，分别是 P（做了在线编程作业的学生数）、M（参加了期中考试的学生数）、N（参加了期末考试的学生数）。每个整数都不超过 10000。

接下来有 3 块输入。第一块包含 P 个在线编程成绩 G_P；第二块包含 M 个期中成绩 $G_{\text{mid-term}}$；第三块包含 N 个期末成绩 G_{final}。每个成绩占一行，格式为：学生学号 分数。其中，学生学号为不超过 20 个字符的英文字母和数字；成绩是非负整数（编程成绩最高为 900 分，期中成绩和期末成绩的最高分都为 100 分）。

输出要求：打印出获得合格证书的学生名单。每个学生占一行，格式为：

学生学号 G_p $G_{\text{mid-term}}$ G_{final} G

如果有的学生成绩不存在（例如某人没参加期中考试），则在相应的位置输出“-1”。输出顺序为按照总评成绩（四舍五入精确到整数）递减。若有并列，则按学号递增。题目保证学号没有重复，并且至少存在 1 个合格的学生。

输入样例：

```
6 6 7
01234 880
a1903 199
ydjh2 200
wehu8 300
dx86w 220
missing 400
ydhfu77 99
wehu8 55
ydjh2 98
dx86w 88
a1903 86
01234 39
ydhfu77 88
a1903 66
01234 58
wehu8 84
ydjh2 82
missing 99
dx86w 81
```

输出样例：

```
missing 400 -1 99 99
ydjh2 200 98 82 88
dx86w 220 88 81 84
wehu8 300 55 84 84
```

9.16 单身客人

【例 9.16】请从派对中找出单身客人。

输入要求：第一行给出一个正整数 $N \leqslant 50000$，是已知夫妻 / 情侣的对数；随后 N 行，每行给出一对夫妻 / 情侣的编号 —— 为方便起见，每人对应一个 ID，为 5 位数字（从 00000 到 99999），ID 间以一个空格分隔；之后给出一个正整数 $M \leqslant 10000$，为参加派对的总人数；随后一行给出这 M 位客人的 ID，以一个空格分隔。题目保证无人重婚或脚踩两条船。

输出要求：第一行输出单身客人的总人数，第二行按 ID 递增的顺序列出单身客人。ID 间用一个空格分隔，行的首尾不得有多余的空格。

输入样例：

```
3
11111 22222
33333 44444
55555 66666
```

```
7
55555 44444 10000 88888 22222 11111 23333
```

输出样例：

```
5
10000 23333 44444 55555 88888
```

9.17 危险品装箱

【例 9.17】集装箱运输货物时，我们必须特别小心，不能把不相容的货物装在同一个箱子里。比如，氧化剂绝对不能跟易燃液体同箱，否则很容易造成爆炸。本题给定一张不相容物品的清单，请检查每一个集装箱的货物清单，判断货物是否能装在同一个箱子里。

输入要求：第一行给出两个正整数：$N \leqslant 10^4$ 是成对的不相容物品的对数，$M \leqslant 100$ 是集装箱货物清单的单数。

随后数据分两大块给出：第一块有 N 行，每行给出一对不相容的物品；第二块有 M 行，每行给出一箱货物的清单。具体格式如下：

```
K G[1] G[2] ... G[K]
```

其中，$K \leqslant 1000$ 是物品件数，G[i] 是物品的编号。为了简单起见，每件物品用一个 5 位数的编号代表，两个数字之间用一个空格分隔。

输出要求：对每箱货物清单，判断是否可以安全运输。如果没有不相容的物品，则在一行中输出 Yes，否则输出 No。

输入样例：

```
6 3
20001 20002
20003 20004
20005 20006
20003 20001
20005 20004
20004 20006
4 00001 20004 00002 20003
5 98823 20002 20003 20006 10010
3 12345 67890 23333
```

输出样例：

```
No
Yes
Yes
```

9.18 小结

本章主要是通过解决一系列问题，让读者巩固 Python 的元组、列表、集合、字典、字符串等基础知识，并且学会知识的运用。

9.19 习题

1. 编写一个程序，要求用户输入两个整数，输出这两个数的和、差、积和商。

输入样例：

```
25 3
```

输出样例：

```
28 75 22 8
```

2. 输入两个点的坐标 (x_1, y_1)、(x_2, y_2)，计算并输出这两点间的距离，结果保留 2 位小数。

输入样例：

```
2.5 3.1 4 5
```

输出样例：

```
2.42
```

3. 输入一个正整数，按顺序输出这个正整数的各位数字，它们之间有一个空格。

输入样例：

```
1256
```

输出样例：

```
1 2 5 6
```

4. 要求输入一个 5 位整数，然后分解出它的每位数字，并将每个数字间隔 3 个“-”的形式打印出来。

输入样例：

```
12345
```

输出样例：

```
1---2---3---4---5
```

5. 从键盘读入一个整数，统计该数的位数。

输入样例 1：

```
785
```

输出样例 1：

```
It has 3 digits.
```

输入样例 2：

```
0
```

输出样例 2：

```
It has 1 digits.
```

6. 输入一个四位数，将其加密后输出。方法是将该数每一位上的数字加 9，然后除以 10 取余，作为该位上的新数字，最后将千位和十位上的数字互换，百位和个位上的数字互换，组成加密后的新四位数。

输入样例：

```
9324
```

输出样例：

```
1382
```

7. 函数定义如下，求该函数的值。

$$y=\begin{cases} e^x, & x>10, \\ 0, & x=10, \\ 3x+4, & x<10。\end{cases}$$

注意：x 为浮点数，结果保留一位小数。

输入样例：

```
12.5
```

输出样例：

```
268337.3
```

8. 计算并输出下列分段函数 $f(x)$ 的值（结果保留 2 位小数）。

$$f(x)=\begin{cases} 2(x+1)+2x+\dfrac{1}{x}, & x<0, \\ \sqrt{x}, & x\geqslant 0。\end{cases}$$

输入样例：

```
-2.543
```

输出样例：

```
-3.10
```

9. 规定一个工人的每个月工作时间为 160 小时，每小时工资为 7 元。如果加班的话，则每小时工资增加 5 元。工作时间由键盘输入，请编程计算并打印某个工人一个月的工资。

输入样例：

```
161
```

输出样例：

```
money=1132
```

10. 从键盘任意输入一个 4 位数 x，编程计算 x 的每一位数字相加之和。

注意：忽略整数前的正负号。

输入样例：

```
-1234
```

输出样例：

```
10
```

11. 给定一个正整数 n（$0<n<1000$），计算 $s=1+2+\cdots+n$。

输入样例：

```
100
```

输出样例：

```
5050
```

12. 编程计算 $1^2+2^2+3^2+\cdots+n^2$ 的值，其中 $n(1\leqslant n\leqslant 100)$ 由键盘输入。

输入样例：

```
20
```

输出样例：

```
2870
```

13. 从键盘任意输入某班20个学生的成绩，打印最高分，并统计不及格学生的人数。

输入样例：

```
71 72 73 74 75 80 81 82 83 84 85 90 90 91 93 94 60 45 59 50
```

输出样例：

```
94 3
```

14. 输入一个正整数 n，找出构成它的最小的数字，用该数字组成一个新数，新数的位数与原数相同。

输入样例：

```
543278
```

输出样例：

```
222222
```

15. 从键盘输入任意一个数字表示月份 n，编写程序显示该月份对应的英文表示。

输入样例1：

```
1
```

输出样例1：

```
month 1 is January
```

输入样例2：

```
15
```

输出样例2：

```
Illegal month
```

16. 输入一个字符数小于100的字符串 str，然后在 str 字符串中的每个字符后面加一个空格。

输入样例：

```
awstS$cb
```

输出样例：

```
a w s t S $ c b
```

17. 求 Fibonacci 数列的前30个数。已知它的定义如下：

$$F_1=1 \qquad (n=1)$$

$$F_2=1 \qquad (n=2)$$

$$\cdots$$

$$F_n=F_{n-2}+F_{n-1} \qquad (n\geqslant 3)$$

输出时，每10个数一行，数字之间用一个空格隔开。

输入样例：

无

输出样例：

```
0 1 1 2 3 5 8 13 21 34
55 89 144 233 377 610 987 1597 2584 4181
```

18. 读入 5 个整数，找出其中的最小值，并且把最小值与第一个整数交换。

输入样例：

```
10 9 20 7 8
```

输出样例：

```
7 9 20 10 8
```

19. 有 $n(n \leqslant 100)$ 个整数，已经按照从小到大的顺序排列好了。现在另外给一个整数 x，请将该数插入到序列中，并使新的序列仍然有序。

输入样例：

```
3 3
1 2 4
```

输出样例：

```
1 2 3 4
```

20. 正整数 n 若是它平方数的尾部，则称 n 为同构数。例如，6 是其平方数 36 的尾部，25 是其平方数 625 的尾部，6 与 25 都是同构数。要求找出 99 以内的所有同构数。

输入样例：

本题无输入

输出样例：

```
1 5 6 25 76
```

21. 输入一行字符，统计其中的各个数字字符出现的次数。

输入样例：

```
Rrddui128880765uuii67ggi6
```

输出样例：

```
1 1 1 0 0 1 3 2 3 0
```

22. 将十进制整数转换成其他进制（十六进制以内）。用大写字母表示 10 以上的数字，如用“A”表示 10。

输入样例：

```
78 2
```

输出样例：

```
1001110
```

23. 将其他进制（十六进制以内）整数转换成十进制。用大写字母表示 10 以上的数字，如用“A”表示 10。

输入样例：

```
110 2
```

输出样例：

```
6
```

24. 1000 以内的正整数，去除含有 4 和 62 的数字以后，请问还剩下多少数字？

输入样例：

无

输出样例：

```
711
```

25. 如果一个数恰好等于它的因子之和，这个数就称为“完数”。例如，6 的因子为 1、2、3，而 6 = 1+2+3，因此 6 是“完数”。编程序打印出 [1, 1000] 所有的完数。

输入样例：

无

输出样例：

```
6
28
496
```

26. 华氏温度与摄氏温度的转换公式为：$C=(5/9)(F-32)$，其中，C 为摄氏温度，F 为华氏温度。请编写程序给出华氏温度为 0，20，40，...，100 时对应的摄氏温度。输出时华氏温度和摄氏温度的数据各占 5 位，华氏温度左对齐，摄氏温度右对齐。

输入样例：

无

输出样例：

```
0      -17
20      -6
40       4
60      15
80      26
100     37
```

27. 输入 n（$n \leqslant 100$）个整数，按照绝对值从大到小排序后再输出。

输入样例：

```
3 -4 2
```

输出样例：

```
-4 3 2
```

28. 计算 $1 + 2/3 + 3/5 + 4/7 + 5/9 + \cdots$的前 n 项之和，其中 n 由键盘输入，结果保留 6 位小数。

输入样例：

```
20
```

输出样例：

```
11.239837
```

29. 计算 $a+aa+aaa+\cdots+aa\cdots a$ 的值，其中，a 是一个数字，n 表示式子中最大数包含 a 的位数，a 和 n 由键盘输入。例如，3+33+333+3333=3702，此时 a=3，n=4。

输入样例：

```
3 4
```

输出样例：

```
3702
```

30. 在正整数中找一个最小的数，此数被3、5、7、9除余数后分别为1、3、5、7。

输入样例：

无

输出样例：

```
313
```

31. 输入一批学生的成绩，遇0或负数则输入结束。编程统计并输出优秀（$score \geqslant 85$）、通过（$60 \leqslant score<85$）和不及格（$score<60$）的学生人数。

输入样例：

```
68 70 59 40 89 97 73 20 100 0
```

输出样例：

```
[85,100]:3
[60,85):3
(0,60):3
```

32. 利用公式 $\pi/4 \approx 1-1/3+1/5-1/7+\cdots$ 计算 π 的近似值，要保证每项的绝对值大于或等于 10^{-6}。

输入样例：

无

输出样例：

```
3.141591
```

33. 计算如下所示的数列和，要保证每项的绝对值大于或等于 10^{-5}，结果保留5位小数。

$$s=\frac{1}{x}-\frac{2}{x^2}+\cdots+(-1)^{n+1}\frac{n}{x^n}+\cdots$$

输入样例：

```
3
```

输出样例：

```
0.18749
```

34. 输入 n（$0<n<10$）后，输出一个数字金字塔。

输入样例：

```
4
```

输出样例：

```
   1
  222
 33333
4444444
```

35. 统计满足条件 $x \times x+y \times y+z \times z=2000$ 的所有整数解的个数。

输入样例：

无

输出样例：

```
144
```

36. a、b、c 均为 [1, 100] 之间的整数，统计使等式 $c/(a \times a+b \times b)=1$ 成立的所有解的个数。

说明： 若 a=1、b=3、c=10 是 1 个解，那么 a=3、b=1、c=10 也是 1 个解。

输入样例：

无

输出样例：

```
69
```

37. 设 $z=f(x, y)=10\cos(x-4)+5\sin(y-2)$，若 x 和 y 均取 [0, 10] 之间的整数，找出使 z 为最小值的 x_1 和 y_1。

输入样例：

无

输出样例：

```
1,7
```

38. 输入一个正整数 $n(n<7)$，输出 n 行由大写字母 A 开始构成的三角形字符阵列图形。

输入样例：

```
4
```

输出样例：

```
ABCD
EFG
HI
J
```

39. 设计程序，计算字符串 s 中每个字符的权重值。所谓权重值就是字符在字符串中的位置值与该字符的 ASCII 码值的乘积。

注意： 位置值从 1 开始，依此递增。

输入样例：

```
we45*&y3r#$1
```

输出样例：

```
119 202 156 212 210 228 847 488 1026 350 396 588
```

40. 输入一行字符，分别统计出其中的英文字母、空格、数字和其他字符的个数。

输入样例：

```
qwe123 123QWE#@!%
```

输出样例：

```
6 1 6 4
```

41. 有 n 个人对某服务质量打分，分数划分为 1 ～ 10 个等级，1 表示最低分，10 表示最高分。试统计调查结果，并用 * 打印出统计结果的直方图。

输入样例：

```
30
1 10 8 7 5 4 10 9 9 9
8 10 10 2 3 6 6 6 6 5
3 6 6 6 4 5 5 1 10 9
```

输出样例：

```
Grade    Histogram
   1     **
   2     *
   3     **
   4     **
   5     ****
   6     *******
   7     *
   8     **
   9     ****
  10     *****
```

42. 已知二维数据如下所示，将它的每行除以该行上绝对值最大的元素，然后输出。

输入样例：

```
1.3 2.7 3.6
2 3 4.7
3 4 1.27
```

输出样例：

```
0.361111  0.750000  1.000000
0.425532  0.638298  1.000000
0.750000  1.000000  0.317500
```

43. 编写一个函数，将一个字符串中的元音字母复制到另一字符串中，然后输出。

输入样例：

```
aassefe
```

输出样例：

```
aaee
```

44. 已经 a 和 b 都是列表，把 a 列表中的偶数放到 b 列表中，然后对 b 列表按升序排序后输出。

说明：输出时，每行 3 个数。

输入样例：

```
7 6 20 3 14 88 53 62 10 29
```

输出样例：

```
6 10 14
20 62 88
```

45. 编程处理一批数据，要求：

（1）随机产生 10 个 [10, 99] 范围内的整数，并输出。

（2）对这批数据进行升序排列，并输出。

（3）计算这批数据的平均值，然后再统计大于、等于和小于平均值的个数。

请注意，10 个整数是随机产生的，每次的运行结果都可能不一样。

输入样例：

无

输出样例：

```
98 78 68 15 39 60 70 11 95 34
11 15 34 39 60 68 70 78 95 98
Average: 56.80
6 0 4
```

46. 形如 2^n-1 的素数称为梅森数(Mersenne Number)。例如，$2^2-1=3$、$2^3-1=7$ 都是梅森数。编程输出指数 $n<20$ 的所有梅森数。

输入样例：

无

输出样例：

```
3  7  31  127  8191  131071  524287
```

47. 编程输出 3 到 100 以内的可逆素数。可逆素数是指该数本身是一个素数，并且把该数中的各位数字的顺序颠倒过来构成的数也是一个素数。如 37 和 73 均为素数，所以它们是可逆素数。

输入样例：

无

输出样例：

```
3 5 7 11 13 17 31 37 71 73 79 97
```

48. 对于表达式 n^2+n+41，当 n 在 $[x,y]$ 范围内时（$-39 \leqslant x \leqslant y \leqslant 50$），判定该表达式的值是否都为素数，都为素数输出 OK，否则输出 Sorry。

说明：n 为整数。

输入样例：

```
30 40
```

输出样例：

```
Sorry
```

49. 如果两个相差为 6 的数都是素数，则这一对数被称为六素数。现在给定正整数 a 和 b（$0<a<b<10000000$），求介于 a 和 b 之间（包括 a 或者 b）的六素数的总数。

输入样例：

```
1 9999999
```

输出样例：

```
117207
```

50. 字符串 s 全部由大写字母组成，编写程序显示它的所有排列。排列的显示顺序并不重要，重要的是每种排列只能出现一次。

输入样例：

```
ABC
```

输出样例：

```
ABC
ACB
BAC
BCA
```

```
CAB
CBA
```

51. 有 n 个人围成一圈，按照顺序对他们进行编号。从第 1 个人开始报数，凡报到 m 的人退出圆圈。编程输出最后留下来的人的编号。

输入样例：

```
10 3
```

输出样例：

```
4
```

52. 从键盘任意输入某班 10 个学生的学号和成绩，求最高分及其相应的学号。

输入样例：

```
1001,92 1002,93 1003,64 1004,74 1005,85 1006,86 1007,87 1008,58 1009,89
1010,70
```

输出样例：

```
1002,93
```

53. 输出 6 至 5000 以内的所有亲密数对。若 a 与 b 是一对亲密数，则 a 的因子和等于 b，b 的因子和等于 a，但 a 不等于 b。例如，220 与 284 是一对亲密数，284 与 220 也是一对亲密数，因为 220 的因子之和为 1+2+4+5+10+11+20+22+44+55+110=284，284 的因子之和为 1+2+4+71+142=220。

输入样例：

无

输出样例：

```
220,284
284,220
1184,1210
1210,1184
2620,2924
2924,2620
```

54. 设计程序，寻找并输出 0 至 999 之间的数 n，它满足 n、n^2、n^3 均为回文数。

输入样例：

无

输出样例：

```
0 0 0
1 1 1
2 4 8
11 121 1331
101 10201 1030301
111 12321 1367631
```

55. 计算并输出下列算式的值。

$$s=1+\frac{1}{2+3}+\frac{1}{3+4+5}+\cdots+\frac{1}{n+(n+1)+\cdots+(2n-1)}$$

输入样例：

```
3
```

输出样例：

```
1.283333
```

56. 设计程序，找出 [1000, 5000] 符合条件的自然数以及它们的总个数。条件是：千位数字与百位数字之和等于十位数字与个位数字之和，并且千位数字与百位数字之和等于个位数字与千位数字之差的 10 倍。

输入样例：

无

输出样例：

```
1982 2873 3764 4655
4
```

57. 有一分数序列 2/1，3/2，5/3，8/5，13/8，21/13，…，求出这个数列的前 40 项之和，要求保留小数点后 2 位。

输入样例：

无

输出样例：

```
65.02
```

58. 已知公鸡每只 5 元、母鸡每只 3 元、小鸡 1 元 3 只。求出用 100 元买 100 只鸡的所有解。

注意：按照公鸡、母鸡、小鸡的次序输出它们的只数。

输入样例：

无

输出样例：

```
0,25,75
3,20,77
4,18,78
7,13,80
8,11,81
11,6,83
12,4,84
```

59. 编程计算并打印一元二次方程 $ax^2+bx+c=0$ 的根，a、b、c 由键盘输入，其中，a 不等于 0。要求考虑一元二次方程根的所有情况：①有两个相等的实数根；②有两个不等的实数根；③有两个虚数根。

输入样例：

```
1 4 4
1 5 6
1 4 7
```

输出样例：

```
x1=x2=-2.00
x1=-2.00 x2=-3.00
x1=-2.00+1.73i x2=-2.00-1.73i
```

60. 设计程序，考虑日期转换问题：把某月某日这种日期的表示形式转换为某年中第几天的表示形式，反之亦然。

输入样例 1:

```
2004 3 1
```

输出样例 1:

```
2004 61
```

输入样例 2:

```
2009 160
```

输出样例 2:

```
2009 6 9
```

第2篇
进阶篇

第10章 面向对象编程

面向对象的编程思想是按照现实世界客观事物的自然规律进行分析，现实世界中存在什么样的实体，构建的软件系统就存在什么样的实体。

例如，在现实世界的学校里，会有学生和老师等实体，学生有学号、姓名、所在班级等属性，以及学习、吃饭和运动等操作。学生只是抽象的描述，这个抽象的描述称为类。在学校里活动的是学生个体，即张同学、李同学等，这些具体的个体称为对象，对象也称为实例。

在现实世界有类和对象，软件世界也有面向对象，只不过它们会以某种计算机语言编写的程序代码形式存在，这就是面向对象编程（Object Oriented Programming，OOP）。

面向对象思想有封装、继承和多态三个基本特性。这三个基本特性可以大大地增加程序的可靠性、代码的可重用性和程序的可维护性，从而提高开发程序的效率。

面向对象是 Python 最重要的特性，在 Python 中一切数据类型都是面向对象的。本章将介绍面向对象的基础知识。

10.1 实例导入

【例 10.1】创建一个狗类。

```
class Dog(object):
    def __init__(self, name):
        self.name = name
    def bark(self):
        print('%s:wang wang wang!' % self.name)
    def __del__(self):
        print('%s:destroy' % self.name)
d1 = Dog('zhang')
d2 = Dog('fei')
d3 = Dog('xiao')
d1.bark()
d2.bark()
d3.bark()
```

【例 10.2】定义一个树类 Tree，有树龄 age，方法 grow(years) 是增长树龄，方法 show_age( ) 显示 Tree 类对象 age 的值。

```
class Tree(object):
    def __init__(self, age):    # 构造方法
        self._age = age
    def grow(self, years):
        self._age += years
    def show_age(self):
        print("Tree age:" + str(self._age))
    def __str__(self):
        return '这是一棵树，树龄是:'+str(self._age)

age, years = map(int, input().split())
tree = Tree(age)
tree.grow(years)
tree.show_age()
print(tree)
```

输入样例：

```
20 30
```

输出样例：

```
Tree age:50
这是一棵树，树龄是：50
```

【例 10.3】 设计一个汽车类 Vehicle，它有车名和车颜色属性，由它派生出类 Car、Truck，前者包含载客数属性，后者包含载重量属性。

Vehicle 类及其派生类 Car、Truck 之间的关系如图 10.1 所示。

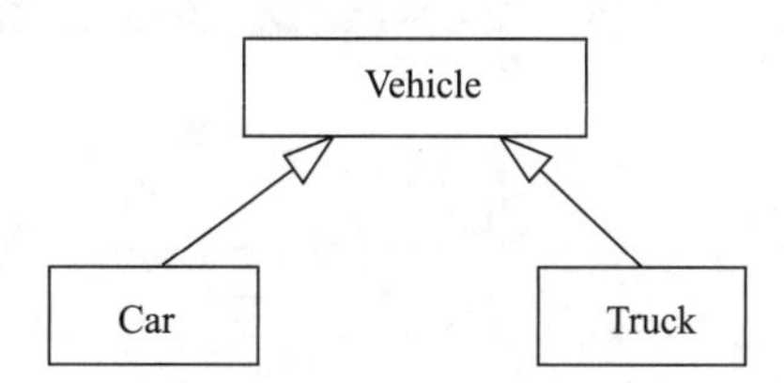

图 10.1　Vehicle 类及其派生类 Car、Truck 之间的关系

```
class Vehicle(object):
    def __init__(self, name, color):
        self._name = name
        self._color = color
    def get_name(self):
        return self._name
    def get_color(self):
        return self._color

class Car(Vehicle):                # 继承 Vehicle 类
    def __init__(self, name, color, number):
        super().__init__(name, color)
        self._number = number
    def show(self):
```

```
        # print("Car's name:"+super().get_name())
        print("Car's name:" + self.get_name())
        print("Car's color:" + Vehicle.get_color(self))
        print("Car's passengerNumber:" + self._number)

class Truck(Vehicle):                        # 继承Vehicle类
    def __init__(self, name, color, weight):
        super().__init__(name, color)
        self._weight = weight
    def show(self):
        print("Truck's name:" + self.get_name())
        print("Truck's color:" + self.get_color())
        print("Truck's carryingCapacity:" + self._weight)

if __name__ == '__main__':
    name, color, number = input().split()
    car = Car(name, color, number)
    car.show()
    name, color, weight = input().split()
    truck = Truck(name, color, weight)
    truck.show()
```

输入样例：

```
car1 red 34
truck2 white 34.5
```

输出样例：

```
Car's name:car1
Car's color:red
Car's passengerNumber:34
Truck's name:truck2
Truck's color:white
Truck's carryingCapacity:34.5
```

10.2 类和对象

Python 中的数据类型都是类，类是组成 Python 程序的基本要素，它封装了同类对象的数据和操作。

10.2.1 定义类

在 Python 语言中，类的定义由类头和类体两部分组成，其语法格式如下：

```
class 类名[(父类)]:
    类体
```

其中，class 是声明类的关键字，类名是自定义的类名，自定义类名应该是合法的标识符，并且应该遵守 Python 的命名规范，采用大驼峰命名法；父类是指当前类继承的父类，如果父类省略，则表示直接继承 object 类。

定义动物（Animal）类的代码如下：

```
class Animal(object):
    # 类体
    pass
```

上述代码声明了动物类，它继承了 object 类，object 类是所有类的根类。在 Python 中任何一个类都直接或间接继承 object 类，object 类可以省略。

pass 语句什么操作都不做，它用来维持程序结构的完整性。如果有些暂时不编写的代码，又不想有语法错误，就可以使用 pass 语句占位。

10.2.2　创建和使用对象

类实例化可生成对象，所以对象也称为实例。一个对象的生命周期包括三个阶段：创建、使用和销毁。

创建对象就是在类后面加一对圆括号，表示调用类的构造方法，这就创建了一个对象。例如：

```
animal = Animal()
```

其中，Animal( ) 表达式创建了一个动物对象，并把创建的对象赋值给 animal 变量，animal 是指向动物对象的一个引用。通过 animal 可以使用刚刚创建的动物对象。

Python 有垃圾回收机制，销毁对象时会释放不再使用对象的内存，不需要编程者负责，编程者只关心创建和使用对象即可。

10.2.3　类成员

在类体中可以包含类的成员，类成员如图 10.2 所示。类成员包括成员变量、属性和成员方法，成员变量又分为实例变量和类变量，成员方法又分为实例方法、类方法和静态方法。

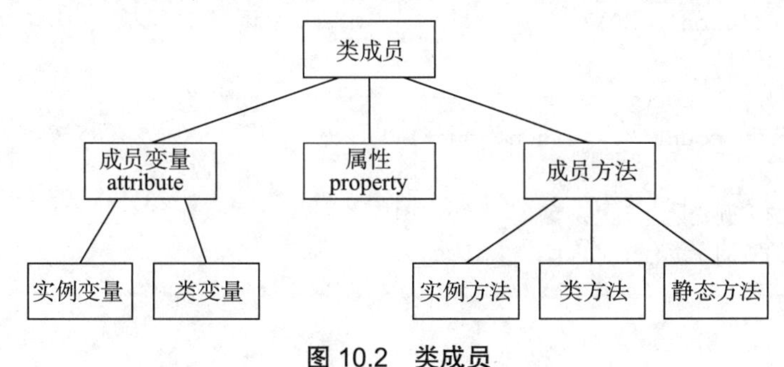

图 10.2　类成员

10.2.4　成员变量

1. 实例变量

“self. 变量名”定义的变量，称为实例变量。类的每个实例都包含了该类的实例变量的一个单独副本，实例变量属于特定的实例。实例变量在类的内部通过 self 访问，在外部通过对象实例访问。实例变量一般在 __init__( ) 方法中通过如下形式初始化：self. 实例变

量 = 初始值。此外，我们还可以通过 object 类提供的 __dict__ 变量查看实例变量有哪些。

2. 类变量

属于类本身的变量，即类变量。类变量属于整个类，不是特定实例的一部分，而是所有实例之间共享一个副本，类变量要在方法之外定义。一般在类体中通过如下形式初始化：

```
类变量 = 初始值
```

在其类定义的方法中或外部代码中，通过类名访问：

```
类名 . 类变量 = 值                    # 写入
类名 . 类变量                         # 读取
```

【例 10.4】实例变量和类变量示例。

```
class Person:
    count = 0                           # 类变量
    def __init__(self, name='', age=''):
        self.name = name                # 实例变量
        self.age = age                  # 实例变量
        Person.count += 1
    def get_count(self):
        print(' 总计数为 : ', Person.count)
    def __del__(self):
        Person.count -= 1

p1 = Person('Jack', 22)
p1.get_count()
p1.height = 1.7                         # 动态增加新成员
p1.count = 20
print("p1:", p1.height, p1.count)
print("Person count:", Person.count)

p2 = Person('Json', 30)
p2.get_count()
print("p2:", p2.count)
print("Person count:", Person.count)

print('p1 的实例变量有 : ', p1.__dict__)
print('p2 的实例变量有 : ', p2.__dict__)
```

运行结果为：

```
总计数为 :  1
p1: 1.7 20
Person count: 1
总计数为 :  2
p2: 2
Person count: 2
p1 的实例变量有 : {'name': 'Jack', 'age': 22, 'height': 1.7, 'count': 20}
p2 的实例变量有 : {'name': 'Json', 'age': 30}
```

当通过实例读取变量时，Python 解释器会先在实例中寻找这个变量，如果没有找到，则到类中寻找；当通过实例为变量赋值时，无论类中是否有同名的类变量，Python 解释器都会创建一个同名的实例变量。

这种方式创建实例变量会引起很严重的问题。一方面，类的设计者无法控制一个类中有哪些成员变量；另一方面，这些实例变量无法通过类中的方法访问。

注意：不要通过实例存取类变量。

10.2.5 成员方法

1. 实例方法

方法是在类中定义的函数。实例方法与实例变量一样都是某个实例（或对象）个体特有的。

在定义实例方法时，它的第一个参数是 self。在类的实例方法中访问实例变量时，需要以 self 为前缀；在外部通过对象名调用实例方法时，不需要为 self 参数传值；但是在外部通过类名调用实例方法时，则需要显式地为 self 参数传值。

在类中定义实例方法时将第一个参数定义为 self 只是一个习惯，不是必须使用 self 这个名字。例如：

```
>>> class A:
    def __init__(hahaha, v):
        hahaha.value = v
    def show(hahaha):
        print(hahaha.value)
>>> a = A(3)
>>> a.show()
3
```

尽管如此，还是建议程序员在编写代码时以 self 作为方法的第一个参数名字。

2. 类方法

类方法与类变量类似，是属于类而不是属于实例的方法，类方法不需要与实例绑定，但需要与类绑定，定义时它的第一个参数是 cls，是 type 实例。type 是描述 Python 数据类型的类，Python 中所有数据类型都是 type 的一个实例。

定义类方法有两个关键点：①方法第一个参数是 cls；②使用 @classmethod 装饰器声明该方法是类方法。

类方法可以访问类变量和其他类方法，但不能访问实例变量和实例方法。类方法可以通过类名调用，也可以通过实例调用，但不推荐这样操作。

3. 静态方法

如果定义的方法既不想与实例绑定，也不想与类绑定，只是想把类作为它的命名空间，那么可以定义静态方法。

在定义静态方法时，使用 @ staticmethod 装饰器声明该方法是静态方法，方法参数没有 self，也没有 cls。

静态方法可以通过类名调用，也可以通过实例调用，但不推荐这样操作。

静态方法与类的耦合度更加松散。在一个类中定义静态方法只是为了提供一个基于类名的命名空间。

【例 10.5】类方法和静态方法示例。

```
class Person:
    count = 0  # 类变量
    def __init__(self, name='', age=''):
        self.name = name   # 实例变量
        self.age = age     # 实例变量
        Person.count += 1
    @classmethod
    def get_count(cls):
        print('总计数为：', cls.count)
    @staticmethod
    def get_count2():
        Person.get_count()
    def __del__(self):
        Person.count -= 1

p1 = Person('Jack', 22)
Person.get_count()
p2 = Person('Json', 30)
Person.get_count2()
```

运行结果为：

```
总计数为： 1
总计数为： 2
```

10.2.6 构造方法和析构方法

Python 中类的构造方法是 __init__( )，该方法用来创建和初始化实例变量，也属于魔法方法，定义时它的第一个参数一般是 self，其后的参数才是用来初始化实例变量的，调用构造方法时不需要传入 self。构造方法在创建对象时被自动调用。

我们可以通过为构造方法定义默认值参数，来实现类似于其他语言中构造方法重载的目的。如果编程者没有设计构造方法，则 Python 将提供一个默认的构造方法用来进行必要的初始化工作。

Python 中类的析构方法是 __del__( )，一般用来释放对象占用的资源，在删除对象和回收对象空间时被自动调用和执行。如果编程者没有编写析构方法，则 Python 将提供一个默认的析构方法进行必要的清理工作。

10.3 封装

封装（Encapsulation）是面向对象的三大特性之一。封装能够隐藏对象的内部细节，只保留有限的对外接口，这使得外部访问者不能随意存取对象的内部数据。由于外部访问者不用关心对象的内部细节，故操作对象变得简单。

Python 语言没有与封装性相关的关键字，它通过特定的名称实现对变量和方法的封装。

_xxx，受保护成员，不能用 from module import * 导入；__xxx，私有成员；__xxx__，系统定义的特殊成员。

10.3.1　私有变量

在默认情况下，Python 中的变量是公有的，可以在类的外部访问它们。如果想让它们成为私有变量，则可以在变量前加上双下划线“__”。

Python 中并没有严格意义上的封装，所谓的私有变量只是形式上的限制。如果想在类的外部访问这些私有变量，则可以采用“_类名__变量”方式访问，但这种访问方式并不符合规范，会破坏封装。由此可见，Python 的封装性要靠编程者的自律，而非强制性的语法。

10.3.2　私有方法

私有方法与私有变量的封装是类似的，只要在方法前加上双下划线“__”，就是私有方法了。

如果想在类的外部访问这些私有方法，则采用“_类名__方法”方式就可以访问，但这种访问方式并不符合规范，会破坏封装。

10.3.3　定义属性

在 Python 类成员中有 attribute 和 property。attribute 是类中保存数据的变量，如果需要对 attribute 进行封装，那么在类的外部为了访问这些 attribute，往往会提供一些 setter、getter 访问器。setter 访问器是对 attribute 赋值的方法，getter 访问器是取 attribute 值的方法。

访问器形式的封装在编写代码时比较麻烦，@property 语法提供了更简洁直观的写法。被 @property 装饰的方法是获取属性值的方法，被装饰的方法的名字会被用作属性名；被 @属性名.setter 装饰的方法是设置属性值的方法；被 @属性名.deleter 装饰的方法是删除属性值的方法。

【例 10.6】 属性 property 的示例。

```
class Student:
    def __init__(self):
        self._age = None

    @property
    def age(self):
        print('获取属性时执行的代码')
        return self._age

    @age.setter
    def age(self, age):
        print('设置属性时执行的代码')
        self._age = age

    @age.deleter
    def age(self):
```

```
        print('删除属性时执行的代码')
        del self._age

student = Student()
student.age = 18
print('年龄为：' + str(student.age))
del student.age
```

运行结果为：

```
设置属性时执行的代码
获取属性时执行的代码
年龄为：18
删除属性时执行的代码
```

从上述示例可见，在方法前面加上装饰器可以使方法成为属性，属性使用起来类似于公有变量。

注意：定义属性时先定义 getter 访问器，否则会出现错误。这是因为 @property 修饰 getter 访问器时，定义了 age 属性，这样在后面使用 @age.setter 和 @age.deleter 装饰器才是合法的。

10.4 继承

继承（Inheritance）是面向对象的程序设计中代码重用的主要方法。继承是允许使用现有类的功能，并在无须重新改写原来类的情况下，对这些功能进行扩展。继承可以避免代码复制和相关的代码维护等问题。

继承的过程，就是从一般到特殊的过程。被继承的类称为基类、父类或超类，通过继承创建的类称为子类或派生类。

无论父类中的成员变量是私有的（Private）、公有的（Public）、保护的（Protected），子类都会拥有父类中的这些成员变量。但是父类中的私有成员变量，无法在子类中直接访问，必须通过从父类继承得到的 protected、public 方法来访问。

在派生类中调用基类的方法，可以使用内置函数 super( ) 或者“基类名 . 方法名 ( )”的方式来实现这一目的。

Python 支持多继承，也就是一个子类有多个父类。声明格式如下：

```
class 派生类名（基类 1, [基类 2, …]）
    类体
```

大部分计算机语言，如 Java、Swift 等，只支持单继承，不支持多继承，主要原因是多继承会发生方法冲突。例如，客轮是轮船也是交通工具，客轮的父类是轮船和交通工具，如果两个父类都定义了 run( ) 方法，则子类客轮继承哪一个 run( ) 方法呢？

Python 的方案是，当子类实例调用一个方法时，先在子类中查找，如果没有找到就到父类中查找。父类的查找顺序是按照声明子类的父类列表从左到右的顺序查找，如果没有找到，则再找父类的父类，依次查找下去。

【例 10.7】继承示例。

```
class Parent1:
    def run(self):
        print('Parent1 run...')
class Parent2:
    def run(self):
        print('Parent2 run...')
class Son1(Parent1, Parent2):
    pass
class Son2(Parent2, Parent1):
    pass
class Son3(Parent1, Parent2):
    def run(self):
        print('Son3 run...')

son1 = Son1()
son1.run()

son2 = Son2()
son2.run()

son3 = Son3()
son3.run()
```

运行结果为：

```
Parent1 run...
Parent2 run...
Son3 run...
```

当子类 Son1 的实例 son1 调用 run( ) 方法时，解释器会先查找当前子类是否有 run( ) 方法，如果没有，则到父类中查找，按照父类列表从左到右的顺序，找到 Parent1 中的 run( ) 方法，所以最后调用的是 Parent1 中的 run( ) 方法。按照这个规律，就很容易知道其他的两个实例 son2 和 son3 调用的是哪一个 run( ) 方法。

10.4.1 继承中的构造方法

Python 在面向对象的编程过程中，如果子类要继承父类，那么子类在构造过程中需要对父类进行初始化。对父类进行初始化有普通方法和 super 方法，super 方法又有两种。

（1）普通方法。

```
class Base(object):
    def __init__(self):
        print("Base init")
class Leaf(Base):
    def __init__(self):
        Base.__init__(self)
        print("Leaf init")
```

（2）super 方法 1。

```
class Base(object):
    def __init__(self):
        print("Base init")
class Leaf(Base):
    def __init__(self):
        super(Leaf, self).__init__()
        print("Leaf init")
```

（3）super 方法 2。

```
class Base(object):
    def __init__(self):
        print("Base init")
class Leaf(Base):
    def __init__(self):
        super().__init__()
        print("Leaf init")
```

在上面的简单场景中，三种方法的效果是一致的：

```
>>> leaf = Leaf()
Base init
Leaf init
```

10.4.2 钻石继承

如果子类继承自两个单独的超类，而这两个超类又继承自同一个公共基类，它们就构成了钻石继承体系。这种继承体系很像竖立的菱形，故也称作菱形继承。

【例 10.8】多继承示例：使用普通方法调用父类成员。

```
class Parent(object):
    def __init__(self):
        print('parent 的 init 结束被调用')
class Son1(Parent):
    def __init__(self):
        Parent.__init__(self)
        print('Son1 的 init 结束被调用')
class Son2(Parent):
    def __init__(self):
        Parent.__init__(self)
        print('Son2 的 init 结束被调用')
class Grandson(Son1, Son2):
    def __init__(self):
        Son1.__init__(self)
        Son2.__init__(self)
        print('Grandson 的 init 结束被调用')
gs = Grandson()
```

运行结果为：

```
parent 的 init 结束被调用
```

```
Son1 的 init 结束被调用
parent 的 init 结束被调用
Son2 的 init 结束被调用
Grandson 的 init 结束被调用
```

从例中可以看到，Parent 被初始化了两次！这是 Son1 和 Son2 各自调用了 Parent 的初始化函数所导致的。

在钻石继承中，用父类 .__init__( ) 来调用父类的初始化方法，最上层会执行两次。

为了解决这个问题，Python 提供了一个将复杂结构上所有的类全部映射到一个线性顺序上的算法，而根据这个顺序就能够保证所有的类只被构造一次。这个顺序就是 MRO 顺序，使用类名 .mro( ) 可以查看 MRO 顺序。在实际中，我们可以使用 super( ).__init__( ) 方法 [以下简称“super( ) 方法”] 来调用父类的初始化方法。

【例 10.9】多继承示例：构造方法没有参数，用 super( ) 方法调用父类的构造方法。

```
class Parent(object):
    def __init__(self):
        print('parent 的 init 结束被调用 ')
class Son1(Parent):
    def __init__(self):
        super().__init__()
        print('Son1 的 init 结束被调用 ')
class Son2(Parent):
    def __init__(self):
        super().__init__()
        print('Son2 的 init 结束被调用 ')
class Grandson(Son1, Son2):
    def __init__(self):
        super().__init__()
        print('Grandson 的 init 结束被调用 ')
gs = Grandson()
print(Grandson.__mro__)
```

运行结果为：

```
parent 的 init 结束被调用
Son2 的 init 结束被调用
Son1 的 init 结束被调用
Grandson 的 init 结束被调用
(<class '__main__.Grandson'>, <class '__main__.Son1'>, <class '__main__.
Son2'>, <class '__main__.Parent'>, <class 'object'>)
```

【例 10.10】继承示例：构造方法有多个参数，为了避免多继承报错，使用不定长参数。

```
class Parent(object):
    def __init__(self, *args, **kwargs):
        print('parent 的 init 结束被调用 ')
class Son1(Parent):
    def __init__(self, name, age, *args, **kwargs):
        super().__init__(*args, **kwargs)
        self.name = name
```

```
        self.age = age
        print('Son1 的 init 结束被调用 ')
class Son2(Parent):
    def __init__(self, name, gender, *args, **kwargs):
        super().__init__(*args, **kwargs)
        self.name = name
        self.gender = gender
        print('Son2 的 init 结束被调用 ')
class Grandson(Son1, Son2):
    def __init__(self, name, age, gender, color):
        super().__init__(name, age, gender, color)
        self.color = color
        print('Grandson 的 init 结束被调用 ')
gs = Grandson('grandson', 12, ' 男 ', 'blue')
```

运行结果为：

```
parent 的 init 结束被调用
Son2 的 init 结束被调用
Son1 的 init 结束被调用
Grandson 的 init 结束被调用
```

注意事项：

（1）MRO 在保证了多继承情况下，每个类只出现一次。

（2）super( ) 方法与类名 .__init__( ) 方法，在单继承上基本没有区别，但在多继承上是有区别的，super( ) 方法能保证每个父类的方法只执行一次，而使用类名 __.init__( ) 方法会导致父类方法被多次执行。

（3）在单继承时，使用 super( ) 方法，参数不能全部传递，只能传递父类方法所需的参数，否则会报错。

（4）在多继承时，使用 super( ) 方法，必须把全部的参数传递给父类，否则会报错。

（5）在多继承时，使用类名 .__init__( ) 方法，要把每个父类都写一遍；而使用 super( ) 方法，只需要写一句便执行了全部父类的方法，这也是多继承需要全部传递参数的原因之一。

10.4.3 Mixin 类

多继承可以实现对类进行功能和属性上的扩展，但是如果进行无限制的多继承，势必会导致整个业务逻辑变得复杂。当多个类都实现了同一种功能时，这时应该考虑将该功能抽离成 Mixin 类。

Mixin 即 Mix-in，常被译为“混入”，是一种编程模式。在 Python 等面向对象语言中，通常它是实现了某种功能单元的类，用于被其他子类继承并将功能组合到子类中。

利用 Python 的多重继承，子类可以继承不同功能的 Mixin 类，按需动态组合使用。

例如，下面的代码是定义的一个简单的类：

```
class Person:
    def __init__(self, name, gender, age):
        self.name = name
        self.gender = gender
```

```
        self.age = age
```

我们可以通过调用实例属性的方式来访问它：

```
p = Person('陈山河', '男', 18)
print(p.name)  # 输出：陈山河
```

然后，我们定义一个 Mixin 类：

```
class MappingMixin:
    def __getitem__(self, key):
        return self.__dict__.get(key)
    def __setitem__(self, key, value):
        return self.__dict__.__setitem__(key, value)
```

这个类可以让子类拥有像 dict 一样调用属性的功能。我们将这个 Mixin 类加入到 Person 类中：

```
class Person(MappingMixin):
    def __init__(self, name, gender, age):
        self.name = name
        self.gender = gender
        self.age = age
```

现在，Person 类就拥有另一种调用属性方式：

```
p = Person('陈山河', '男', 18)
print(p['name'])        # 输出：陈山河
p['age'] = 28
print(p['age'])         # 输出：28
```

接下来再定义一个 Mixin 类，这个类实现了 __repr__( ) 方法，能自动将属性与值拼接成字符串：

```
class ReprMixin:
    def __repr__(self):
        s = self.__class__.__name__ + '('
        for k, v in self.__dict__.items():
            if not k.startswith('_'):
                s += '{}={}, '.format(k, v)
        s = s.rstrip(', ') + ')'        # 将最后一个逗号和空格去掉，加上括号
        return s
```

利用 Python 的特性，一个类可以继承多个父类：

```
class Person(MappingMixin, ReprMixin):
    def __init__(self, name, gender, age):
        self.name = name
        self.gender = gender
        self.age = age
```

这样，Person 子类就混入了两种功能：

```
p = Person('陈山河', '男', 18)
print(p['name'])        # 输出：陈山河
p['age'] = 28
print(p['age'])         # 输出：28
```

```
print(p)  # 输出：Person(name= 陈山河 , gender= 男 , age=18)
```

Mixin 实质上是利用语言的特性来更简洁地实现组合模式，可以把它看作一种特殊的多重继承，它并不是 Python 独享的，只要支持多重继承或者类似特性的都可以使用。比如，Ruby 中的 include 语法，Vue 等前端领域也有 Mixin 的概念。

但 Mixin 不属于语言的语法，为了代码的可读性和可维护性，我们在定义和使用 Mixin 类时应该遵循以下几个原则：

（1）Mixin 类实现的功能是通用的，并且是单一的，比如上例中的两个 Mixin 类都适用于大部分子类，每个 Mixin 类只实现一种功能，可按需继承。

（2）Mixin 类只用于拓展子类的功能，不能影响子类的主要功能，子类也不能依赖 Mixin 类。比如上例中 Person 继承不同的 Mixin 类只是增加了一些功能，并不影响自身的主要功能。如果是依赖关系，则是真正的基类，不应该用 Mixin 命名。

（3）Mixin 类自身不能进行实例化，仅用于被子类继承。

10.5 多态

多态（Polymorphism）是指父类的成员被子类继承之后，可以具有不同的状态或表现行为。

在面向对象的程序设计中，多态是一个非常重要的特性，理解多态有利于进行面向对象的分析与设计。

发生多态要有两个前提条件：①继承，多态一定发生在子类和父类之间；②重写，子类重写了父类的方法。

【例 10.11】多态示例：父类几何图形有一个绘图方法，几何图形有椭圆形和三角形两个子类，椭圆形和三角形都有绘图方法，但具体实现不同。

```
class Figure: # 几何图形
    def draw(self):
        print('绘制 Figure')

class Ellipse(Figure): # 椭圆形
    def draw(self):
        print('绘制 Ellipse')

class Triangle(Figure): # 三角形
    def draw(self):
        print('绘制 Triangle')

f1 = Figure()  # 没有发生多态
f1.draw()

f2 = Ellipse()  # 发生了多态
f2.draw()
```

```
f3 = Triangle() # 发生了多态
f3.draw()
```

运行结果为：

```
绘制 Figure
绘制 Ellipse
绘制 Triangle
```

多态性的优势在于运行时的动态特性。例如，在 Java 中多态性是指，编译时声明变量是父类的类型，在运行时确定变量所引用的实例。而 Python 不需要声明变量的类型，没有编译，直接由解释器运行，运行时确定变量所引用的实例。严格意义上来讲，Python 不支持多态。

Python 是一种动态语言，在动态语言中有一种类型检查称为鸭子类型，即一只鸟走起来像鸭子、游起泳来像鸭子、叫起来也像鸭子，那它就可以被当作鸭子。鸭子类型不关注变量的类型，而是关注变量具有的方法。鸭子类型像多态一样工作，但是没有继承，只要有像“鸭子”一样的行为就可以了。

【例 10.12】鸭子类型示例。

```
class Animal(object):
    def run(self):
        print('animal run')

class Dog(Animal):
    def run(self):
        print('dog run')

class Car:
    def run(self):
        print('car run')

def fun(a):
    a.run()

lst = [Animal(), Dog(), Car()]
for a in lst:
    fun(a)
```

运行结果为：

```
animal run
dog run
car run
```

在例 10.12 中，Dog 类继承了 Animal 类，而 Car 类与 Animal 类和 Dog 类没有任何关系，只是它们都有 run( ) 方法。Python 解释器不做任何的类型检查。当给 fun( ) 函数传入 Car 类实例时，它也可以正常执行。

10.6 反射

在 Python 中，我们能够通过一个对象找出 type、class、attribute 或者 method 的能力，称为反射。Python 反射机制应用的很广泛。

Python 中的反射功能是由以下 4 个内置函数提供的：

hasattr（obj, name）：判断一个 obj 对象中是否有对应的 name 字符串的方法或属性。

getattr（obj, name, default=None）：根据字符串获取 obj 对象中对应的方法。

setattr（x, y, v）：相当于 x.y=v，设置属性或方法。

delattr（x, y）：删除属性或方法。

【例 10.13】反射示例。

```
def bark(self):
    print('%s is jiao....' % self.name)
class Dog(object):
    def __init__(self, name):
        self.name = name
    def eat(self):
        print('%s is eating...' % self.name)

d = Dog('Hua')
choice = input('>>>>').strip()

# 判断一个d(对象)中是否有对应的choice字符串方法
if hasattr(d, choice):
    func = getattr(d, choice)
    func()
else:
    setattr(d, choice, bark)  # 动态向class里面装入一个方法
    func2 = getattr(d, choice)
    func2(d)
```

运行时，如果输入 eat，则结果为：

```
>>>>eat
Hua is eating...
```

运行时，如果输入 run，则结果为：

```
>>>>run
Hua is jiao....
```

10.7 小结

本章主要介绍了面向对象的编程知识，首先介绍了面向对象的一些基本概念和面向对象的三个基本特性，其次介绍了类、对象、封装、继承和多态，最后介绍了反射。

第 11 章

文件和异常

程序经常需要访问文件和目录，读取文件信息或向文件写入信息。在 Python 中对文件的读写是通过文件对象（File Object）实现的。文件对象可以是实际的磁盘文件，也可以是其他存储设备或通信设备，如内存缓冲区、网络、键盘、控制台等。

异常是指程序运行时引发的错误。引发错误的原因有很多，例如，除以零、下标越界、文件不存在、网络异常、类型错误、名字错误等。如果这些错误得不到正确的处理，则会导致程序终止运行。合理地使用异常处理结构可以使得程序更加健壮，具有更强的容错性。

本章介绍通过文件对象操作文件、文件与目录的管理以及异常等。

11.1 实例导入

【例 11.1】复制一份图片文件。

```
with open('bird.gif', 'rb') as f1, open(' bird.gif 2', 'wb') as f2:
    for line in f1:
        f2.write(line)
```

【例 11.2】求平均值。给定 N 个实数，计算它们的平均值。但复杂的是有些输入数据可能是非法的。一个“合法”的输入是 [−1000,1000] 区间内的实数，并且最多精确到小数点后 2 位。当你计算平均值的时候，不能把那些非法的数据算在内。

输入要求: 第一行输入正整数 $N(\leqslant 100)$，表示要输入数的个数; 随后一行输入 N 个实数，数字之间以一个空格分隔。

输出要求：对每个非法输入，在一行中输出 ERROR: X is not a legal number，其中 X 是输入的数。最后，在一行中输出结果：The average of K numbers is Y，其中 K 是合法输入的个数，Y 是它们的平均值，精确到小数点后 2 位。如果平均值无法计算，则用 Undefined 替换 Y。如果 K 为 1，则输出：The average of 1 number is Y。

```
input()
a = input().split()
right = []
for x in a:
    try:
        k = float(x)
        y = str(k)
```

```
        # 精确到小数点后 2 位
        if (-1000 <= k <= 1000) and (len(y) - (y.index('.') + 1) <= 2):
            right.append(k)
        else:
            print('ERROR: %s is not a legal number' % x)
    except Exception as e:
        print('ERROR: %s is not a legal number' % x)

cnt = len(right)
if cnt == 0:
    print('The average of 0 numbers is Undefined')
elif cnt == 1:
    print('The average of 1 number is %.2f' % right[0])
else:
    print('The average of %d numbers is %.2f' % (cnt, sum(right) / cnt))
```

输入样例 1:

```
7
5 -3.2 aaa 9999 2.3.4 7.123 2.35
```

输出样例 1:

```
ERROR: aaa is not a legal number
ERROR: 9999 is not a legal number
ERROR: 2.3.4 is not a legal number
ERROR: 7.123 is not a legal number
The average of 3 numbers is 1.38
```

输入样例 2:

```
2
aaa -9999
```

输出样例 2:

```
ERROR: aaa is not a legal number
ERROR: -9999 is not a legal number
The average of 0 numbers is Undefined
```

11.2 文件操作

文件操作主要包括对文件内容的读写，这些操作是通过文件对象实现的，文件对象可以读写文本文件和二进制文件。

11.2.1 打开文件

文件对象可以通过 open( ) 函数获得。open( ) 函数是 Python 的内置函数，它屏蔽了创建文件对象的细节，使得创建文件对象变得简单。open( ) 函数的语法如下：

```
open(file, mode='r', buffering=-1, encoding=None, errors=None, newline=None, closefd=True, opener=None)
```

open( ) 函数共有 8 个参数，其中，参数 file 和 mode 是最为常用的，其他参数一般很少使用。下面，我们分别介绍这些参数的含义。

（1）file 参数。file 是要打开的文件，可以是字符串或整数。如果 file 是字符串，则表示文件名。文件名可以是相对路径，也可以是绝对路径。如果 file 是整数，则表示文件描述符。文件描述符指向一个已经打开的文件。

（2）mode 参数。mode 用来设置文件打开模式，文件打开模式用字符串表示，最基本的文件打开模式如表 11.1 所示。

表 11.1 文件打开模式

字符串	说明
r	只读模式打开文件（默认）
w	写入模式打开文件，会覆盖已经存在的文件
x	创建模式打开文件。如果文件不存在，则创建并以写入模式打开；如果文件已经存在，则抛出异常
a	追加模式打开文件。如果文件存在，则写入内容追加到文件末尾
b	二进制模式打开文件
t	文本模式打开文件（默认）
+	更新模式打开文件

b 和 t 是文件类型模式，如果是二进制文件，则需要设置 rb、wb、xb、ab；如果是文本文件，则需要设置 rt、wt、xt、at，由于 t 是默认模式，所以可以省略为 r、w、x、a。

"+" 符号需要与 r、w、x、a 组合使用将文件设置为读写模式。对于二进制文件可以使用 rb+、wb+、xb+、ab+；对于文本文件可以使用 r+、w+、x+、a+。

注意：r+ 在打开文件时，如果文件不存在，则抛出异常。w+ 在打开文件时，如果文件不存在，则创建文件；如果文件存在，则清除文件内容。a+ 类似于 w+，在打开文件时，如果文件不存在，则创建文件；如果文件存在，则在文件末尾追加。

（3）buffering 参数。buffering 是设置缓冲区策略，默认值为 -1。

当 buffering=-1 时，系统会自动设置缓冲区，通常是 4096 个字节或 8192 个字节。当 buffering=0 时，系统关闭缓冲区。当系统关闭缓冲区时，数据会直接写入文件中，这种模式主要用于二进制文件的写入操作。当 buffering>0 时，buffering 用来设置缓冲区字节大小。

提示：使用缓冲区是为了提高效率、减少 I/O 操作，文件数据首先放到缓冲区中。当文件关闭或刷新缓冲区时，数据才真正写入文件中。

（4）encoding、errors 参数。encoding 用来指定打开文件时的文件编码，主要用于文本文件的打开。errors 用来指定当编码发生错误时如何处理。

（5）newline 参数。newline 用来设置换行模式。

（6）closefd、opener 参数。这两个参数在 file 参数为文件描述符时使用。

当 closefd 为 True 时，文件对象调用 close( ) 方法关闭文件，同时也会关闭文件描述符所对应的文件；当 closefd 为 False 时，文件对象调用 close( ) 方法关闭文件，但不会关闭文件描述符所对应的文件。

opener 用于在打开文件时执行一些加工操作。

提示：文件描述符是一个整数值，它对应到当前程序已经打开的一个文件。例如，标准输入文件描述符是 0，标准输出文件描述符是 1，标准错误文件描述符是 2，而打开其他文件的文件描述符依次是 3、4、5 等数字。

11.2.2 关闭文件

当使用 open( ) 函数打开某文件后，若不再使用此文件，就应该调用文件对象的 close( ) 方法关闭。文件操作往往会抛出异常，为了保证文件操作无论正常结束还是异常结束都能够关闭文件，close( ) 方法应该放在异常处理的 finally 代码块中。但通常更推荐使用 with as 代码块进行自动资源管理。

11.2.3 文本文件的读写

文本文件的读写单位是字符，而且字符是有编码的。文本文件的读写主要有以下方法：

read(size=-1)：从文件中读取字符串，size 限制最多读取的字符数。size=-1 时没有限制，读取全部内容。

readline(size=-1)：读取到换行符或文件尾并返回单行字符串。如果已经读取到文件尾，则返回一个空字符串。size 限制最多读取的字符数，size=-1 时没有限制，读取全部内容。

readlines(hint=-1)：把文件数据读取到一个字符串列表中，每行数据是列表的一个元素。hint 是限制读取的行数，hint=-1 时没有限制。

write(s)：将字符串 s 写入到文件中，并返回写入的字符数。

writelines(lines)：向文件写入一个列表，不添加行分隔符，因此通常为每一行末尾提供分隔符。

flush( )：刷新写缓冲区，数据会写入到文件中。

11.2.4 二进制文件的读写

二进制文件的读写单位是字节，不需要考虑编码的问题。二进制文件的读写主要有以下方法：

read(size=-1)：从文件中读取字节，size 限制最多读取的字节数。size=-1 时没有限制，读取全部内容。

readline(size=-1)：从文件中读取并返回一行，size 限制读取的行数，size=-1 时没有限制。

readlines(hint=-1)：把文件数据读取到一个列表中，每行数据是列表的一个元素。hint 是限制读取的行数，hint=-1 时没有限制。

write(b)：将字节 b 写入到文件中，并返回写入的字节数。

writelines(lines)：向文件写入一个列表，不添加行分隔符，因此通常为每一行末尾提供分隔符。

flush( )：刷新写缓冲区，数据会写入到文件中。

【例 11.3】 文件操作示例 1。

```
f = open('a.txt', 'r', encoding='utf-8')
```

```
data = f.read()
f.close()
```

请注意：此处的encoding必须和文件在保存时设置的编码一致，不然“断句”会不准确，从而造成乱码。

【例 11.4】文件操作示例 2。

```
f = open('a.txt', 'rb')
data = f.read()
f.close()
```

请大家思考，例 11.3 和例 11.4 的区别在哪里？

例 11.4 打开文件时并未指定编码。这是因为例 11.4 是以 rb 模式（即二进制模式）打开文件，而数据读到内存是 bytes 格式，因此在文件打开阶段，不需要指定编码。

11.2.5　上下文管理

使用上下文管理语句 with 可以自动管理资源，在代码块执行完毕后自动进入该代码块之前的上下文。

程序不论何种原因跳出 with 块，不论是否发生异常，总能保证资源被正确释放，这大大简化了程序员的工作。with 块常用于文件操作、网络通信之类的场合。

【例 11.5】文件操作示例 3。

```
with open('myfile.txt') as f:
    for line in f:
        print(line, end= '')
```

使用这样的写法，编程者丝毫不用担心忘记关闭文件，当文件处理完以后，系统将会自动关闭文件。

11.3　CSV文件

CSV（Comma Separated Values，逗号分隔值）文件以纯文本形式存储表格数据。CSV 文件是一个字符序列，由任意数目的记录组成，记录间以逗号或某种换行符分隔；每条记录由字段组成，字段间的分隔符是其他字符或字符串，最常见的是逗号或制表符。CSV 文件主要用于电子表格和数据库之间的数据交换。

如果计算机安装了 Excel 电子表格软件，则可以使用 Excel 打开 CSV 文件，也可以将 Excel 中的表格另存为 CSV 文件，但这个过程可能会导致数据格式的丢失。例如，CSV 文件中的 0001 数据，使用 Excel 打开后会变为 1。

读写 CSV 文件可以不用任何特殊模块，使用 open( ) 函数和字符串的 split( ) 方法就可以读取并解析 CSV 文件。格式复杂的 CSV 数据使用 split( ) 方法分隔之后，还需要很多处理工作。因此，还是推荐使用 CSV 专用模块读写 CSV 数据，Python 提供了 CSV 模块用来处理 CSV 数据。

11.3.1 csv.reader( ) 函数

CSV 模块提供了两个对 CSV 数据进行读写的基本函数 csv.reader( ) 和 csv.writer( )。csv.reader( ) 函数定义如下：

```
csv.reader(csvfile, dialect='excel', **fmtparams)
```

csv.reader( ) 函数返回一个读取器 reader 对象。csvfile 参数是 CSV 文件对象；dialect 参数是方言，方言提供了一组预定好的格式化参数；fmtparams 参数可以提供单个格式化参数。

dialect 的实际参数是 csv.Dialect 的子类，csv.Dialect 的子类主要有以下三种：

（1）csv.excel 类，定义了 Excel 生成的 CSV 文件的常用属性，它的方言名称是 excel。

（2）csv.excel_tab 类，定义了 Excel 生成的 Tab（水平分隔符）分隔文件的常用属性，它的方言名称是 excel_tab。

（3）csv.unix_dialect 类，定义了在 UNIX 系统上生成的 CSV 文件的常用属性，即使用"\n"作为行终止符；而在 Windows 系统下使用"\r\n"作为行终止符，它的方言名称是 unix。

【例 11.6】 读 score.csv 文件，输出时行内以"|"分隔。已知 score.csv 文件内容如下：

```
学号，姓名，性别，数学，英语，计算机
1502,李要,M,95.0,60.0,83.0
1503,王段,M,92.0,75.0,81.0
1506,黄一一,M,69.0,90.0,100.0
1507,方花花,F ,76.5,80.0,80.0
```

【分析】 通过 open( ) 函数打开 CSV 文件，指定编码集为 utf-8，这是因为 score.csv 文件编写时采用的是 utf-8 编码集。

```
import csv
with open('score.csv', 'r', encoding='utf-8') as f:
    reader = csv.reader(f, dialect=csv.excel)
    for row in reader:
        print('|'.join(row))
```

11.3.2 csv.writer( ) 函数

csv.writer( ) 函数的定义如下：

```
csv.writer(csvfile, dialect='excel', **fmtparams)
```

csv.writer( ) 函数返回一个写入器 writer 对象，函数参数的释义同 csv.reader( ) 函数。

【例 11.7】 将一个以逗号分隔的 CSV 文件复制到另一个以水平制表符分隔的 CSV 文件。

```
import csv
with open('score.csv', 'r', encoding='utf-8') as rf:
    reader = csv.reader(rf, dialect=csv.excel)
    with open('score2.csv', 'w', newline='', encoding='utf-8') as wf:
        writer = csv.writer(wf, delimiter='\t', lineterminator='\n\n')
        for row in reader:
            print('|'.join(row))
            writer.writerow(row)
```

newline 参数设置为空字符（newline=‘’），表示在写入一行数据时不再加换行符，因为在正常情况下，writer 对象写入数据是会加换行符的。

利用 csv.writer( ) 函数的 delimiter 和 lineterminator 关键字参数，改变文件中的分隔符和行终止符。delimiter=‘\t’ 和 lineterminator=‘\n\n’ 语句，分别表示将单元格之间的字符改变为制表符，将行之间的字符改变为两个换行符。

11.4 JSON文件

JSON（JavaScript Object Notation）是一种轻量级的数据交换格式。所谓轻量级，是与 XML 文档结构相比较而言的。因为 JSON 描述项目的字符少，所以描述相同数据所需的字符个数要少，传输速度就会提高，而流量也会减少。

由于 Web 和移动平台开发对流量的要求是尽可能少，对速度的要求是尽可能快，所以轻量级的数据交换格式 JSON 就成为了理想的数据交换格式。

JSON 文件是文本格式，使用 Unicode 编码，默认为 utf-8 方式存储。它的结构有两种：对象和数组。

JSON 对象是一个无序的“名称 : 值”对集合，一个对象以“{”开始，以“}”结束。“名称 : 值”对之间使用“:”分隔，“名称”是字符串类型，“值”可以是任何合法的 JSON 类型。

JSON 数组是值的有序集合，以“［”开始，以“］”结束，值之间使用“,”分隔。

Python 内置 json 库，用于对 JSON 数据进行编码和解码。

11.4.1 JSON 编码

在 Python 程序中，如果将 Python 数据进行网络传输和存储，则可以将 Python 数据转换为 JSON 数据再进行传输和存储，这个过程称为编码（Encode）。JSON 编码语法如下：

（1）将 Python 格式对象 obj 编码成 JSON 格式，写入内存：

```
json.dumps(obj, ensure_ascii=True, indent=None, sort_keys=False)
```

（2）将 Python 格式对象 obj 编码成 JSON 格式，写入磁盘文件 fp 中：

```
json.dump(obj, fp, ensure_ascii=True, indent=None, sort_keys=False)
```

JSON 编码使用 dumps( ) 和 dump( ) 函数。dumps( ) 函数将编码的结果以字符串的形式返回，dump( ) 函数将编码的结果保存到文件对象中。在序列化时，对中文默认使用 ASCII 编码，所以在输出中文时需要指定 ensure_ascii=False。

indent 参数可用来对 JSON 进行数据格式化输出，默认值为 None，即不做格式化处理。indent 参数可设一个大于 0 的整数表示缩进量。输出的数据被格式化之后，可读性比较好。

Python 中的字典是无序的，Python 数据在转换为 JSON 数据后是默认不排序的。程序可设置 sort_keys=True 语句，使转换结果按升序排序。

11.4.2 JSON 解码

编码的相反过程是解码（Decode），即将 JSON 数据转换为 Python 数据。程序从网络中接收或从磁盘中读取 JSON 数据时，需要把它解码为 Python 数据。JSON 解码语法如下：

（1）将字符串 s 中的 JSON 数据解码为 Python 数据，其他格式数据会变为 Unicode 格式。

```
json.loads(s)
```

（2）将磁盘文件对象 fp 中的 JSON 数据解码为 Python 数据，其他格式数据会变为 Unicode 格式。

```
json.load(s)
```

在 JSON 编码和解码过程中存在着一个 Python 数据类型和 JSON 数据类型的转换过程，具体的转换对照如表 11.2 所示。string

表 11.2　Python 数据类型与 JSON 数据类型的转换对照

Python→JSON		JSON→Python	
dict	object	object	dict
list, tuple	array	array	list
str, unicode	string	string	str
int, float	number	number（int）	int
		number（real）	float
True	true	true	True
False	false	false	False
None	null	null	None

JSON 数据进行网络传输或保存到磁盘中时，推荐使用 JSON 对象，偶尔也可以使用 JSON 数组。一般情况，只有 Python 的字典、列表和元组才需要编码。

11.5 os.path模块

对于文件和目录的操作往往需要路径，Python 的 os.path 模块提供对路径、目录和文件等进行管理的函数。这些函数如表 11.3 所示。

表 11.3　os.path 模块提供的函数

函数	含义
os.path.abspath(path)	返回 path 规范化的绝对路径
os.path.split(path)	将 path 分割成目录和文件名，以二元组的形式返回
os.path.dirname(path)	返回 path 的目录，其实就是 os.path.split(path) 的第一个元素
os.path.basename(path)	返回 path 最后的文件名
os.path.exists(path)	如果 path 存在，则返回 True；否则返回 False
os.path.isabs(path)	如果 path 是绝对路径，则返回 True
os.path.isfile(path)	如果 path 是一个存在的文件，则返回 True；否则返回 False
os.path.isdir(path)	如果 path 是一个存在的目录，则返回 True；否则返回 False
os.path.join(path1[,path2[,…]])	将多个路径组合后返回，第一个绝对路径之前的参数将被忽略
os.path.getatime(path)	返回 path 所指向的文件或者目录的最后存取时间
os.path.getmtime(path)	返回 path 所指向的文件或目录的最后修改时间

11.5.1 Windows 上的反斜杠

路径分隔符，在 Windows 中是反斜杠，在 OS X 和 Linux 中是正斜杠。如果想要程序运行在所有操作系统上，在编写 Python 脚本时，就要考虑用 os.path. join( ) 函数来做这件事。

如果将单个文件和路径上的文件夹名称的字符串传递给它，os.path. join( ) 函数就会返回一个文件路径的字符串，包含正确的路径分隔符。例如：

```
>>> os.path.join('user','bin','spam')
'user\\bin\\spam'
```

请注意，反斜杠有两个，因为每个反斜杠需要由另一个反斜杠字符来转义。如果在 OS X 或 Linux 上调用 os.path. join( ) 函数，该字符串就会是 ‘user/bin/spam’。

如果需要创建文件名称的字符串，os.path. join( ) 函数就很有用。例如，下面的例子将一个文件名列表中的名称添加到指定文件夹名称的末尾。

```
>>> import os.path
>>> files = ['accounts.txt', 'details.csv', 'invite.docx']
>>> for filename in files:
   print(os.path.join(r'C:\Users\my', filename))
C:\Users\ my\accounts.txt
C:\Users\ my\details.csv
C:\Users\ my\invite.docx
```

11.5.2 处理绝对路径与相对路径

绝对路径，总是从根文件夹开始。相对路径，是指相对于程序的当前工作目录。

还有单个句点（.）和两个句点（..）文件夹，它们不是真正的文件夹，而是可以在路径中使用的特殊名称。单个句点（.）用作文件夹名称时，是“这个目录”的缩写。两个句点（..）的意思是“父文件夹”。

调用 os.path.abspath(path) 函数将返回 path 的绝对路径的字符串。这是将相对路径转换为绝对路径的简便方法。

调用 os.path.isabs(path) 函数，如果 path 是一个绝对路径，就返回 True；如果 path 是一个相对路径，就返回 False。

调用 os.path.relpath(path, start) 函数，从 start 开始计算相对路径。如果函数没有提供 start，就使用当前工作目录作为开始路径。例如：

```
>>> os.path.abspath('.')
'C:\\Python34'
>>> os.path.abspath('.\\Scripts')
'C:\\Python34\\Scripts'
>>> os.path.isabs('.')
False
>>> os.path.isabs(os.path.abspath('.'))
True
>>> os.path.relpath('C:\\Windows', 'C:\\')
'Windows'
```

因为在调用 os.path.abspath( ) 函数时，当前目录是 C:\Python34，所以单个句点的文件夹指的是绝对路径 C:\\Python34。

调用 os.path.dirname(path) 函数将返回一个字符串，它包含 path 参数中最后一个斜杠之前的所有内容。调用 os.path.basename(path) 函数将返回一个字符串，它包含 path 参数中最后一个斜杠之后的所有内容。

如果同时需要一个路径的目录名称和基本名称，就可以调用 os.path.split(path) 函数，获得这两个字符串的元组。例如：

```
>>> file_path = 'C:\\Windows\\System32\\calc.exe'
>>> os.path.split(file_path)
('C:\\Windows\\System32', 'calc.exe')
```

split( ) 字符串方法将返回一个列表，包含该路径的所有部分。如果向它传递 os.path.sep，就能在所有操作系统上工作。例如：

```
>>> file_path.split(os.path.sep)
['C:', 'Windows', 'System32', 'calc.exe']
```

在 OS X 和 Linux 系统上，返回的列表头上有一个空字符串：

```
>>> file_path.split(os.path.sep)
['', 'C:', 'Windows', 'System32', 'calc.exe']
```

11.5.3 查看文件大小和文件夹内容

一旦有办法处理文件路径，就可以开始收集特定文件和文件夹的信息。os.path 模块提供了一些函数，用于查看文件的字节数以及给定文件夹中的文件和子文件夹。

调用 os.path.getsize(path) 函数将返回 path 参数中文件的字节数。

调用 os.listdir(path) 函数将返回文件名字符串的列表，包含 path 参数中的每个文件。请注意这个函数在 os 模块中而不是在 os.path 模块中。例如：

```
>>> os.path.getsize('C:\\Windows\\System32\\calc.exe')
776192
>>> os.listdir('C:\\Windows\\System32')
['0409', '12520437.cpx', '12520850.cpx', '5U877.ax', 'aaclient.dll',
--snip--
'xwtpdui.dll', 'xwtpw32.dll', 'zh-CN', 'zh-HK', 'zh-TW', 'zipfldr.dll']
```

11.6 os模块

Python 对文件的操作是通过文件对象实现的，文件对象属于 Python 的 os 模块。Python 的 os 模块可以管理文件或目录，如删除文件、修改文件名、创建目录、删除目录和遍历目录等。

os 模块提供了使用操作系统功能的一些函数，如文件与目录的管理。os 模块提供的部分函数如表 11.4 所示。

表 11.4　os 模块提供的部分函数

函数	含义
os.getcwd( )	获取当前工作目录，即当前获取 Python 脚本工作的目录
os.chdir('dirname')	改变当前脚本工作目录，相当于 shell 命令中的 cd
os.makedirs('dirname1/dirname2')	可生成多层递归目录
os.removedirs('dirname')	若目录为空，则删除，并递归到上一级目录。若上一级目录也为空，则删除，依此类推
os.rename('oldname', 'newname')	重命名文件 / 目录
os.remove( )	删除一个文件
os.mkdir('dirname')	生成单级目录，相当于 shell 命令中的 mkdir dirName
os.rmdir('dirname')	删除单级空目录，若目录不为空，则无法删除，并报错
os.walk(dirname)	遍历 top 所指的目录树，自顶向下遍历目录树，返回值是一个三元组（目录路径、目录名列表、文件名列表）
os.stat('path/filename')	获取文件 / 目录信息
os.listdir('dirname')	列出指定目录下的所有文件和子目录，包括隐藏文件，并以列表的方式打印
os.curdir	返回当前目录，.
os.pardir	获取当前目录的父目录字符串名，..

程序可以用 os.makedirs( ) 函数创建新文件夹（目录）：

```
>>> import os
>>> os.makedirs(r'C:\lzy\python\project')
```

这不仅将创建 C:\lzy 文件夹，也会在 C:\lzy 下创建 python 文件夹，并在 C:\lzy\python 中创建 project 文件夹。也就是说，os.makedirs( ) 函数将创建所有必要的中间文件夹，目的是确保完整路径名存在。

os.walk( ) 函数是一个简单易用的文件、目录遍历器，可以帮助我们高效地处理文件和目录方面的事情，在 Unix，Windows 中都有效。它的语法格式如下：

```
os.walk(top, topdown=True, onerror=None, followlinks=False)
```

其中：

top：所要遍历的目录。

topdown：如果为 True，则优先遍历 top 目录；否则优先遍历 top 的子目录。

onerror：需要一个 callable 对象，当 walk 出现异常时，会调用。

followlinks：如果为 True，则会遍历目录下的快捷方式实际所指的目录；否则优先遍历 top 的子目录。

os.walk( ) 函数的返回值是一个生成器，就是说我们需要不断地遍历它，来获得所有的内容。每次遍历都是返回一个三元组（root, dirs, files）。root 是当前正在遍历的文件夹；dirs 是一个列表，内容是该文件夹中所有的目录名字，但不包括子目录；files 是一个列表，内容是该文件夹中所有的文件，但不包括子目录。

【例 11.8】获取指定目录下所有子目录、所有文件名。

程序代码如下：

```
import os
for root, dirs, files in os.walk('E:\First'):
    print('root_dir:', root)    # 当前目录路径
    print('sub_dirs:', dirs)    # 当前路径下所有子目录
    print('files:', files)      # 当前路径下所有非目录子文件
```

11.7 异常

11.7.1 异常的处理

程序运行出现异常时，我们并不希望程序直接终止，而是可以通过编写代码来对异常进行处理。在 Python 中，可以使用 try-except-finally 来处理异常。具体的语法如下：

```
try:
    代码块（可能出现错误的语句）
except 异常类型 as 异常名：
    代码块（出现错误以后的处理方式）
except 异常类型 as 异常名：
    代码块（出现错误以后的处理方式）
except 异常类型 as 异常名：
    代码块（出现错误以后的处理方式）
else:
    代码块（没出错时要执行的语句）
finally:
    代码块（该代码块总会执行）
```

在异常处理语法中，用 try 包括可能出现错误的语句；用 except 捕获出现的异常，可以用多个 except 捕获不同类型的异常；else 部分在没有发生异常时执行；finally 部分不管当前程序中有无异常，都会正常执行。在系统开发中，经常会把资源的关闭放在 finally 部分中执行。

【例 11.9】异常处理示例 1。

```
try:
    print(5/0)
except ZeroDivisionError:
    print("Can't divide by zero!")
```

在这个示例中，try 代码块中的代码引发了 ZeroDivisionError 异常，所以执行 except 代码块，用户看到的是下面这条友好的错误消息，而不是 traceback：

```
Can't divide by zero!
```

如果 try-except 代码块后面还有其他代码，则程序将接着运行，因为已经告诉了 Python 如何处理这种错误。

如果程序需要捕获所有类型的异常，则可以使用 BaseException，即 Python 异常类的

基类。虽然这样做很安全，但是一般并不建议这样做。

对于异常处理结构，一般的建议是尽量捕捉可能会出现的异常，并且有针对性地编写代码对其进行处理，因为在实际应用开发中，很难使用同一段代码去处理所有类型的异常。当然，为了避免遗漏没有得到处理的异常干扰程序能够正常执行，程序在捕获了所有可能想到的异常之后，也可以使用异常处理结构的最后一个 except 来捕捉 BaseException。

【例 11.10】异常处理示例 2。

```
try:
    x=input('请输入被除数：')
    y=input('请输入除数：')
    z=float(x) / float(y)
except ZeroDivisionError:
    print('除数不能为零')
except TypeError:
    print('被除数和除数应为数值类型')
else:
    print(x, '/', y, '=', z)
```

在这个示例中，将要捕获的多个异常写在一个元组中，就可以使用一条 except 语句捕获多个异常，并且共用同一段异常处理代码。当然，除非确定要捕获的多个异常可以使用同一段代码来处理，否则并不建议这样做。

11.7.2　自定义异常类

尽管内建的异常类已经包括了大部分的情况，而且对于很多要求都已经足够了，但有时候还是需要创建自己的异常类。

那么如何创建自己的异常类呢？就像创建其他类一样，只需要确保从 Exception 类继承，不管是间接的或者是直接的。

【例 11.11】自定义异常类。

```
class MyException(Exception):
    def __init__(self, message):
        self.message = message

try:
    raise MyException('数据库连接不上')
except MyException as e:
    print(e)
```

11.7.3　断言

断言与上下文管理是两种比较特殊的异常处理方式，在形式上比异常处理结构要简单一些，能够满足简单的异常处理或条件确认，并且可以与标准的异常处理结构结合使用。断言语句的语法是：

```
assert expression[, reason]
```

如果表达式 expression 为真，则什么都不做；如果表达式为假，则抛出异常。

assert 语句一般用于开发程序时对必须满足的条件进行验证，仅当“__debug__”为 True 时有效。当 Python 脚本以 -O 选项编译为字节码文件时，assert 语句将被移除以提高程序的运行速度。

【例 11.12】断言和异常处理结构结合使用。

```
a = 3
b = 5
try:
    assert a == b, 'a must be equal to b'
except AssertionError as reason:
    print('%s: %s' % (reason.__class__.__name__, reason))
```

运行结果为：

```
AssertionError: a must be equal to b
```

11.7.4 用 sys 模块回溯最后的异常

当发生异常时，Python 会回溯异常并给出大量的提示，可能会给程序员的定位和纠错带来一定的困难，这时可以使用 sys 模块来回溯最近一次异常。具体的语法如下：

```
import sys
try:
    block
except:
    tuple = sys.exc_info()
    print(tuple)
```

sys.exc_info( ) 函数的返回值是一个三元组（type, value/message, traceback）。其中，type 表示异常的类型，value/message 表示异常的信息或者参数，而 traceback 则包含调用栈信息的对象。

【例 11.13】用 sys 模块回溯最后的异常。

```
import sys
try:
    x = 1 / 0
except:
    r = sys.exc_info()
    print(r)
```

运行结果为：

```
(<class ‘ZeroDivisionError’>, ZeroDivisionError(‘division by zero’),
<traceback object at 0x000000ECA6EEBD88>)
```

11.8 小结

本章主要介绍了 Python 文件操作和管理技术，什么是异常以及如何处理程序可能引发的异常。

第 12 章 常用模块

模块用来从逻辑上组织 Python 代码，本质就是 .py 结尾的 Python 文件。如果文件名为 test.py，那么对应的模块名为 test。

Python 官方提供很多内置模块，这里不再一一介绍。本章归纳了 Python 中一些在日常开发过程中常用的模块，其他不常用的模块读者可以查询 Python 官方的 API 文档。

12.1 实例导入

【例 12.1】每天固定时间定时自动执行特定任务。

```
import time
import datetime

def do_something():
    print('test')
    time.sleep(60)

def main(h=0, m=0):
    """h 表示设定的小时，m 表示设定的分钟 """
    while True:
        while True:
            now = datetime.datetime.now()
            # 到达设定时间，结束内循环
            if now.hour == h and now.minute == m:
                break
            # 没有到达设定时间，等 20 秒之后再次检测
            time.sleep(20)
        do_something()  # 做事

main(9, 37)
```

12.2 random模块

random 模块提供了一些生成随机数的函数：

random.random( )：返回在范围 [0.0, 1.0) 内的随机浮点数。

random.randrange(stop)：返回在范围 [0, stop) 内的随机整数。

random.randrange(start, stop[,step])：返回在范围 [start, stop) 内，步长为 step 的随机整数。

random.randint(a, b)：返回在范围 [a, b] 内的随机整数。

【例 12.2】生成四位验证码。

```
import random
checkcode = ''
for i in range(4):
    current = random.randrange(0, 4)
    if current == i:
        tmp = chr(random.randint(65, 90))          # 大写字母
    else:
        tmp = random.randint(0, 9)                 # 数字
    checkcode += str(tmp)
print(checkcode)
```

12.3 日期和时间

Python 提供了丰富的数据类型和库函数用于数值和日期处理。datetime 模块包含各种用于日期和时间处理的类，calendar 模块包含用于处理日历的函数和类，time 模块包含用于处理时间的函数。

1. epoch

epoch（新纪元）是系统规定的时间起始点。

UNIX 系统是从 1970/1/1 0：0：0 开始。日期和时间在内部表示为从 epoch 开始的秒数。

使用 time 模块的函数可以获取当前系统的起始点。例如：

```
>>> import time
>>> time.gmtime(0)
time.struct_time(tm_year=1970, tm_mon=1, tm_mday=1, tm_hour=0, tm_min=0, tm_sec=0, tm_wday=3, tm_yday=1, tm_isdst=0)
```

2. UTC

UTC（Coordinated Universal Time，协调世界时，又称为世界标准时间）是一种兼顾理论与应用的时标，以前称为 GMT（Greenwich Mean Time，格林威治标准时间）。

3. DST

DST（Daylight Saving Time，日光节约时，即夏令时）。不同地域可能规定不同的夏令时，C 语言函数库使用表格对应这些规定。time 模块中的 daylight 属性用于判定是否使用夏令时。

12.4 time模块

计算机的系统时钟设置为特定的日期、时间和时区。内置的 time 模块能读取系统时钟的当前时间。在 time 模块中，time.time( ) 函数和 time.sleep( ) 函数是最有用的。

12.4.1 time.time( ) 函数

UNIX 系统的纪元时间是编程中经常参考的时间：1970/1/1 0：0：0。time.time( ) 函数返回自那一刻以来的秒数，是一个浮点值，这个数字称为 UNIX 纪元时间戳。

纪元时间戳可以用于测量一段代码的运行时间。如果在代码块开始时调用 time.time( ) 函数，并在结束时再次调用，就可以用第二个时间戳减去第一个时间戳，得到这两次调用之间经过的时间。

【例 12.3】time.time( ) 函数示例。

```
import time
def factorial():
    product = 1
    for i in range(1, 100000):
        product = product * i
    return product

start_Time = time.time()
prod = factorial()
end_Time = time.time()
print('The result is %s digits long.' %(len(str(prod))))
print('Took %s second to calculate.' %(end_Time-start_Time))
```

运行结果为：

```
The result is 456569 digits long.
Took 3.7993807792663574 second to calculate.
```

12.4.2 time.sleep( ) 函数

如果需要让程序暂停一下，就调用 time.sleep( ) 函数，并传入希望程序暂停的秒数。

time.sleep( ) 函数将阻塞，即它不会返回或让程序执行其他代码，直到传递给 time.sleep( ) 的秒数流逝为止。

请注意，在 IDLE 中按 Ctrl+C 键不会中断对 time.sleep( ) 函数的调用。IDLE 会等待暂停结束，再抛出 KeyboardInterrupt 异常。要解决这个问题，不要用一次 time.sleep(30) 调用来暂停 30 秒，而是使用 for 循环执行 30 次 time.sleep(1) 调用。具体语句如下：

```
>>> for i in range(30):
time.sleep(1)
```

如果在这 30 秒内的某个时候按 Ctrl+C 键，可以马上看到系统抛出 KeyboardInterrupt 异常。

12.5 datetime模块

Python 官方提供的日期和时间模块主要有 time 模块和 datetime 模块。time 模块偏重于底层平台，模块中大多数函数会调用本地平台上的 C 链接库，因此有些函数运行的结果，在不同的平台上会有所不同。datetime 模块对 time 模块进行了封装，提供了高级 API。datetime 模块有以下几个类：datetime，包含时间和日期；date，只包含日期；time，只包含时间；timedelta，计算时间跨度；tzinfo，时区信息。

12.5.1 datetime 类

一个 datetime 类的对象可以表示日期和时间等信息，创建 datetime 类的对象的构造方法如下：

```
datetime.datetime(year, month, day, hour=0, minute=0, second=0, microsecond=0, tzinfo=None)
```

其中，year、month、day 参数是不能省略的；tzinfo 是时区参数，默认值是 None，表示不指定时区；除了 tzinfo 外，其他的参数全部为合理范围内的整数。这些参数的取值范围如表 12.1 所示。注意：如果取值超出这个范围，则会抛出 ValueError。

表 12.1　datetime 类的构造方法中的参数取值范围

参数	取值范围	说明
year	datetime.MINYEAR ≤ year ≤ datetime.MAXYEAR	datetime.MINYEAR 常量是最小年 datetime.MAXYEAR 常量是最大年
month	1 ≤ month ≤ 12	—
day	1 ≤ day ≤给定年份和月份时，该月的最大天数	闰年 2 月是比较特殊的月份，有 29 天
hour	0 ≤ hour<24	—
minute	0 ≤ minute<60	—
second	0 ≤ second<60	—
microsecond	0 ≤ microsecond<1000000	—

除了通过构造方法创建并初始化 datetime 类的对象，还可以通过 datetime 类提供的一些类方法获得 datetime 类的对象。

datetime.today( )：返回当前本地的日期和时间。

datetime.now(tz=None)：返回当前本地的日期和时间，如果参数 tz 为 None 或未指定，则等同于 today( )。

datetime.utcnow( )：返回当前 UTC 的日期和时间。

datetime.fromtimestamp(timestamp, tz=None)：返回与 UNIX 时间戳对应的本地日期和时间。

datetime.utcfromtimestamp(timestamp)：返回与 UNIX 时间对应的 UTC 日期和时间。

例如：

```
>>> import datetime
>>> datetime.datetime.today()
datetime.datetime(2019, 2, 18, 10, 49, 28, 509805)
```

```
>>> datetime.datetime.now()
datetime.datetime(2019, 2, 18, 10, 49, 47, 152801)
>>> datetime.datetime.utcnow()
datetime.datetime(2019, 2, 18, 2, 50, 2, 386091)
>>> datetime.datetime.fromtimestamp(999999999.999)
datetime.datetime(2001, 9, 9, 9, 46, 39, 999000)
```

datetime.today( ) 获取的是本地时间，是在东八区，datetime.utcnow( ) 获取的 UTC 时间比它早 8 个小时。

请注意，在 Python 语言中的时间戳单位是“秒”，所以它会有小数部分，而其他语言如 Java 中的时间戳单位是“毫秒”。当跨平台计算时间时，我们需要注意时间戳单位。

12.5.2　date 类

一个 date 类可以表示日期等信息，创建 date 类的构造方法如下：

```
datetime.date(year, month, day)
```

其中，year、month 和 day 参数是不能省略的，参数应为合理范围内的整数。如果参数的取值超出合理范围，就会抛出 ValueError。

除了通过构造方法创建并初始化 date 类，还可以通过 date 类提供的一些类方法获得 date 类。

date.today( )：返回当前本地日期。

date.fromtimestamp（timestamp）：返回与 UNIX 时间戳对应的本地日期。

```
>>> import datetime
>>> datetime.date.today()
datetime.date(2019, 2, 18)
>>> datetime.date.fromtimestamp(999999999.999)
datetime.date(2001, 9, 9)
```

12.5.3　time 类

time 类表示时间信息，创建 time 类的构造方法如下：

```
datetime.time(hour=0, minute=0, second=0, microsecond=0, tzinfo=None)
```

其中，除了 tzinfo，其他参数都是可选的，参数应为合理范围内的整数。如果参数的取值超出合理范围，就会抛出 ValueError。

12.5.4　timedelta 类

如果想知道 10 天之后是哪一天，或想知道 2018 年 1 月 1 日的前 5 周是哪一天，就需要使用 timedelta 类了。timedelta 类用于计算 datetime、date 和 time 类的时间间隔。timedelta 类的构造方法如下：

```
    datetime.timedelta(days=0, seconds=0, microseconds=0, milliseconds=0,
minutes=0, hours=0, weeks=0)
```

其中，所有参数都是可选的，它们可以为整数或浮点数，也可以为正数或负数。在 timedelta 内部只保存 days（天）、seconds（秒）和 microseconds（微秒）变量，所以其他参数 milliseconds（毫秒）、minutes（分钟）、hours（小时）和 weeks（周）都应换算为 days、seconds 和 microseconds 这三个参数。例如：

```
>>> import datetime
>>> dt = datetime.date.today()
>>> dt
datetime.date(2021, 6, 11)
>>> delta = datetime.timedelta(10)
>>> dt += delta
>>> dt
datetime.date(2021, 6, 21)
>>> dt -= delta
>>> dt
datetime.date(2021, 6, 11)
```

12.5.5 日期、时间的格式化和解析

无论日期还是时间，当显示在界面上时，都需要进行格式化输出，使它能够符合当地人查看日期和时间的习惯。与日期、时间的格式化输出相反的操作为日期、时间的解析。当用户使用应用程序界面输入日期时，计算机能够读入的是字符串，经过解析这些字符串获得日期、时间对象。

Python 中日期、时间格式化使用 strftime( ) 方法，datetime、date 和 time 三个类中都有这个方法；而日期、时间解析使用 strptime(date_string, format) 类方法，date 和 time 没有这个方法。方法 strftime( ) 和 strptime( ) 中都有一个格式化参数 format，用来控制日期、时间格式。表 12.2 所示为常用的日期和时间的格式控制符。

表 12.2　常用的日期和时间的格式控制符

指令	含义	示例
%Y	四位年份表示	2008、2018
%y	两位年份表示	08、18
%m	两位月份表示	01、02、12
%d	月内中的一天	1、2、3
%H	两位小时表示（24 小时制）	00、01、23
%I	两位小时表示（12 小时制）	01、02、12
%M	两位分钟表示	00、01、59
%S	两位秒表示	00、01、59
%f	用 6 位数表示微秒	000000, 000001, …, 999999
%p	AM 或 PM 区域性设置	AM 和 PM
%z	+HHMM 或 -HHMM 形式的 UTC 偏移	+0000、-0400、+1030。如果没有设置，则时区为空
%Z	时区名称	UTC、EST、CST。如果没有设置，则时区为空

说明：表 12.2 中的数字都是指十进制数字。控制符因不同平台有所区别，这是因为 Python 调用了本地平台 C 库的 strftime( ) 函数而进行了日期和时间的格式化，表 12.2 只列

出了常用的控制符。

例如：

```
>>> import datetime
>>> dt = datetime.datetime.today()
>>> dt.strftime('%Y-%m-%d %H:%M:%S')
'2021-02-18 12:40:50'
>>> str_date = '2021-06-11 10:40:26'
>>> dt = datetime.datetime.strptime(str_date, '%Y-%m-%d %H:%M:%S')
>>> dt
datetime.datetime(2021, 6, 11, 10, 40, 26)
```

12.5.6　timezone 类

datetime 和 time 类的对象只是单纯地表示本地的日期和时间，没有时区信息。如果想带有时区信息，则可以使用 timezone 类的对象，timezone 类是 tzinfo 的子类，可以实现 UTC 偏移时区。timezone 类的构造方法如下：

```
datetime.timezone(offset, name=None)
```

其中，offset 是 UTC 偏移量，+8 是东八区，北京在此时区；-5 是西五区，纽约在此时区；0 是零时区，伦敦在此时区。name 参数是时区名字，如 Asia/Beijing，可以省略。例如：

```
>>> utc_dt = datetime(2021, 6, 11, 23, 59, 59, tzinfo=timezone.utc)
>>> utc_dt
datetime.datetime(2021, 6, 11, 23, 59, 59, tzinfo=datetime.timezone.utc)
>>> utc_dt.strftime('%Y-%m-%d %H:%M:%S %Z')
'2021-06-11 23:59:59 UTC'
>>> utc_dt.strftime('%Y-%m-%d %H:%M:%S %z')
'2021-06-11 23:59:59 +0000'
>>> tz = timezone(offset=timedelta(hours=8), name='Asia/Beijing')
>>> tz
datetime.timezone(datetime.timedelta(seconds=28800), 'Asia/Beijing')
>>> dt = utc_dt.astimezone(tz)
>>> dt.strftime('%Y-%m-%d %H:%M:%S %Z')
'2021-06-12 07:59:59 Asia/Beijing'
```

12.6　logging模块

在程序开发过程中有时需要输出一些调试信息，在程序发布后有时需要一些程序的运行信息，在程序发生错误时需要输出一些错误信息，这些可以通过在程序中加入日志输出实现。

如果想满足复杂的日志输出需求，则可以使用 logging 模块，它是 Python 的内置模块。

12.6.1　日志级别

logging 模块提供五种常用的日志级别，如表 12.3 所示。这五种级别从上至下，由低到高。如果设置了 DEBUG 级别，则 debug( ) 函数和其他级别的函数的日志信息都会输出；如果设置了 ERROR 级别，则 error( ) 函数和 critical( ) 函数的日志信息会输出。

表 12.3　常用的日志级别

日志级别	日志函数	说明
DEBUG	debug( )	最详细的日志信息，主要用于输出调试信息
INFO	info( )	输出一些关键节点的日志信息，用于确定程序的流程
WARNING	warning( )	一些不期望的事情发生时输出的日志信息（如磁盘可用空间较低），但是此时程序还是正常运行的
ERROR	error( )	由于一个很严重的问题导致某些功能不能正常运行时的日志信息
CRITICAL	critical( )	发生严重错误，导致应用程序不能继续运行时的日志信息

【例 12.4】日志示例。

```
import logging

logging.basicConfig(level=logging.ERROR)

logging.debug('DEBUG级别信息 ')
logging.info('INFO级别信息 ')
logging.warning('WARNING级别信息 ')
logging.error('ERROR级别信息 ')
logging.critical('CRITICAL级别信息 ')
```

运行结果为：

```
ERROR:root:ERROR级别信息
CRITICAL:root:CRITICAL级别信息
```

在输出的日志信息中有 root 关键字，这说明进行日志输出的对象是 root 日志器（logger），也可以使用 getLogger( ) 函数创建自己的日志器对象，代码如下：

```
logger = logging.getLogger(__name__)
```

getLogger( ) 函数的参数是一个字符串，本例中 __name__ 是当前模块名。

12.6.2　日志信息格式化

可以根据自己的需要设置日志信息的格式。常用的日志信息格式化参数如表 12.4 所示。

表 12.4　常用的日志信息格式化参数

日志信息格式化参数	说明
%(name)s	日志域名
%(asctime)s	输出日志时间
%(filename)s	包括路径的文件名
%(funcName)s	函数名
%(levelname)s	日志等级
%(processName)s	进程名
%(threadName)s	线程名
%(message)s	输出的信息

12.6.3 日志重定位

日志信息默认是输出到控制台的，也可以将日志信息输出到日志文件中，甚至可以输出到网络中的其他计算机中。

【例 12.5】将日志信息输出到日志文件中。

```
def funlog():
    logger.info('进入 funlog 函数')

import logging

logger = logging.getLogger(__name__)
logger.setLevel(logging.INFO)

fh = logging.FileHandler('test.log', encoding='utf-8')
logger.addHandler(fh)
formatter = logging.Formatter(
    '%(asctime)s - %(threadName)s - '
    '%(funcName)s - %(levelname)s - %(message)s')
fh.setFormatter(formatter)

logger.debug('DEBUG 级别信息')
logger.info('INFO 级别信息')
logger.warning('WARNING 级别信息')
logger.error('ERROR 级别信息')
logger.critical('CRITICAL 级别信息')

logger.info('调用 funlog 函数')
funlog()
```

日志信息不会在控制台输出，而是写入当前目录的 test.log 文件。默认情况下，日志信息是不断追加到文件的尾部的。

12.7 bisect模块

Python 内置的 bisect 模块实现了二分查找及对有序列表的插入操作。bisect.bisect( ) 函数查找新元素在有序列表中的插入位置，bisect.insort( ) 函数将新元素插入到有序列表中。例如：

```
import bisect
scores = [(100, 'perl'), (200, 'tcl'), (400, 'lua'), (500, 'python')]
print(bisect.bisect(scores, (300, 'ruby')))
bisect.insort(scores, (300, 'ruby'))
print(scores)
```

运行结果为：

```
2
[(100, 'perl'), (200, 'tcl'), (300, 'ruby'), (400, 'lua'), (500, 'python')]
```

12.8 小结

本章介绍了 random 模块、time 模块、datetime 模块和 logging 模块。读者需要了解 random 模块中的 random( )、randrange( ) 和 randint( ) 函数；datetime 模块中的 datetime、date、time、timedelta 和 timezone 类。

第13章 数据库编程

数据必须以某种方式存储起来才有价值，数据库实际上是一组相关数据的集合。例如，某个医疗机构中所有信息的集合就是一个“医疗机构数据库”，这个数据库中的所有数据都与医疗机构相关。

数据库编程的相关技术有很多，涉及具体的数据库管理，还要掌握 SQL 语句，最后才能编写程序访问数据库。本章重点介绍 MySQL 数据库，以及 Python 数据库编程。

13.1 数据持久化

将数据保存到存储介质中，需要的时候再找出来，并能够对数据进行修改，就属于数据持久化。Python 中数据持久化方式有很多，这里主要介绍把数据保存到文本文件和数据库中这两种方式。

13.1.1 文本文件

通常，我们可以通过 Python 文件操作和管理技术将数据保存到文本文件中，然后进行读写操作，这些文件一般是结构化的文档，如 CSV、XML、JSON 等文件。结构化文档是指在文件内部采取某种方式将数据组织起来的文件。

13.1.2 数据库

将数据保存在数据库中是不错的选择，数据库的后面是一个数据库管理系统，它支持事务处理、并发访问、高级查询和 SQL 语言等。

Python 中将数据保存到数据库中的技术有很多，但主要分为两类：Python DB-API 规范（Python Database API Specification）和对象关系映射（Object-Relational Mapping，ORM）。Python DB-API 规范通过在 Python 中编写 SQL 语句访问数据库。对象关系映射是面向对象的，对数据的访问是通过对象来实现的，程序员不需要使用 SQL 语句。本章主要讲解 Python DB-API 规范。

13.2 Python DB-API规范

Python DB-API 规范涉及三种不同的角色：Python 官方、数据库厂商和开发人员。Python 官方制定 Python DB-API 规范。数据库厂商根据 Python DB-API 规范提供具体的实现类。对于开发人员而言，Python DB-API 规范提供了一致的 API 接口，开发人员不用关心实现接口的细节。

Python DB-API 规范一定会依托某个数据库管理系统（Database Management System, DBMS），DBMS 负责对数据的管理、维护和使用。现在主流的 DBMS 有 Oracle、SQL Server、DB2、MySQL 和 SQLite 等。

Python 内置模块提供了对 SQLite 数据库访问的支持，SQLite 主要是为嵌入式系统设计的，也可以应用于桌面和 Web 系统开发，但是它的数据承载能力和并发访问处理性能比较差。

MySQL 是流行的开放源码的 DBMS，在 Python 2.X 中操作 MySQL 数据库可以通过 Python 中的 MySQLdb 模块实现。由于目前 Python 3.7 不支持 MySQLdb 模块，所以我们使用 pymysql 模块。

13.2.1 建立数据库连接

数据库访问的第一步是进行数据库连接，建立数据库连接可以通过 connect(parameters) 函数实现。该函数根据 parameters 参数连接数据库，如果连接成功，则返回 Connection 对象。使用 pymysql 库连接数据库的示例代码如下：

```
import pymysql

# 连接数据库
conn = pymysql.connect(
    host='localhost',
    port=3306,
    user='root',
    password='1234',
    database='mydatabase',
    charset='utf8')
```

其中，pymysql.connect( ) 函数中常用的连接参数有以下几种：

host：数据库主机名或 IP 地址。

port：连接数据库端口号。

user：访问数据库账号。

password 或 passwd：访问数据库密码。

database 或 db：数据库中的库名。

charset：数据库编码格式。

Connection 对象有一些重要的方法，这些方法如下：

close( )：关闭数据库连接，关闭之后再使用数据库连接将引发异常。

commit( )：提交数据库事务。

rollback( )：回滚数据库事务。

cursor( )：获得 Cursor 游标对象。

数据库事务通常包含了多个对数据库的读 / 写操作，这些操作是有序的。如果事务被提交给了 DBMS，那么 DBMS 需要确保该事务中的所有操作都成功完成，结果将被永久保存在数据库中。如果事务中有的操作没有成功完成，那么事务中的所有操作都需要被回滚，回到事务执行前的状态。同时，该事务对数据库或者其他事务的执行无影响，所有的事务都看似在独立地运行。

13.2.2 创建 Cursor 游标对象

一个Cursor游标对象表示一个数据库游标,游标暂时保存了SQL操作所影响到的数据。在 DBMS 中，游标非常重要，游标是通过数据库连接创建的，相同数据库连接创建的游标所引起的数据变化，会马上反映到同一连接中的其他游标对象中。但是不同数据库连接中的游标，是否能及时反映出来，则与 DBMS 有关。

Cursor 游标对象有很多方法，其中基本的 SQL 操作方法有以下几种。

（1）execute(operation[, parameters])：执行一条 SQL 语句。operation 是 SQL 语句，parameters 是为 SQL 提供的参数，可以是序列或字典类型。如果返回值是整数，则表示执行 SQL 语句影响的行数。

（2）executemany(operation[, seq_of_params])：批量执行 SQL 语句。operation 是 SQL 语句，seq_of_params 是为 SQL 提供的参数，表示序列。如果返回值是整数，则表示执行 SQL 语句影响的行数。

（3）callproc(procname[, parameters])：执行存储过程。procname 是存储过程名，parameters 是为存储过程提供的参数。

执行 SQL 查询语句是通过 execute( ) 方法或 executemany( ) 方法实现的，但是这两个方法返回的都是整数，对于查询并没有意义。因此使用 execute( ) 方法或 executemany( ) 方法执行查询后，还要通过提取方法提取结果，相关提取方法如下：

（1）fetchone( )：从结果集中返回一条记录的序列。如果没有数据，则返回 None。

（2）fetchmany([size=cursor.arraysize])：从结果集中返回小于或等于 size 记录的序列，size 默认情况下是整个游标的行数。如果没有数据，则返回空序列。

（3）fetchall( )：从结果集中返回所有数据。

13.3 MySQL数据库

对数据库表中数据可以进行四类操作：数据插入、数据删除、数据更新、数据查询。

图 13.1 是数据库编程的一般过程，其中查询过程和修改（插入、删除、更新）过程都是最多需要 6 个步骤。查询过程中需要提取数据结果集，这是修改过程中没有的步骤。在修改过程中，如果 SQL 操作成功，就提交数据库事务；如果失败，则回滚数据库事务。最后不要忘记释放资源，即关闭游标和数据库。

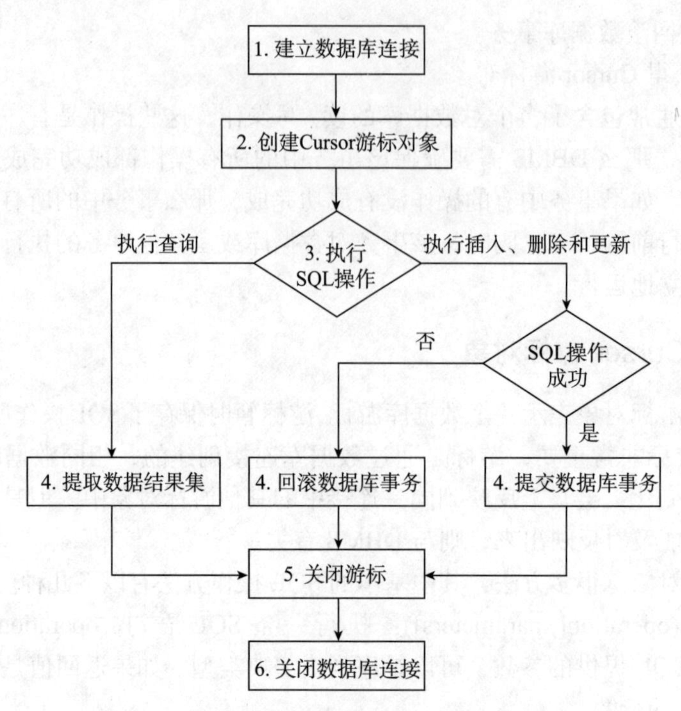

图 13.1　数据库编程的一般过程

13.3.1　创建数据库和数据库表

1. 创建数据库

```
import pymysql

# 连接数据库
conn = pymysql.connect(
    host='127.0.0.1',
    port=3306,
    user='root',
    password='1234',
    charset='utf8'
)

# 拿到游标
cursor = conn.cursor()

cursor.execute('create database if not exists mydatabase')  # 创建数据库

cursor.close()
conn.close()
```

2. 创建数据库表

```
import pymysql
```

```
# 连接数据库
conn = pymysql.connect(
    host='127.0.0.1',
    port=3306,
    user='root',
    password='1234',
    database='mydatabase',
    charset='utf8'
)

# 拿到游标
cursor = conn.cursor()
cursor.execute('''create table if not exists student (
number varchar(20) primary key,
name varchar(50) not null,
sex varchar(2) check (sex in('M', 'F')),
math double(4,1),
english double(4,1),
computer double(4,1)
    ''')

cursor.close()
conn.close()
```

从程序中可以看到，此时已经有了数据库 mydatabase，在该数据库下还创建了一个名为 student 的表，此表有 6 个字段。

请注意，一般来说，数据库和数据库表会提前创建好，而不用通过这种方式创建。

13.3.2 插入数据

```
import pymysql

# 1. 建立数据库连接
conn = pymysql.connect(
    host='127.0.0.1',
    port=3306,
    user='root',
    password='1234',
    database='mydatabase',
    charset='utf8'
)

try:
    # 2. 创建 Cursor 游标对象
    with conn.cursor() as cursor:
        # 3. 执行 SQL 操作：插入多条语句
            sql = 'insert into student(number, name, sex, math, english, 
computer) ' \
```

```
            'values (%s, %s, %s, %s, %s, %s)'
        data = [
            ('1501', '炎黄', 'M', 78.5, 70.0, 100.0),
            ('1505', '吕萌萌', 'M', 100.0, 90.0, 95.0),
            ('1509', '石耀举', 'F', 60.5, 90.0, 70.0)
        ]
        cursor.executemany(sql, data)

        # 3. 执行SQL操作：插入单条数据
        data = ('1521', '王维', 'F', 68.4, 73.0, 55.0)
        cursor.execute(sql, data)  # 参数放在列表中，或放在元组中

        # 4. 提交数据库事务
        conn.commit()

        # with代码块结束  5. 关闭游标
except pymysql.DatabaseError:
    # 4. 回滚数据库事务
    conn.rollback()
finally:
    # 6. 关闭数据库连接
    conn.close()
```

如果SQL执行成功，则提交数据库事务，否则回滚数据库事务。

指定编码格式为utf-8，MySQL数据库默认安装以及默认创建的数据库都是utf-8编码。

conn.cursor( )是创建游标对象，并且使用了with代码块自动管理Cursor游标对象，因此虽然在整个程序代码中没有关闭游标的close( )语句，但是with代码块结束时就会关闭Cursor游标对象。

为什么数据库连接不使用类似于游标的with代码块管理呢？这是因为，如果数据库连接出现异常，则程序再往后执行数据库操作已经没有意义了，因此数据库连接不需要使用with代码块管理。

13.3.3 删除数据

```
import pymysql

# 1. 建立数据库连接
conn = pymysql.connect(
    host='127.0.0.1',
    port=3306,
    user='root',
    password='1234',
    database='mydatabase',
    charset='utf8'
)
```

```
try:
    # 2. 创建 Cursor 游标对象
    with conn.cursor() as cursor:
        # 3. 执行 SQL 操作
        sql = 'delete from student where number=%s'
        cursor.execute(sql, '1502')
        cursor.executemany(sql, ('1505', '1507', '1514'))

        # 4. 提交数据库事务
        conn.commit()

        # with 代码块结束  5. 关闭游标
except pymysql.DatabaseError:
    # 4. 回滚数据库事务
    conn.rollback()
finally:
    # 6. 关闭数据库连接
    conn.close()
```

13.3.4　更新数据

```
import pymysql

# 1. 建立数据库连接
conn = pymysql.connect(
    host='127.0.0.1',
    port=3306,
    user='root',
    password='1234',
    database='mydatabase',
    charset='utf8'
)

try:
    #2. 创建 Cursor 游标对象
    with conn.cursor() as cursor:
        # 3. 执行 SQL 操作
        sql = 'update student set name=%s where number > %s'
        cursor.execute(sql, ('水份', '1510'))

        # 4. 提交数据库事务
        conn.commit()

        # with 代码块结束  5. 关闭游标
except pymysql.DatabaseError:
    # 4. 回滚数据库事务
    conn.rollback()
```

```
finally:
    # 6. 关闭数据库连接
    conn.close()
```

13.3.5 查找数据

```
import pymysql

# 1.建立数据库连接
conn = pymysql.connect(
    host='127.0.0.1',
    port=3306,
    user='root',
    password='1234',
    database='mydatabase',
    charset='utf8'
)

try:
    # 2.创建Cursor游标对象
    with conn.cursor() as cursor:
        # 3.执行SQL操作
        sql = 'select * from student'
        cursor.execute(sql)

        # 4.提取数据结果集
        # 提取所有数据，返回结果默认是元组形式，所以可以进行迭代处理
        # result_list = cursor.fetchall()
        # for row in result_list:
        #     print(row)
        # print('共查询到：', cursor.rowcount, '条数据。')

        # 4.提取数据结果集：获取第一行数据
        result1 = cursor.fetchone()
        print(result1)

        # 4.提取数据结果集：获取前n行数据
        result2 = cursor.fetchmany(2)
        print(result2)

        # with代码块结束  5.关闭游标
finally:
    # 6.关闭数据库连接
    conn.close()
```

cursor就是一个Cursor游标对象，这个cursor是一个实现了迭代器和生成器的对象，这个时候cursor中还没有数据，只有等到执行fetchone( )或fetchall( )操作的时候，才返回一个元组tuple，才支持len( )和index( )操作，这也是它成为迭代器的原因。但为什么

又说它是生成器呢？因为cursor只能用一次，即每用完一次之后记录其位置，等到下次再取的时候，是从游标处再取而不是从头再来，而且取完所有的数据之后，这个cursor将不再有使用价值，即不能再取到数据。

13.4 数据库配置文件

在Windows平台经常使用一种ini文件（Initialization File），它是Windows系统配置文件所采用的存储格式。虽然ini文件是Windows系统配置的，但它也可以应用于其他平台作为数据交换格式。

如果只是为Python程序提供配置信息，那么可以使用一个Python源程序文件作为配置文件。因为Python是解释性语言，所以可以直接读取源文件内容。如果是为了数据交换或保存数据，则ini配置文件是很方便的。

配置文件采用键-值对数据结构，它包括节、配置项和注释。节中包括若干配置项，配置项由键-值对构成。在默认情况下，键和值由等号进行分隔。注释使用分号“;”，注释要独占一行。

Python标准库中提供了对配置文件读写的模块configparser。configparser模块提供了一个配置解析器类ConfigParser，通过ConfigParser的相关方法可以实现对配置文件的读写操作。例如：

```
; 配置文件 config.ini
; 数据库设置
[db]
host = 127.0.0.1
port = 3306
user = root
password = 1234
database = mydatabase
charset = utf8


import pymysql
import configparser

config = configparser.ConfigParser()
config.read('config.ini', encoding='utf-8')

host = config['db']['host']
port = config.getint('db', 'port')
user = config['db']['user']
password = config['db']['password']
database = config['db']['database']
charset = config['db']['charset']

# 建立数据库连接
```

```
conn = pymysql.connect(
    host=host,
    port=port,
    user=user,
    password=password,
    database=database,
    charset=charset
)
```

通过配置解析器对象的 read( ) 方法读取并解析配置 config.ini，encoding='utf-8' 是指定读取文件字符集为 utf-8。

注意： 如果文件中有中文（包括注释），则必须指定正确的字符集，否则会有解析错误。

get( ) 方法读取数据，它的返回值是字符串；getint( ) 方法读取数据，它的返回值是整型。类似的还有 getfloat( ) 和 getboolean( ) 方法，它们分别返回浮点型和布尔型数据。

13.5 小结

本章首先介绍了 MySQL 数据库的常用管理命令，然后重点讲解了 Python DB-API 规范，读者需要熟悉如何建立数据库连接、创建 Cursor 游标对象，以及对数据库中的数据进行插入、删除、更新和查询操作。

第14章 网络编程

现在的应用程序都离不开网络，网络编程是非常重要的技术。Python 提供了两种网络编程 API：基于 Socket 的网络编程，如 Socket 采用 TCP、UDP 等协议；基于 URL 的网络编程，如 URL 采用 HTPP、HTTPS 等协议。

14.1 网络基础

14.1.1 网络结构

网络结构是网络的构建方式，目前流行的有客户端－服务器结构网络和对等结构网络。

1. 客户端 - 服务器结构网络

客户端 - 服务器（Client/Server，C/S）结构网络是一种主从结构网络。服务器一般处于等待状态，如果有客户端请求，服务器就响应请求，建立连接并提供服务。服务器是被动的，客户端是主动的。

事实上，生活中很多网络服务都采用这种结构，如 Web 服务、文件传输服务和邮件服务等。虽然它们存在的目的不一样，但基本结构是一样的。这种网络结构与设备类型无关，服务器不一定是电脑，也可能是手机等移动设备。

2. 对等结构网络

对等结构网络也叫点对点网络（Peer to Peer，P2P），每个节点都是对等的，每个节点既是服务器又是客户端。

对等结构网络分布范围比较小，通常在一间办公室或一个家庭内，因此它非常适合移动设备间的网络通信。

14.1.2 TCP/IP 协议

网络通信会用到协议，其中 TCP/IP 协议是非常重要的协议。TCP/IP 协议是由 TCP（Transmission Control Protocol, 传输控制协议）和 IP（Internet Protocol，互联网协议）两个协议构成的。

IP 是一种低级的路由协议，它将数据拆分在许多小的数据包中，并通过网络将它们发送到某一特定地址，但无法保证所有包都能抵达目的地，也不能保证包的顺序。

由于IP传输数据的不安全性，网络通信时还需要TCP。TCP是面向连接的可靠数据传输协议，如果有些数据包没有收到，就会重发，并对数据包内容的准确性进行检查以保证数据包的顺序。因此，该协议保证数据包能够安全地按照发送时的顺序送达目的地。

14.1.3 IP地址

为了实现网络中不同计算机之间的通信，每台计算机都必须有一个与众不同的标识，这就是IP地址，TCP/IP协议使用IP地址来标识源地址和目的地址。

最初所有的IP地址都是32位的，由4个8位的二进制数组成，每8位二进数之间用圆点隔开，如192.168.1.1，这种类型的地址通过IPv4指定。

现在有一种地址模式称为IPv6，IPv6使用128位数表示一个地址，是IPv4地址长度的4倍。于是，点分十进制格式不再适用IPv6，它采用十六进制表示。

尽管IPv6比IPv4有很多优势，但是由于习惯的问题，很多设备还是采用IPv4。不过Python语言同时支持IPv4和IPv6。

有一个特殊的IP地址127.0.0.1，称为回送地址，指的是本机。127.0.0.1主要用于网络软件测试以及本地机进程间通信，使用回送地址发送数据，不进行任何网络传输，只在本机进程间通信。

14.1.4 端口

一个IP地址标识一台计算机，每台计算机又有很多网络通信程序在运行，这就需要用不同的端口进行通信。因此进行网络通信时不仅要指定IP地址，还要指定端口。

端口是通过端口号来标记的，端口号是一个16位数，它的范围是0～65 535。小于1024的端口号保留给预定义的服务，如HTTP是80，FTP是21，Telnet是23，Email是25等，除非要和这些服务进行通信，否则不应该使用数值端口号小于1024的端口。

14.1.5 TCP和UDP

网络编程中一个重要的概念是Socket，通常我们用一个Socket来表示一个网络连接。网络连接又分为TCP连接和UDP（User Datagram Protocol，用户数据报协议）连接。TCP连接是可靠的网络连接，通信双方均可以以流的方式发送数据，并且发送方要保证接收方接收到数据。UDP连接是无状态通信，无须建立连接，并且发送方不保证接收方能够接收到数据。

一个Socket由一个IP地址和一个端口号唯一确定。

14.2 TCP Socket的网络编程

在创建TCP连接时，主动发起连接的叫作客户端，被动响应连接的叫作服务器。当我们使用手机在谷歌上搜索数据时，谷歌的角色就是服务器，我们的手机就是客户端。

14.2.1　TCP Socket 通信过程

使用 TCP Socket 进行 C/S 结构编程，其通信过程如图 14.1 所示。

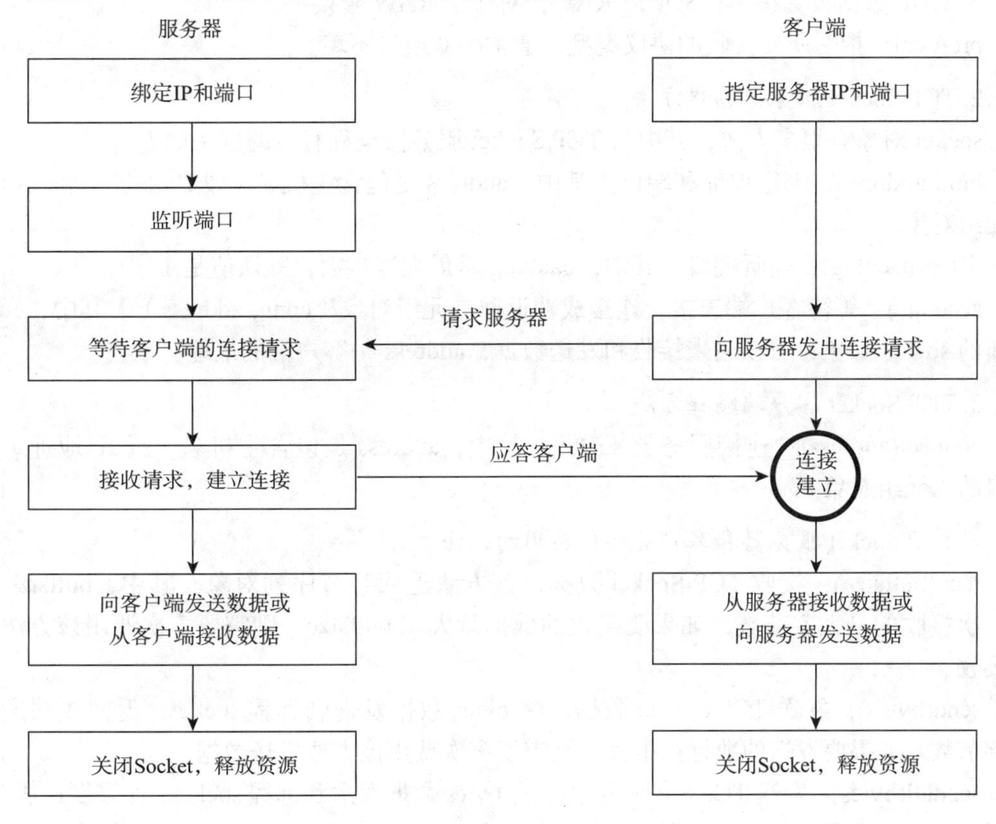

图 14.1　TCP Socket 的通信过程

由图 14.1 可知，服务器首先绑定本机的 IP 地址和端口。如果端口已经被其他程序占用，则抛出异常。如果服务器绑定成功，则监听该端口。服务器端调用 socket.appect( ) 方法阻塞程序，等待客户端的连接请求。

当客户端向服务器发出连接请求时，服务器接收到客户端的请求并与其建立连接。一旦建立了连接，服务器与客户端就可以通过 Socket 进行双向通信，最后关闭 Socket，释放资源。

14.2.2　TCP Socket API

Python 提供了两个 socket 模块：socket 和 socketserver。socket 模块提供了标准的 BSD Socket API；socketserver 重点是网络服务器开发，它提供了四个基本服务器类，可以简化服务器开发。

1. 创建 TCP Socket

socket 模块提供了一个 socket( ) 函数，它可以创建多种形式的 socket 对象，语法如下：

```
socket(family,type[,protocol])
```

其中，family：地址系列。默认为 AF_INET（2，socket 模块中的常量），对应于

IPv4；AF_UNIX，对应于 UNIX 的进程间通信；AF_INET6，对应于 IPv6。

type：socket 类型。默认为 SOCK_STREAM，对应于 TCP 流套接字；SOCK_DGRAM，对应于 UDP 数据报套接字；SOCK_RAW，对应于 RAW 套接字。

protocol：指明所要接收的协议类型，通常为 0 或者不填。

2. TCP Socket 服务器编程方法

socket 对象有很多方法，其中与 TCP Socket 服务器编程有关的方法如下：

bind(address)：绑定地址和端口。其中，address 是包含主机名（或 IP 地址）和端口的二元组对象。

listen(backlog)：监听端口。其中，backlog 是最大连接数，默认值是 1。

accept( )：等待客户端连接，连接成功返回二元组对象（conn, address）。其中，conn 是新的 socket 对象，可以用来接收和发送数据，address 是客户端的地址。

3. TCP Socket 客户端编程方法

connect(address)：连接服务器 socket。其中，address 是包含主机名（或 IP 地址）和端口的二元组对象。

4. TCP Socket 服务器和客户端编程共用的方法

recv(buffsize)：接收 TCP Socket 数据，该方法返回字节序列对象。其中，buffsize 指定一次接收的最大字节数，如果要接收的数据量大于 buffsize，则需要多次调用该方法进行接收。

send(bytes)：发送 TCP Socket 数据，将 bytes 数据发送到远程 socket，返回成功发送的字节数。如果要发送的数据量很大，则需要多次调用该方法发送数据。

sendall(bytes)：发送 TCP Socket 数据，将 bytes 数据发送到远程 socket，如果发送成功，则返回 None；如果发送失败，则抛出异常。与 send(bytes) 不同的是，该方法连续发送数据，直到发送完所有的数据或发生异常为止。

settimeout(timeout)：设置 socket 的超时时间。其中，timeout 是一个浮点数，单位是秒。如果 timeout 的值为 None，则表示永远不会超时。一般超时时间应在刚创建 socket 时设置。

close( )：关闭 socket。该方法虽然可以释放资源，但不一定立即关闭连接。如果要及时关闭连接，则需要在调用该方法之前调用 shutdown( ) 方法。

请注意，Python 中的 socket 对象是可以被垃圾回收的。当 socket 对象被垃圾回收时，socket 对象会自动关闭，但建议显式地调用 close( ) 方法关闭 socket 对象。

TCP Socket 编程比较复杂，我们先从简单的聊天案例介绍 TCP Socket 编程的基本流程。

【例 14.1】 简单聊天。实现从客户端发送字符串给服务器，然后服务器再返回一个字符串给客户端。

服务器的代码如下：

```
import socket

s = socket.socket(socket.AF_INET, socket.SOCK_STREAM)
s.bind(('', 8888))  # s.bind(('127.0.0.1', 8888)) 或 s.bind(('localhost', 8888))
s.listen(5)
print('服务器启动 ...')
```

```
# 等待客户端连接
conn, address = s.accept()
# 客户端连接成功
print(address)

# 从客户端接收数据
data = conn.recv(1024)
print('从客户端接收消息：{}'.format(data.decode()))

# 给客户端发送数据
conn.send('你好！ '.encode())

# 释放资源
conn.close()
s.close()
```

在服务器的代码中，s.bind((' ', 8888))，表示绑定本机IP地址和端口号。其中，IP地址为空字符串，系统会自动为其分配本机IP地址，8888是绑定的端口号。

语句conn, address = s.accept( )为阻塞程序，等待客户端连接，返回一个二元组。其中，conn是一个新的socket对象，address是当前连接的客户端地址。

使用recv( )方法接收数据，参数1024是设置一次接收的最大字节数，返回值data是字节序列对象。decode( )方法可以把字节序列转换为字符串，它可以指定字符集，默认字符集是utf-8。

在使用send( )方法发送数据时，参数是字节序列对象。如果发送字符串，则需要转换为字节序列，使用字符串的encode( )方法进行转换。encode( )方法也可以指定字符集，默认字符集是utf-8。

客户端的代码如下：

```
import socket

s = socket.socket(socket.AF_INET, socket.SOCK_STREAM)
# 连接服务器
s.connect(('127.0.0.1', 8888))

# 给服务器发送数据
s.send(b'Hello')
# 从服务器接收数据
data = s.recv(1024)
print('从服务器接收消息：{}'.format(data.decode()))

# 释放资源
s.close()
```

在字符串前面加字母b可以将字符转换为字节序列，如b'Hello'是将Hello转换为字节序列对象。但是这种方法只适合ASCII码字符串，非ASCII码字符串会引发异常。

在客户端代码中，s.connect((‘127.0.0.1’, 8888)) 中的 (‘127.0.0.1’, 8888) 是二元组，‘127.0.0.1’是远程服务器的 IP 地址，8888 是远程服务器的端口号。

测试运行时首先运行服务器，然后再运行客户端。

【例 14.2】简单聊天，重复发送和接收多次信息。实现从客户端发送字符串给服务器，然后服务器再返回一个字符串给客户端。

服务器的代码如下：

```
import socket

with socket.socket(socket.AF_INET, socket.SOCK_STREAM) as s:
    s.bind(('', 8888))
    s.listen(5)
    print('服务器启动 ...')

    # 等待客户端连接
    with s.accept()[0] as conn:
        while True:
            # 从客户端接收数据
            data = conn.recv(1024)
            if data:
                print('从客户端接收消息：{}'.format(data.decode()))

                # 给客户端发送数据
                conn.send(data.upper())
            else:
                break
```

上述代码创建了 socket 对象，使用 with 代码块自动管理 socket 对象。需要注意的是，with 不能管理多个变量，accept( ) 方法返回元组，s.accept( )[0] 只是取出 conn 变量，它是一个 socket 对象。

客户端的代码如下：

```
import socket

with socket.socket(socket.AF_INET, socket.SOCK_STREAM) as s:
    # 连接服务器
    s.connect(('127.0.0.1', 8888))
    while True:
        msg = input(">>:").strip()
        if msg:
            # 给服务器发送数据
            s.send(msg.encode())

            # 从服务器接收数据
            data = s.recv(1024)
            print('从服务器接收消息：{}'.format(data.decode()))
        else:
            break
```

【例 14.3】实现文件上传功能。客户端读取本地文件，然后通过 Socket 通信发送给服务器，服务器接收数据并保存到本地。

服务器的代码如下：

```
import socket

with socket.socket(socket.AF_INET, socket.SOCK_STREAM) as s:
    s.bind(('', 8880))
    s.listen(5)
    print('服务器启动...')

    with s.accept()[0] as conn:
        # 创建字节序列对象列表，作为接收数据的缓冲区
        buffer = []
        while True:  # 反复接收数据
            data = conn.recv(1024)
            if data:  # 接收的数据添加到缓冲区
                buffer.append(data)
            else:
                break
        # 将字节序列对象列表合并为一个字节序列对象
        b = bytes().join(buffer)
        with open('bird2.gif', 'wb') as f:
            f.write(b)
        print('服务器接收完成.')
```

由于一次从客户端接收的数据只是一部分，故需要将接收的字节数据收集到 buffer 列表中。

在服务器代码中，bytes( ) 是创建一个空的字节序列对象，字节序列对象 join(buffer) 方法可以将 buffer 连接起来。

客户端的代码如下：

```
import socket

with socket.socket(socket.AF_INET, socket.SOCK_STREAM) as s:
    s.connect(('127.0.0.1', 8880))
    with open('bird.gif', 'rb') as f:
        while True:
            data = f.read(1024)
            if data:
                s.send(data)
            else:
                break
        print('客户端上传数据完成.')
```

注意，发送数据可以使用 socket 对象的 send( ) 方法分多次发送，也可以使用 socket 对象的 sendall( ) 方法一次性发送。

14.3 UDP Socket的网络编程

UDP 是无连接的协议，对系统资源的要求较少。UDP 可能丢包，不保证数据顺序。但是对于网络游戏和在线视频等要求传输快、实时性高、质量可稍差一点的数据传输，UDP 还是非常不错的。

UDP Socket 网络编程比 TCP Socket 网络编程简单得多，UDP 是无连接的协议，不需要像 TCP 一样监听端口，建立连接，然后才能进行通信。

在 socket 模块中，UDP Socket 编程 API 与 TCP Socket 编程 API 是类似的，都是使用 socket 对象，只是有些参数不同。

1. UDP Socket 服务器编程方法

socket 对象中与 UDP Socket 服务器编程有关的方法是 bind( )，注意不需要 listen( ) 和 accept( )，这是因为 UDP 通信不需要像 TCP 一样监听端口，建立连接。

2. UDP Socket 服务器和客户端编程共用的方法

socket 对象中有一些是服务器和客户端编程共用的方法，这些方法如下：

recvfrom(buffsize)：接收 UDP Socket 数据，该方法返回二元组对象 (data, address)。其中，data 是接收的字节序列对象；address 是发送数据的远程 socket 地址。参数 buffsize 指定一次接收的最大字节数，如果要接收的数据量大于 buffsize，则需要多次调用该方法进行接收。

sendto(bytes, address)：发送 UDP Socket 数据，将 bytes 数据发送到地址为 address 的远程 socket，返回成功发送的字节数。如果要发送的数据量很大，则需要多次调用该方法发送数据。

与 TCP Socket 相比，UDP Socket 编程比较简单。为了比较，我们对前面的案例采用 UDP Socket 重构。

【例 14.4】采用 UDP Socket 编程方法来实现例 14.1。

服务器的代码如下：

```
import socket

s = socket.socket(socket.AF_INET, socket.SOCK_DGRAM)
s.bind(('', 8888))
print('服务器启动 ...')

# 从客户端接收数据
data, address = s.recvfrom(1024)
print('从客户端接收消息：{}'.format(data.decode()))

# 给客户端发送数据
s.sendto('你好！ '.encode(), address)

# 释放资源
s.close()
```

客户端的代码如下：

```
import socket

s = socket.socket(socket.AF_INET, socket.SOCK_DGRAM)
# 服务器地址
address = ('127.0.0.1', 8888)

# 给服务器发送数据
s.sendto(b'Hello', address)
# 从服务器接收数据
data, _ = s.recvfrom(1024)
print('从服务器接收消息：{}'.format(data.decode()))

# 释放资源
s.close()
```

【例 14.5】采用 UDP Socket 编程方法来实现例 14.2。

服务器的代码如下：

```
import socket

with socket.socket(socket.AF_INET, socket.SOCK_DGRAM) as s:
    s.bind(('', 8888))
    print('服务器启动 ...')

    while True:
        # 从客户端接收数据，address 是客户端地址
        data, address = s.recvfrom(1024)
        if data and data != b'bye':
            print('从客户端接收消息：{}'.format(data.decode()))

            # 给客户端发送数据
            s.sendto(data.upper(), address)
        else:
            break
```

客户端的代码如下：

```
import socket

with socket.socket(socket.AF_INET, socket.SOCK_DGRAM) as s:
    # 服务器地址
    address = ('127.0.0.1', 8888)

    while True:
        msg = input('>>:').strip()
        if msg:
            # 给服务器发送数据
            s.sendto(msg.encode(), address)
```

```
            # 从服务器接收数据
            data, _ = s.recvfrom(1024)
            print('从服务器接收消息：{}'.format(data.decode()))
        else:
            s.sendto(b'bye', address)
            break
```

【例 14.6】采用 UDP Socket 编程方法来实现例 14.3。

服务器的代码如下：

```
import socket

with socket.socket(socket.AF_INET, socket.SOCK_DGRAM) as s:
    s.bind(('127.0.0.1', 8888))
    print('服务器启动...')

    buffer = []
    while True:  # 反复接收数据
        data, _ = s.recvfrom(1024)
        if data and data != b'over':
            # 接收的数据添加到缓冲区
            buffer.append(data)
        else:
            break
    # 将接收到字节序列对象列表合并成为一个字节序列对象
    b = bytes().join(buffer)
    with open('bird2.gif', 'wb') as f:
        f.write(b)

    print('服务器接收完成.')
```

客户端的代码如下：

```
import socket

with socket.socket(socket.AF_INET, socket.SOCK_DGRAM) as s:
    # 服务器地址
    address = ('127.0.0.1', 8888)
    with open('bird1.gif', 'rb') as f:
        while True:
            data = f.read(1024)
            if data:
                # 发送数据
                s.sendto(data, address)
            else:  # 如果文件中没有可读取的数据，则退出
                # 发送结束标志
                s.sendto('over'.encode(), address)
                break
        print('客户端上传数据完成.')
```

14.4 小结

本章主要介绍了 Python 的网络编程，首先，介绍了一些网络方面的基本知识；其次，重点介绍了 TCP Socket 编程和 UDP Socket 编程。其中，TCP Socket 编程很具有代表性，是读者要重点掌握的。

第15章 多线程编程

多线程能够执行并发处理，即同时执行多个操作。例如，使用多线程可以同时监视用户输入，执行后台任务，以及处理并发输入流等。多线程编程可以编写并发访问程序。

15.1 基本概念

在 Windows 操作系统出现之前，个人计算机上的操作系统都是单任务系统，只有在大型计算机上才具有多任务和分时设计。随着 Windows、Linux 等操作系统的出现，原本只有大型计算机才具有的优点，出现在了个人计算机系统中。

15.1.1 进程

一般来说，在同一时间内可以执行多个程序的操作系统都有进程。一个进程就是一个执行中的程序，而每一个进程都有自己独立的内存空间和系统资源。在进程的概念中，每一个进程的内部数据和状态都是完全独立的。

在 Windows 操作系统中，一个进程就是一个 exe 程序或者 dll 程序，它们相互独立，相互之间也可以通信。

15.1.2 线程

线程与进程相似，是一段完成某个特定功能的代码，是程序中单个顺序控制的流程。但与进程不同的是，同类的多个线程共享内存空间和系统资源。因此系统在各个线程之间切换时，开销要比进程小得多。一个进程可以包含多个线程，线程被称为轻量级进程。

Python 程序至少有一个主线程。程序启动后由 Python 解释器负责创建主线程，程序结束时由 Python 解释器负责停止主线程。

15.2 创建线程

Python 中有两个模块可以进行多线程编程，即 _thread 和 threading。_thread 模块提供了多线程编程的低级 API，使用起来比较烦琐；threading 模块提供了多线程编程的高级 API，threading 是基于 _thread 封装的，使用起来比较简单。本章我们将重点介绍使用

threading 模块实现多线程编程。

创建一个可执行的线程需要线程对象和线程体这两个要素。线程对象是 threading 模块的 Thread 线程类所创建的对象。线程体是线程执行的函数，线程启动后会执行该函数，线程处理代码是在线程体中编写的。

Python 提供线程体主要有以下两种方式：

（1）自定义函数作为线程体。

（2）继承 Thread 类重写 run( ) 方法，run( ) 方法作为线程体。

15.2.1 自定义函数作为线程体

在创建线程 Thread 类的对象时，可以通过 Thread 构造方法将一个自定义函数传递给它，Thread 类的构造方法如下：

```
Thread(group=None, target=None, name=None, args=(), kwargs=None,
*, daemon=None)
```

其中，target 是线程体，自定义函数可以作为线程体；name 可以设置线程名，如果省略，则 Python 解释器会为其分配一个名字；args 和 kwargs 分别是传递给 target 的元组和字典。

【例 15.1】 直接使用 Thread 类的对象创建和启动新线程。

```
import time
import threading

# 线程体函数
def thread_body():
    t = threading.current_thread()  # 当前线程对象
    print('线程 {} 开始 '.format(t.name))
    for i in range(5):
        print('第 {} 次执行线程 {} '.format(i, t.name))
        time.sleep(1)  # 线程休眠
    print('线程 {} 结束 '.format(t.name))

t1 = threading.Thread(target=thread_body)
t1.start()
t2 = threading.Thread(target=thread_body, name='MyThread')
t2.start()
```

运行结果为：

```
线程 Thread-1 开始
第 0 次执行线程 Thread-1
线程 MyThread 开始
第 0 次执行线程 MyThread
第 1 次执行线程 MyThread
第 1 次执行线程 Thread-1
第 2 次执行线程 Thread-1
第 2 次执行线程 MyThread
第 3 次执行线程 Thread-1
第 3 次执行线程 MyThread
```

```
第 4 次执行线程 MyThread
第 4 次执行线程 Thread-1
线程 Thread-1 结束
线程 MyThread 结束
```

从例 15.1 的运行结果可以发现：两个线程是交错运行的，总体感觉就像是两个线程在同时运行。但是实际上一台个人计算机通常就只有一个 CPU，在某个时刻只能是一个线程在运行，而 Python 语言在设计时就充分考虑到线程的并发调度执行。对于程序员来说，在编程时要注意给每一个线程执行的时间和机会，这主要是通过让线程休眠的办法来让当前线程暂停执行，然后由其他线程来争夺执行的机会。如果上面的程序中没有调用 sleep( ) 函数进行休眠，则第一个线程执行完毕，第二个线程再执行。

15.2.2 继承 Thread 类实现线程体

另外一种实现线程体的方式是创建一个 Thread 子类，并重写 run( ) 方法，Python 解释器会调用 run( ) 方法执行线程体。

【例 15.2】使用 Thread 派生类的对象创建和启动新线程。

```python
import time
import threading

class MyThread(threading.Thread):
    def __init__(self, name=None):
        super().__init__(name=name)

    # 线程体方法
    def run(self):
        t = threading.current_thread()
        print('线程{}开始'.format(t.name))
        for i in range(5):
            print('第{}次执行线程{}'.format(i, t.name))
            time.sleep(1)
        print('线程{}结束'.format(t.name))

t1 = MyThread()
t1.start()
t2 = MyThread(name='MyThread')
t2.start()
```

15.3 线程管理

线程管理包括线程创建、线程启动、线程休眠、等待线程结束和线程停止等。

15.3.1 join( )

join( ) 阻塞调用线程。join( ) 方法的语法如下：

```
join(timeout=None)
```

其中，参数timeout是设置超时时间，单位是秒。如果没有设置timeout，则可以一直等待。

【例 15.3】 join( ) 阻塞调用线程示例。

```
import time
import threading

value = 0

def thread_body():
    global value
    t = threading.current_thread()
    print('线程{}开始'.format(t.name))
    for i in range(5):
        print('第{}次执行线程{}'.format(i, t.name))
        value += 1
        time.sleep(1)
    print('线程{}结束'.format(t.name))

def main():
    print('线程{}开始'.format(threading.current_thread().name))

    t = threading.Thread(target=thread_body, name='ThreadA')
    t.start()
    t.join()

    print('value={}'.format(value))
    print('线程{}结束'.format(threading.current_thread().name))

if __name__ == '__main__':
    main()
```

运行结果为：

```
线程MainThread开始
线程ThreadA开始
第0次执行线程ThreadA
第1次执行线程ThreadA
第2次执行线程ThreadA
第3次执行线程ThreadA
第4次执行线程ThreadA
线程ThreadA结束
value=5
线程ThreadA结束
```

在主线程中调用t线程的join( )方法，会导致主线程阻塞，等待t线程运行结束。我们可以试着把t.join( )语句注释掉，看看运行结果如何。

请注意，使用join( )方法的情况是：一个线程依赖于另外一个线程的运行结果，那么就调用另一个线程的join( )方法，等待它运行结束。

15.3.2 用户线程和守护线程

线程可分为用户线程和守护线程。

用户线程，是通常意义的线程，即非守护线程。只有当所有的非守护线程的用户线程（包括主线程）结束后，应用程序才终止。

守护线程的优先级是最低的，一般为其他的线程提供服务。通常，守护线程是一个无限循环。如果所有的非守护线程都结束了，则守护线程自动终止。

如果在主线程中创建新线程时，设置其对象属性 daemon 为 True，则该线程为守护线程，默认为 False，即非守护线程。如果在创建线程时没有设置其对象属性 daemon 为 True，也可以在线程启动之前改变其 daemon 属性。

【例 15.4】守护线程示例。

```
import threading
import time

def thread_body(n):
    print('task %s start' % n)
    time.sleep(2)
    print('task end', n)

start_time = time.time()
for i in range(50):
    t = threading.Thread(target=thread_body, args=('t-%s' % i,), daemon=True)
    # t.setDaemon(True)  # 把当前线程设置为守护线程
    # t.daemon = True
    t.start()

print('all thread has finished... ', threading.current_thread())
print('cost: ', time.time() - start_time)
```

15.3.3 线程停止

当线程体结束时，线程就会停止，但是有些业务比较复杂。例如，想开发一个下载程序，每隔一段时间执行一次下载任务，下载任务一般会在子线程运行，休眠一段时间后再执行。这个下载子线程中会有一个死循环，为了能够停止子线程，程序应该设置一个线程停止变量。

15.4 线程安全

在多线程环境下，访问相同的资源，有可能会引发线程出现不安全的问题。

15.4.1 临界资源问题

同处一个进程的线程间共享数据，这在一定程度上减少了程序的开销，但是因为多个线程可以访问同一份资源，所以可能会造成资源不同步的问题。

多个线程间共享的数据称为共享资源或临界资源，由于 CPU 负责线程的调度，程序员无法精确地控制多线程的交替顺序。在这种情况下，多线程对临界资源的访问有时会导致数据的不一致性。

【例 15.5】有一家航空公司，它每天的机票销售数量是有限的，而且有很多售票点同时销售这些机票。请采用多个线程共享的方式编程模拟机票销售系统。

```
import time
import threading
ticket = 5
def sell_ticket():
    global ticket
    while ticket > 0:
        if ticket > 0:
            name = threading.currentThread().name
            print('{}: 卖出第 {} 号票 '.format(name, ticket))
            ticket -= 1
        time.sleep(1)            # 线程休眠，阻塞当前线程
if __name__ == '__main__':
    t1 = threading.Thread(target=sell_ticket, name=' 窗口 1')
    t1.start()
    t2 = threading.Thread(target=sell_ticket, name=' 窗口 2')
    t2.start()
```

本例创建了两个线程，模拟两个售票网点。在线程体中，首先判断机票的数量是否大于 0，如果有票，则出票，否则退出循环，结束线程。

其中一次的运行结果为：

```
窗口 1: 卖出第 5 号票
窗口 2: 卖出第 4 号票
窗口 1: 卖出第 3 号票
窗口 2: 卖出第 3 号票
窗口 2: 卖出第 1 号票
```

虽然可能每次运行的结果不一样，但是从运行结果可以看出同一张票重复销售。问题的根本原因是，多个线程间共享数据导致了数据的不一致性。

15.4.2　线程同步

为了防止多线程对临界资源的访问会导致数据出现不一致的情况，Python 提供了互斥机制，即可以为这些资源对象加上一把“互斥锁”，在任一时刻只能有一个线程访问，即使该线程出现阻塞，该对象的被锁定状态也不会解除，其他线程仍不能访问该对象，这就是线程同步。线程同步是保证线程安全的重要手段，但是客观上它会导致性能下降。

简单线程同步可以使用 threading 模块的 Lock 类。Lock 类的对象有两种状态，即锁定和未锁定，默认是未锁定状态。Lock 类的对象有 acquire( ) 和 release( ) 两个方法。acquire( ) 方法可以实现锁定，使得 Lock 对象进入锁定状态；release( ) 方法可以实现解锁，使得 Lock 对象进入未锁定状态。

【例 15.6】有一家航空公司，它每天的机票销售数量是有限的，而且有很多售票点同时销售这些机票。请采用线程同步的方式编程模拟机票销售系统。

```
import time
import threading
ticket = 5
def sell_ticket():
    global ticket, lock
    while ticket > 0:
        lock.acquire()
        if ticket > 0:
            name = threading.currentThread().name
            print('{}: 卖出第 {} 号票 '.format(name, ticket))
            ticket -= 1
        lock.release()
        time.sleep(1)  # 线程休眠，阻塞当前线程
if __name__ == '__main__':
    lock = threading.Lock()
    t1 = threading.Thread(target=sell_ticket, name=' 窗口 1')
    t1.start()
    t2 = threading.Thread(target=sell_ticket, name=' 窗口 2')
    t2.start()
```

运行结果为：

```
窗口 1：卖出第 5 号票
窗口 2：卖出第 4 号票
窗口 2：卖出第 3 号票
窗口 1：卖出第 2 号票
窗口 2：卖出第 1 号票
```

本例代码创建了 Lock 对象，对需要同步的代码使用锁定，每一个时刻只能有一个线程访问。从运行结果可见，线程同步成功，是安全的。

15.5 线程间通信

如果两个线程间有依赖关系，线程间必须进行通信，互相协调才能完成工作。实现线程间通信，可以使用 threading 模块中的 Condition 类和 Event 类，也可使用队列。

15.5.1 Condition 类

Condition 类提供了对复杂线程同步问题的支持，除了提供与 Lock 类类似的 acquire( )、release( ) 方法之外，还提供了 wait( )、notify( ) 和 notify_all( ) 方法。这些方法的语法如下：

wait(timeout=None)：当前线程释放锁后，就会处于阻塞状态，之后等待相同条件变量中其他线程唤醒或超时。其中，timeout 是设置超时时间的。

notify( )：唤醒相同条件变量中的一个线程。

notify_all( )：唤醒相同条件变量中的所有线程。

【例 15.7】假设有一群生产者和一群消费者通过一个市场来交换产品。生产者的“策略”是：如果市场上剩余产品数量少于 500 个，那么生产 100 个产品放到市场上；而消费

者的“策略”是：如果市场上剩余产品的数量多于 100 个，那么消费 50 个产品。请采用 Condition 类实现线程间通信。

```
import threading
import time

class Producer(threading.Thread):
    # 生产者函数
    def run(self):
        global count, condition
        while True:
            if condition.acquire():
                # 当 count 小于 500 的时候进行生产
                if count >= 500:
                    condition.wait()
                else:
                    count = count + 100
                    msg = self.name+' produce 100, count=' + str(count)
                    print(msg)
                    # 完成生产后唤醒 waiting 状态的线程
                    condition.notify()
                condition.release()
                time.sleep(1)

class Consumer(threading.Thread):
    # 消费者函数
    def run(self):
        global count, condition
        while True:
            if condition.acquire():
                # 当 count 大于 100 的时候进行消费
                if count <= 100:
                    condition.wait()
                else:
                    count = count - 50
                    msg = self.name + ' consume 50, count=' + str(count)
                    print(msg)
                    # 完成消费后唤醒 waiting 状态的线程
                    condition.notify()
                condition.release()
                time.sleep(1)

if __name__ == '__main__':
    count = 100
    condition = threading.Condition()
    p = Producer()
    p.start()
```

```
    c = Consumer()
    c.start()

    consumer.start()
```

15.5.2 Event 类

使用 Event 类实现线程间通信要比使用 Condition 类实现线程间通信要简单，因为 Event 类不需要使用“锁”来同步代码。

Event 对象调用 wait(timeout=None) 方法会阻塞当前线程，使线程进入等待状态，等待其他线程唤醒；Event 对象调用 set( ) 方法，通知所有等待状态的线程恢复运行。读者可以尝试使用 Event 类实现线程间通信以重构例 15.7。

15.5.3 队列

queue 是 Python 标准库中的线程安全的队列（FIFO）实现，提供了一个适用于多线程编程的先进先出的数据结构，用来在生产者线程和消费者线程之间进行信息传递。

queue 使用方法很简单，用 maxsize 指明队列中能存放的数据个数的上限。一旦队列中存放的数据达到上限，插入数据会导致进程阻塞，直到队列中的数据被消费掉为止。例如：

```
import threading
import time
import logging
import random
import queue

logging.basicConfig(level=logging.DEBUG,
                    format='(%(threadName)s) %(message)s', )
SIZE = 5
q = queue.Queue(SIZE)

class Producer(threading.Thread):
    def __init__(self, target=None, name=None):
        super().__init__()
        self.target = target
        self.name = name
    def run(self):
        while True:
            if not q.full():
                item = random.randint(1, 10)
                q.put(item)
                logging.debug('Putting ' + str(item)
                              + ' : ' + str(q.qsize()) + ' items in queue')
                time.sleep(random.random())

class Consumer(threading.Thread):
```

```
    def __init__(self, target=None, name=None):
        super().__init__()
        self.target = target
        self.name = name
    def run(self):
        while True:
            if not q.empty():
                item = q.get()
                logging.debug('Getting ' + str(item)
                              + ' : ' + str(q.qsize()) + ' items in queue')
                time.sleep(random.random())

if __name__ == '__main__':
    p = Producer(name='producer')
    p.start()
    c = Consumer(name='consumer')
    c.start()
```

15.6 小结

本章介绍了 Python 线程技术，首先，介绍了线程相关的一些概念；其次，介绍了创建线程、线程管理、线程安全和线程间通信等内容。

学习完本章后，读者可以了解异步 IO 和协程，可参考如下文献：

（1）https://docs.python.org/zh-cn/3/library/asyncio.html

（2）https://st1020.top/python-asyncio-practical-tutorial/

第3篇 应用篇

第16章 处理Excel电子表格

Python 主要通过三个模块实现对 Excel 文件的读写功能：xlwt、xlrd 和 openpyxl。

xlwt：对 xls 等 Excel 文件的写入。

xlrd：对 xls 等 Excel 文件的读取。

openpyxl：对 xlsm、xlsx 等 Excel 文件的读写。

我们选用 openpyxl 模块。因为 Python 没有自带 openpyxl 模块，所以我们必须自己安装它。openpyxl 模块只能操作 xlsx 文件，而不能操作 xls 文件。

在 openpyxl 模块中，有三个概念：Workbook、Sheet 和 Cell。Workbook 是一个打开的 Excel 文件，即 Excel 工作簿；Sheet 是工作簿中的一张表，即工作表；Cell 就是一个单元格。openpyxl 就是围绕着这三个概念进行操作的：打开 Workbook，定位 Sheet，操作 Cell。openpyxl 模块操作 Excel 文件的常用指令如表 16.1 所示。

表 16.1 openpyxl 模块操作 Excel 文件的常用指令

指令	举例
打开 Workbook	`wb = openpyxl.load_workbook('example.xlsx')`

定位 Sheet	`>>> wb.sheetnames`
	`['Sheet1', 'Sheet2', 'Sheet3']`
	`>>> sheet = wb['Sheet1']`
	`>>> sheet = wb.worksheets[0]`

操作 Cell	`sheet['A1'].value` `sheet.cell(row=1, column=1).value`
单元格的值、行、列等	`b = sheet['B1']` `b.value`、`b.row`、`b.column`、`b.coordinate`

获取表的行数和列数	`sheet = wb['Sheet1']`
	`sheet.max_row`
	`sheet.max_column`

rows 属性和 columns 属性	`sheet.rows` `sheet.columns`
创建 Workbook	`wb = openpyxl.Workbook()`
创建工作表	`wb.create_sheet()` `wb.create_sheet(index=0, title='First Sheet')`

（续表）

指令	举例
获取活动的工作表	wb.active
获取工作表的名称	sheet.title
删除工作表	del wb['Middle Sheet'] wb.remove(wb['Sheet1'])
保存 Excel 文件	wb.save('example2.xlsx')

16.1 读取Excel文件

16.1.1　打开 Excel 文件

在导入 openpyxl 模块后，就可以使用 openpyxl.load_workbook( ) 函数。例如：

```
>>> import openpyxl
>>> wb = openpyxl.load_workbook('example.xlsx')
>>> type(wb)
<class 'openpyxl.workbook.workbook.Workbook'>
```

此例中的 openpyxl.load_workbook( ) 函数接收 Excel 文件的文件名，返回一个 Workbook 数据类型的值。此时的 Workbook 对象代表这个 Excel 文件。

16.1.2　从工作簿中取得工作表

在获得工作簿以后，就可以用 sheetnames 获得工作簿中所有的表名。例如：

```
>>> import openpyxl
>>> wb = openpyxl.load_workbook('example.xlsx')
>>> wb.sheetnames
['Sheet1', 'Sheet2', 'Sheet3']
>>> wb.active
<Worksheet "Sheet1">
>>> print(wb.worksheets[0], wb.worksheets[1], wb.worksheets[2])
<Worksheet "Sheet1"> <Worksheet "Sheet2"> <Worksheet "Sheet3">
>>> sheet = wb['Sheet3']
>>> sheet
<Worksheet "Sheet3">
>>> type(sheet)
<class 'openpyxl.worksheet.worksheet.Worksheet'>
>>> sheet.title
'Sheet3'
```

16.1.3　从表中取得一个单元格

有了 Worksheet 对象后，就可以按名字访问 Cell 对象。例如：

```
>>> import openpyxl
>>> wb = openpyxl.load_workbook('example.xlsx')
>>> sheet = wb['Sheet1']
>>> sheet['A1']
<Cell Sheet1.A1>
>>> sheet['A1'].value
datetime.datetime(2015, 4, 5, 13, 34, 2)
>>> sheet.cell(row=1, column=1).value
datetime.datetime(2015, 4, 5, 13, 34, 2)
>>> b = sheet['B1']
>>> 'Row '+str(b.row)+',Column '+str(b.column)+' is '+b.value
'Row 1,Column 2 is Apples'
>>> 'Cell ' + b.coordinate + ' is ' + b.value
'Cell B1 is Apples'
>>> type(b)
<class 'openpyxl.cell.cell.Cell'>
```

此例中的 openpyxl 模块将自动解释 A 列中的日期。

Cell 对象有一个 value 属性，它包含这个单元格中保存的值。Cell 对象也有 row、column 和 coordinate 属性，提供该单元格的位置信息。这里，访问单元格 B1 的 Cell 对象的 value 属性，得到字符串 'Apples'。row 属性给出的是 1，column 属性给出的是 2，coordinate 属性给出的是 'B1'。表中的行、列都是从 1 开始的。

在调用表的 cell( ) 方法时，传入整数作为 row 和 column 关键字参数，也可以得到一个单元格。

此外，Worksheet 对象的 max_row 和 max_column 可以分别获取表的行数和列数。

16.1.4 从表中取得多个单元格

我们可以将 Worksheet 对象切片，取得电子表格中的一行、一列或一个矩形区域中的所有 Cell 对象，然后可以循环遍历这个切片中的所有单元格。例如：

```
>>> import openpyxl
>>> wb = openpyxl.load_workbook('example.xlsx')
>>> sheet = wb['Sheet1']
>>> sheet['A1':'C3']
((<Cell Sheet1.A1>, <Cell Sheet1.B1>, <Cell Sheet1.C1>), (<Cell Sheet1.A2>,
<Cell Sheet1.B2>, <Cell Sheet1.C2>), (<Cell Sheet1.A3>, <Cell Sheet1.B3>,
<Cell Sheet1.C3>))
```

上面获得的元组包含三个元组，每个元组代表一行。工作表的这个切片包含了从 A1 到 C3 区域的所有 Cell 对象，从左上角的单元格开始，到右下角的单元格结束。

如果要输出这个区域中所有单元格的值，则需要使用两个 for 循环。外层 for 循环遍历这个切片中的每一行，内层 for 循环遍历该行中的每个单元格。例如：

```
>>> for row in sheet['A1':'C3']:
                for cell in row:
print(cell.coordinate, cell.value)
```

```
print('--- END OF ROW ---')
A1 2021-04-05 13:34:02
B1 Apples
C1 73
--- END OF ROW ---
A2 2021-04-05 03:41:23
B2 Cherries
C2 85
--- END OF ROW ---
A3 2021-04-06 12:46:51
B3 Pears
C3 14
--- END OF ROW ---
```

要访问特定行或列的单元格的值，也可以利用Worksheet对象的rows和columns属性。例如：

```
>>> import openpyxl
>>> wb = openpyxl.load_workbook('example.xlsx')
>>> sheet = wb.active
>>> sheet.columns
<generator object Worksheet._cells_by_col at 0x00000068E7B3BED0>
>>> tuple(sheet.columns)
((<Cell 'Sheet1'.A1>, <Cell 'Sheet1'.A2>, <Cell 'Sheet1'.A3>, <Cell 'Sheet1'.
A4>, <Cell 'Sheet1'.A5>, <Cell 'Sheet1'.A6>, <Cell 'Sheet1'.A7>), (<Cell
'Sheet1'.B1>, <Cell 'Sheet1'.B2>, <Cell 'Sheet1'.B3>, <Cell 'Sheet1'.B4>, <Cell
'Sheet1'.B5>, <Cell 'Sheet1'.B6>, <Cell 'Sheet1'.B7>), (<Cell 'Sheet1'.C1>, <Cell
'Sheet1'.C2>, <Cell 'Sheet1'.C3>, <Cell 'Sheet1'.C4>, <Cell 'Sheet1'.C5>, <Cell
'Sheet1'.C6>, <Cell 'Sheet1'.C7>))
>>> tuple(sheet.columns)[1]
(<Cell Sheet1.B1>, <Cell Sheet1.B2>, <Cell Sheet1.B3>, <Cell Sheet1.B4>,
<Cell Sheet1.B5>, <Cell Sheet1.B6>, <Cell Sheet1.B7>)
>>> for cell in tuple(sheet.columns)[1]:
        print(cell.value)
```

利用Worksheet对象的rows属性，可以得到一个元组构成的元组。内部的每个元组都代表一行，包含该行中的Cell对象。

利用Worksheet对象的columns属性，也可以得到一个元组构成的元组。内部的每个元组都代表一列，包含该列中的Cell对象。

16.1.5　列字母和数字之间的转换

列字母和数字之间的转换示例如下：

```
>>> import openpyxl
>>> from openpyxl.utils import get_column_letter, column_index_from_string
>>> get_column_letter(2)
'B'
```

```
>>> get_column_letter(27)
'AA'
>>> wb = openpyxl.load_workbook('example.xlsx')
>>> sheet = wb['Sheet1']
>>> get_column_letter(sheet.max_column)
'C'
>>> column_index_from_string('AA')
27
```

示例中的 get_column_letter( ) 函数，当传入像 27 这样的整数时，将得到该列的字母名称。column_index_from_string( ) 函数则相反，当传入一列的字母名称时，将得到该列的数字。

16.2 写入Excel文件

16.2.1 创建、保存 Excel 文件

调用 openpyxl.Workbook( ) 函数，可以创建一个新的空 Workbook 对象。例如：

```
>>> import openpyxl
>>> wb = openpyxl.Workbook()
>>> wb.sheetnames
['Sheet']
>>> sheet = wb.active
>>> sheet.title
'Sheet'
>>> sheet.title = 'First'
>>> wb.sheetnames
['First']
>>> wb.save('example2.xlsx')
```

在示例中，工作簿将从一个名为 Sheet 的工作表开始。这个工作表可以将新的字符串保存在它的 title 属性中，从而改变工作表的名字。当修改了 Workbook 对象时，程序需要调用 save( ) 方法来保存变更。

16.2.2 创建、删除工作表

利用 create_sheet( ) 方法可以在工作簿中创建工作表，利用 wb.remove(worksheet) 方法或 del wb[sheetname] 方法可以在工作簿中删除工作表。例如：

```
>>> import openpyxl
>>> wb = openpyxl.Workbook()
>>> wb.sheetnames
['Sheet']
```

```
>>> wb.create_sheet()
<Worksheet "Sheet1">
>>> wb.sheetnames
['Sheet', 'Sheet1']
>>> wb.create_sheet(index=0, title='First')
<Worksheet "First">
>>> wb.sheetnames
['First', 'Sheet', 'Sheet1']
>>> wb.create_sheet(index=2, title='Middle')
<Worksheet "Middle ">
>>> wb.sheetnames
['First', 'Sheet', 'Middle', 'Sheet1']
>>> del wb['Middle']
>>> wb.remove(wb['Sheet1'])
>>> wb.sheetnames
['First', 'Sheet']
```

create_sheet( ) 方法返回一个新的 Worksheet 对象，名为 SheetX（X 表示数字），它默认是工作簿的最后一个工作表。此外，还可以利用 index 和 title 关键字参数，指定新工作表的索引或名称。

在工作簿中创建或删除工作表之后，要调用 save( ) 方法来保存变更。

16.2.3　将值写入单元格

把值写入单元格中，类似于将值写入字典中的键。例如：

```
>>> import openpyxl
>>> wb = openpyxl.Workbook()
>>> sheet = wb['Sheet']
>>> sheet['A1'].value = 'Hello world!'
>>> sheet.cell(row=1, column=2).value = 30
>>> sheet.cell(row=1, column=3, value=100)
>>> sheet['A1'].value
'Hello world!'
>>> sheet['B1'].value
30
>>> sheet['C1'].value
100
```

16.3　应用实例

【例 16.1】编程统计“成绩 .xlsx”文件中的成绩，内容和统计规则如图 16.1 所示。

《程序设计课程设计》实验二实验报告成绩登记表							
2017 / 2018 学年第 2 学期				学生数：6人			
任课教师签名：			日期： 年 月 日				
学号	姓名	班级	规范要求（20%）	文字表达（30%）	报告内容（50%）	总分（百分制）	总分（五级制）
17211200101	卫哲	17影视2	A	A	A		
17211200102	江达琳	17影视2	B	B	A		
17211200103	斯黛拉	17影视2	C	B	B		
17211200104	叶东烈	17影视2	C	D	D		
17211200105	沈英杰	17影视2	C	C	B		
17211200106	顾凯雷	17影视2	B	C	C		

注：A-95，B-85，C-75，D-65，E-0
[90,100]-A，[80,90)-B，[70,80)-C，[60,70)-D，[0,60)-E

图 16.1　内容和统计规则

按要求计算两个总分，分别是百分制和五级制。处理后的文件内容如图 16.2 所示。

《程序设计课程设计》实验二实验报告成绩登记表							
2017 / 2018 学年第 2 学期				学生数：6人			
任课教师签名：			日期： 年 月 日				
学号	姓名	班级	规范要求（20%）	文字表达（30%）	报告内容（50%）	总分（百分制）	总分（五级制）
17211200101	卫哲	17影视2	A	A	A	95	A
17211200102	江达琳	17影视2	B	B	A	90	A
17211200103	斯黛拉	17影视2	C	B	B	83	B
17211200104	叶东烈	17影视2	C	D	D	67	D
17211200105	沈英杰	17影视2	C	C	B	80	B
17211200106	顾凯雷	17影视2	B	C	C	77	C

注：A-95，B-85，C-75，D-65，E-0
[90,100]-A，[80,90)-B，[70,80)-C，[60,70)-D，[0,60)-E

图 16.2　处理后的文件内容

```
def char_to_num(x):
    if x == 'A':
        return 95
    elif x == 'B':
        return 85
    elif x == 'C':
        return 75
    elif x == 'D':
        return 65
    else:
        return 0
def num_to_char(x):
    if 90 <= x <= 100:
        return 'A'
```

```
    elif 80 <= x < 90:
        return 'B'
    elif 70 <= x < 80:
        return 'C'
    elif 60 <= x < 70:
        return 'D'
    else:
        return 'E'

import openpyxl

wb = openpyxl.load_workbook('成绩.xlsx')
sheet = wb['成绩1']
ratio = [0.2, 0.3, 0.5]

for row in range(5, sheet.max_row - 2):
    total = 0
    for col in range(4, 7):
        value = sheet.cell(row=row, column=col).value
        total += char_to_num(value) * ratio[col - 4]
    total = round(total)
    sheet.cell(row=row, column=7).value = total
    sheet.cell(row=row, column=8).value = num_to_char(total)
wb.save('my.xlsx')
```

【例 16.2】编程对图 16.3 所示的“个人爱好 .xlsx”文件内容进行处理。要求在表的最后追加一列，该列中每个单元格的内容为所在行前几列单元格数据的汇总。处理后的文件内容如图 16.4 所示。

	A	B	C	D	E	F	G	H
1	姓名	刷微博	上网	写代码	看QQ	玩手机	吃零食	喝茶
2	卫哲	是	是	是				是
3	江达琳	是	是				是	是
4	斯黛拉		是			是	是	
5	叶东烈	是	是	是	是			
6	沈英杰		是			是		
7	顾凯雷	是	是	是	是		是	

图 16.3　“个人爱好 .xlsx”文件内容

	A	B	C	D	E	F	G	H	I	J	K	L
1	姓名	刷微博	上网	写代码	看QQ	玩手机	吃零食	喝茶	所有爱好			
2	卫哲	是	是	是				是	刷微博，上网，写代码，喝茶			
3	江达琳	是	是				是	是	刷微博，上网，吃零食，喝茶			
4	斯黛拉		是			是	是		上网，玩手机，吃零食			
5	叶东烈	是	是	是	是				刷微博，上网，写代码，看QQ			
6	沈英杰		是			是			上网，玩手机			
7	顾凯雷	是	是	是	是		是		刷微博，上网，写代码，看QQ，吃零食			

图 16.4　处理后的文件内容

第 1 种方法：

```
import openpyxl
wb = openpyxl.load_workbook('个人爱好.xlsx')
sheet = wb.worksheets[0]
lastCol = sheet.max_column + 1
```

```
sheet.cell(row=1, column=lastCol).value = '所有爱好'
for i in range(2, sheet.max_row + 1):
    lst = []
    for j in range(2, lastCol):
        value = sheet.cell(row=i, column=j).value
        if value == '是':
            lst.append(sheet.cell(row=1, column=j).value)
    sheet.cell(row=i, column=lastCol).value = ', '.join(lst)
wb.save('个人爱好.xlsx')
```

第2种方法：

```
import openpyxl
wb = openpyxl.load_workbook('个人爱好.xlsx')
sheet = wb.active
lastCol = sheet.max_column + 1
sheet.cell(row=1, column=lastCol).value = '所有爱好'
titles = [sheet.cell(row=1, column=col).value for col in range(2, lastCol)]
for index, row in enumerate(sheet.rows, start=1):
    if index != 1:
        lst = list(map(lambda x: x.value, row))[1:]
        res = [titles[i] for i, v in enumerate(lst) if v == '是']
        sheet.cell(row=index, column=lastCol).value = ', '.join(res)
wb.save('个人爱好2.xlsx')
```

【例16.3】假设某学校每学期的所有课程允许多次考试，学生可随时参加考试，系统自动将每次的成绩添加到Excel文件（包含三列：姓名、课程、成绩）中。编程实现期末所有学生每门课程的最高成绩。

```
import openpyxl
import random

def generate(filename):
    """生成随机数据"""
    wb = openpyxl.Workbook()
    sheet = wb.worksheets[0]
    sheet.append(['姓名', '课程', '成绩'])

    # 中文名字中的第一、第二、第三个字
    first = '赵钱孙李'
    middle = '伟昀琛东'
    last = '坤艳志'
    subjects = ('语文', '数学', '英语', 'Python')
    for i in range(200):
        name = random.choice(first)
        # 按一定概率生成只有两个字的中文名字
        if random.randint(1, 100) > 50:
            name = name + random.choice(middle)
        name = name + random.choice(last)
```

```
            # 依次生成姓名、课程名称和成绩
            sheet.append([name, random.choice(subjects), random.randint(0, 100)])
    wb.save(filename)      # 保存数据，生成 Excel 格式的文件

def getResult(oldfile, newfile):
    result = dict()       # 用于存放结果数据的字典

    # 打开原始数据
    wb = openpyxl.load_workbook(oldfile)
    sheet = wb.worksheets[0]
    # 遍历原始数据
    for row in sheet.rows:
        if row[0].value == '姓名':
            continue
        # 姓名，课程名称，本次成绩
        name, subject, score = map(lambda cell: cell.value, row)

        # result，字典中套字典 {name, {课程, 成绩}}
        t = result.get(name, {})
        # 获取当前学生当前课程的成绩，若不存在，返回 0
        f = t.get(subject, 0)
        # 只保留该学生该课程的最高成绩
        if score > f:
            t[subject] = score
            result[name] = t

    wb = openpyxl.Workbook()
    sheet = wb.worksheets[0]
    sheet.append(['姓名', '课程', '成绩'])
    # 将 result 字典中的结果数据写入 Excel 文件
    for name, t in result.items():
        for subject, score in t.items():
            sheet.append([name, subject, score])
    wb.save(newfile)

if __name__ == '__main__':
    generate ('test.xlsx')
    getResult('test.xlsx', 'result.xlsx')
```

16.4 设置单元格的字体风格

为了设置单元格的字体风格，需要从 openpyxl.styles 模块导入 Font 类。Font 类支持以下属性：① name，字符串，表示字体名称。注意：如果是中文字体，则前面必须加 u 对其进行 Unicode 编码。② size，整型，表示字体大小。③ bold，布尔型，表示是否为粗体。

④ italic，布尔型，表示是否为斜体。例如：

```
import openpyxl
from openpyxl.styles import Font
wb = openpyxl.Workbook()
sheet = wb.active
font1 = Font(name='Times New Roman', size=24, bold=True, italic=True)
sheet['A1'].font = font1
sheet['A1'] = 'Hello world!'

font2 = Font(size=24, italic=True)
sheet['B3'].font = font2
sheet['B3'] = '24 pt Italic'

wb.save('styled.xlsx')
```

16.5 公式

openpyxl 模块可以在单元格中添加公式，就像添加普通的值一样。例如：

```
import openpyxl
wb = openpyxl.Workbook()
sheet = wb.active
sheet['A1'] = 200
sheet['A2'] = 300
sheet['A3'] = '=SUM(A1:A2)'
wb.save('writeFormula.xlsx')
```

单元格 A1 和 A2 分别设置为 200 和 300。单元格 A3 设置为一个公式，求出 A1 和 A2 的和。如果在 Excel 文件中打开这个电子表格，A3 的值将显示为 500。

读取单元格中的公式，就像读取其他值一样。但是，如果希望看到该公式的计算结果，而不是原来的公式，就必须将 load_workbook( ) 方法的 data_only 关键字参数设置为 True。这意味着 Workbook 对象要么显示公式，要么显示公式的结果，不能兼得。例如：

```
import openpyxl
wb = openpyxl.load_workbook('writeFormula.xlsx')
sheet = wb.active
print(sheet['A3'].value)  # 输出：=SUM(A1:A2)
```

又如：

```
import openpyxl
wb = openpyxl.load_workbook('writeFormula.xlsx', data_only=True)
sheet = wb.active
print(sheet['A3'].value)  # 输出：500
```

16.6 调整行和列

在 Excel 中，调整行和列的大小非常容易，只要单击并拖动行的边缘或列的头部即可。如果需要根据单元格的内容来设置行或列的大小，或者希望设置大量电子表格文件中的行列大小，编写 Python 程序来做就要快得多。行和列可以完全隐藏起来，也可以“冻结”。

16.6.1　设置行高和列宽

Worksheet 对象有 row_dimensions 和 column_dimensions 属性，分别控制行高和列宽。例如：

```
import openpyxl
wb = openpyxl.Workbook()
sheet = wb.active
sheet['A1'] = 'Tall row'
sheet['B2'] = 'Wide column'
sheet.row_dimensions[1].height = 70
sheet.column_dimensions['B'].width = 20
wb.save('dimensions.xlsx')
```

工作表的 row_dimensions 和 column_dimensions 属性是像字典一样的值，row_ dimensions 属性包含 RowDimension 对象，column_dimensions 属性包含 ColumnDimension 对象。在 row_dimensions 属性中，可以用行的编号来访问一个对象。在 column_dimensions 属性中，可以用列的字母来访问一个对象。

一旦有了 RowDimension 对象，就可以设置它的高度。行的高度可以设置为 0 到 409 之间的整数或浮点数，这个值表示高度的点数，一点等于 1/72 英寸。默认的行高是 12.75 点。

一旦有了 ColumnDimension 对象，就可以设置它的宽度。列宽可以设置为 0 到 255 之间的整数或浮点数。这个值表示在使用默认字体大小时（11 点），单元格可以显示的字符数。默认的列宽是 8.43 个字符。列宽为 0 或行高为 0，将使单元格隐藏。

16.6.2　合并和拆分单元格

利用 merge_cells( ) 方法，可以将一个矩形区域中的所有单元格合并为一个单元格。

```
import openpyxl
wb = openpyxl.Workbook()
sheet = wb.active
sheet.merge_cells('A1:D3')
sheet['A1'] = 'Twelve cells merged together'
sheet.merge_cells('C5:D5')
sheet['C5'] = 'Two merged cells'
wb.save('merged.xlsx')
```

merge_cells( ) 方法的参数是一个字符串，表示要合并的矩形区域左上角和右下角的单元格：‘A1:D3’ 将 12 个单元格合并为一个单元格。如果要设置这些合并后单元格的值，则设置这一组合并单元格左上角的单元格的值。

如果要拆分单元格，则调用用 unmerge_cells( ) 方法。例如：

```
import openpyxl
wb = openpyxl.load_workbook('merged.xlsx')
sheet = wb.active
sheet.unmerge_cells('A1:D3')
sheet.unmerge_cells('C5:D5')
wb.save('merged.xlsx')
```

16.6.3 冻结窗格

冻结的列或行的表头，当用户滚动电子表格时，它们也是始终可见的，这称为冻结窗格。在 openpyxl 中，每个 Worksheet 对象都有一个 freeze_panes 属性，可以设置为一个 Cell 对象或一个单元格坐标的字符串。请注意，如果某个单元格设置"冻结窗格"，那么这个单元格上边的所有行和左边的所有列都会冻结，但单元格所在的行和列不会冻结。

如果将 freeze_panes 属性设置为 'A2'，则第一行将永远可见，无论用户将电子表格滚动到何处。如果要解冻所有的单元格，则将 freeze_panes 设置为 None 或 'A1'。表 16.2 所示为 freeze_panes 设定的一些示例。

表 16.2 freeze_panes 设定的一些示例

freeze_panes的设置	冻结的行和列
sheet.freeze_panes= 'A2'	第一行
sheet.freeze_panes= 'B1'	列 A
sheet.freeze_panes= 'C1'	列 A 和列 B
sheet.freeze_panes= 'C2'	第一行、列 A 和列 B
sheet.freeze_pane='A1' 或 sheet.freeze_panes=None	没有冻结窗格

示例代码如下：

```
import openpyxl
wb = openpyxl.load_workbook('produceSales.xlsx')
sheet = wb.active
sheet.freeze_panes = 'A2'
wb.save('freezeExample.xlsx')
```

16.7 图表

openpyxl 支持利用工作表中单元格的数据，创建条形图、折线图、散点图和饼图。

【例 16.4】请根据图 16.5 所示的"工资统计 .xlsx"文件中的"工作量汇总"工作表的"教师姓名""工作量工资"两列中的数据，生成如图 16.6 所示的柱形图表，图表的横轴为教师姓名，纵轴为工资。新的文件存入另外的 Excel 文件中。

工号	教师姓名	实验工作量	理论工作量	总工作量	工作量工资
00101001	陈勇	49.51	80.64	130.15	7110.50
00101002	李想	50.17	41.81	91.98	4599.00
00101003	江河	48.16	75.1	123.26	6628.20
00101004	阮小五	22.4	16	38.4	1920.00
00101005	陈立标	54.88	43.73	98.61	4930.50
00101006	李然	44.8	37.33	82.13	4106.50
00101007	林苏洁	53.2	75.74	128.94	7025.80
00101008	刘政委	38.75	45.6	84.35	4217.50
00101009	胡姝芬	46.15	38.4	84.55	4227.50
00101010	潘丽丽	40.43	0	40.43	2021.50
00101011	王默然	51.52	0	51.52	2576.00
00101012	肖峰	52.19	0	52.19	2609.50

图 16.5 “工资统计 .xlsx”文件中的数据

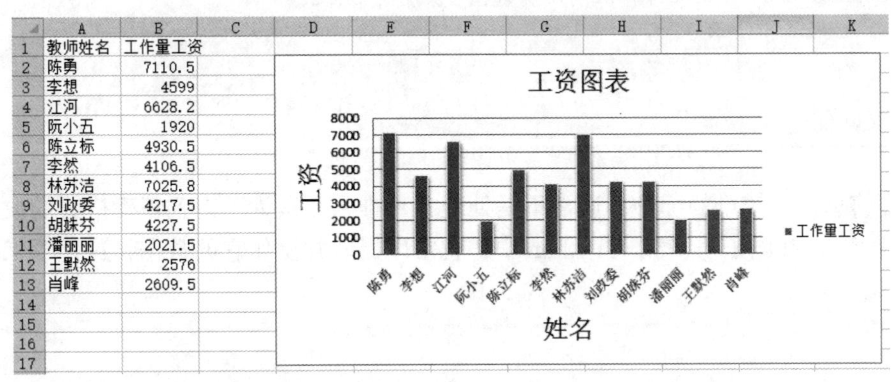

教师姓名	工作量工资
陈勇	7110.5
李想	4599
江河	6628.2
阮小五	1920
陈立标	4930.5
李然	4106.5
林苏洁	7025.8
刘政委	4217.5
胡姝芬	4227.5
潘丽丽	2021.5
王默然	2576
肖峰	2609.5

图 16.6 用“工资统计 .xlsx”文件中的数据制作的图表

```
import openpyxl
from openpyxl.chart import BarChart, Reference

wb = openpyxl.load_workbook('工资统计.xlsx')
sheet = wb['工作量汇总']

rows = []
a = sheet.cell(row=1, column=2).value
b = sheet.cell(row=1, column=6).value
rows.append((a, b))
for i in range(2, sheet.max_row + 1):
    a = sheet.cell(row=i, column=2).value
    b = float(sheet.cell(row=i, column=6).value)
    rows.append((a, b))

wb = openpyxl.Workbook(write_only=True)
sheet = wb.create_sheet()
for row in rows:
    sheet.append(row)

# 生成图表
chart = BarChart()
```

```
chart.type = 'col'  # col 为纵向 ,bar 为横向
chart.style = 2  # 图形颜色搭配，共 8 种
chart.title = '工资图表'
chart.x_axis.title = '姓名'
chart.y_axis.title = '工资'

data = Reference(sheet, min_row=1, max_row=13, min_col=2, max_col=2)
cats = Reference(sheet, min_row=2, max_row=13, min_col=1)
chart.add_data(data, titles_from_data=True)
chart.set_categories(cats)

sheet.add_chart(chart, "D2")  # 将图表添加到 sheet 中
wb.save('bar.xlsx')
```

16.8 小结

处理信息是比较难的部分，通常不是处理本身难，而是为了得到正确格式的数据比较难。一旦将 Excel 电子表格载入 Python 中，就可以提取并操作它的数据，这比手工操作快很多。

第 17 章 处理Word文件和PDF文件

Word 文件和 PDF 文件是二进制文件，所以它们比纯文本文件要复杂得多，因为除了文本之外，它们还保存了许多字体、颜色和布局信息。Python 提供了一些模块，可以使得处理 Word 文件和 PDF 文件变得更加容易。

17.1 Word文件

利用 python-docx 模块，Python 可以创建和修改扩展名为 .docx 的 Word 文件。Word 文件的扩展名为 .docx。和纯文本文件相比，.docx 文件有很多结构。这些结构在 python-docx 模块中用以下三种不同的类型来表示：

（1）Document 对象表示整个文档，是最高层。

（2）Document 对象包含一个 Paragraph 对象的列表，表示文档中的段落。

（3）每个 Paragraph 对象都包含一个 Run 对象的列表。

图 17.1 中的单句段落有 4 个 Run 对象。

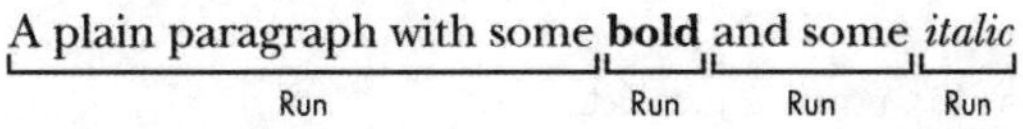

A plain paragraph with some **bold** and some *italic*

Run　Run　Run　Run

图 17.1　一个 Paragraph 对象中的 Run 对象

Word 文件中的文本不仅仅是字符串，它还包含与之相关的字体、大小、颜色和其他样式信息。在 Word 文件中，样式是这些属性的集合。一个 Run 对象是相同文本样式的延续。当文本样式发生改变时，就需要一个新的 Run 对象。Word 文件的常用指令如表 17.1 所示。

表 17.1　Word 文件的常用指令

指令	举例
打开 Word 文件	doc = docx.Document('demo.docx')
Paragraph	len(doc.paragraphs) doc.paragraphs[0].text
Run	len(doc.paragraphs[1].runs) doc.paragraphs[1].runs[0].text
添加标题	doc.add_heading('Header 0', level=0)
添加换行符、换页符	run.add_break( ) doc.add_page_break( )

（续表）

指令	举例
添加图片	doc.add_picture( )
表格操作	table = doc.add_table(rows=2, cols=2, style='Table Grid') table.cell(0, 1).text = 'world' row = table.add_row() row = table.rows[1]
创建 Document	doc = docx.Document( )
保存 Word 文件	doc.save('mutipara.docx')

17.1.1 读取 Word 文件

示例如下：

```
>>> import docx
>>> doc = docx.Document('demo.docx')
>>> len(doc.paragraphs)
6
>>> doc.paragraphs[0].text
'Document Title'
>>> doc.paragraphs[1].text
'A plain paragraph with some bold and some italic'
>>> len(doc.paragraphs[1].runs)
4
>>> doc.paragraphs[1].runs[0].text
'A plain paragraph with some '
>>> doc.paragraphs[1].runs[1].text
'bold'
>>> doc.paragraphs[1].runs[2].text
' and some '
>>> doc.paragraphs[1].runs[3].text
'italic'
```

【例 17.1】从 .docx 文件中读取完整的文本。

```
>>> import docx
>>> doc = docx.Document('demo.docx')
>>> lst = []
>>> for para in doc.paragraphs:
    lst.append(para.text)
>>> print('\n'.join(lst))
Document Title
A plain paragraph with some bold and some italic
Heading, level 1
Intense quote
first item in unordered list
first item in ordered list
```

如果要让每一段都缩进，就将文件中的 append( ) 调用替换为：lst.append('' + para.text)。

如果要在段落之间增加空行，就将 join( ) 调用改成：print('\n\n'.join(lst))。

17.1.2　写入 Word 文件

示例如下：

```
>>> import docx
>>> doc = docx.Document()
>>> doc.add_paragraph('Hello world!')
<docx.text.Paragraph object at 0x000000000366AD30>
>>> para1 = doc.add_paragraph('This is a second paragraph.')
>>> para2 = doc.add_paragraph('This is a yet another paragraph.')
>>> para1.add_run(' This text is being added to the second paragraph.')
<docx.text.Run object at 0x0000000003A2C860>
>>> doc.save('mutipara.docx')
```

在示例中，当调用 docx.Document( ) 方法时，将返回一个新的、空白的 Word Document 对象。Document 的对象 add_paragraph( ) 方法，表示将一段新文本添加到文档的末尾。Paragraph 对象的 add_run( ) 方法，表示在已有段落的末尾添加文本。

请注意，文本"This is a second paragraph."被添加到 Paragraph 对象的 para1 中，成为 Word 文件的第二段。add_paragraph( ) 方法和 add_run( ) 方法分别返回 Paragraph 对象和 Run 对象。

add_paragraph( ) 方法和 add_run( ) 方法都接受可选的第二个参数，它表示的是 Paragraph 对象或 Run 对象样式的字符串。例如：

```
>>> doc.add_paragraph('Hello world!', 'Title')
```

这个代码表示，这一行添加了一段，文本是 Hello world!，样式是 Title。

添加完文本之后，向 Document 对象的 save( ) 方法传入一个文件名字符串，将 Document 对象保存到文件中。

17.1.3　添加标题

调用 add_heading( ) 方法表示将添加一个段落，并使用一种标题样式。add_heading( ) 方法返回一个 Paragraph 对象。

添加标题时，可以指定所需的级别为 1 到 9 之间的整数。如果指定级别为 0，则添加"标题"段落；如果不指定级别，则在 Word 中显示为"标题 1"。例如：

```
import docx
doc = docx.Document()
doc.add_heading('Header 0', level=0)
doc.add_heading('The REAL meaning of the universe')
doc.add_heading('Header 1', level=1)
doc.add_heading('Header 2', level=2)
doc.add_heading('Header 9', level=9)
doc.save('heading.docx')
```

运行结果为：

Header 0

▪The REAL meaning of the universe

▪
Header 1

▪Header 2

▪*Header 9*

17.1.4 添加换行符和换页符

添加换行符，可以在 Run 对象上调用 add_break( ) 方法。添加换页符，可以在 Document 对象上调用 add_page_break( ) 方法。例如：

```
import docx
doc = docx.Document()
par1 = doc.add_paragraph('This is on the first page!')
run = par1.add_run('  hehe')
run.add_break()
doc.add_page_break()
par2 = doc.add_paragraph('This is on the second page!')
doc.save('twopage.docx')
```

这个示例创建了一个两页的 Word 文件，第一页上显示“This is on the first page!”，第二页上显示“This is on the second page!”。

17.1.5 添加图像

Document 对象有一个 add_picture( ) 方法，可以在文档末尾添加图像。假定在文档末尾添加 zophie.png 图像，宽度为 1 英寸，高度为 4 厘米（Word 文件可以同时使用英制和公制单位），代码如下：

```
doc.add_picture('zophie.png',
            width=docx.shared.Inches(1),
            height=docx.shared.Cm(4))
```

17.1.6 添加表格

示例如下：

```
import docx

doc = docx.Document()
table = doc.add_table(rows=2, cols=2, style='Table Grid')

cell = table.cell(0, 0)
```

```
cell.text = 'Hello'
table.cell(0, 1).text = 'world'

row = table.rows[1]
row.cells[0].text = 'Foo bar to you.'
row.cells[1].text = 'Foo bar to you too!'

for row in table.rows:
    for cell in row.cells:
        print(cell.text)

row = table.add_row()  # 增加一行
doc.save('test.docx')
```

在示例中，按行和列访问单元格的语句是：cell = table.cell(0, 1)。注意，行和列的下标从 0 开始。通常，一次访问一行单元格更容易，如 row = table.rows[1]。

17.1.7 应用实例

【例 17.2】新建一个 docx 文件，添加 3 个段落，每段中有 5 个不同颜色的文本。中文字体为华文行楷，英文字体为 Times New Roman，每个段落的字号不一样。例如：

```
import docx
import random
from docx.oxml.ns import qn
from docx.shared import Pt, RGBColor

doc = docx.Document()

# 修改正文的中文字体类型
doc.styles['Normal'].font.name = '华文行楷'
doc.styles['Normal']._element.rPr.rFonts.set(qn('w:eastAsia'), '华文行楷')

for i in range(3):
    p = doc.add_paragraph()                          # 新增段落
    for j in range(5):
        run = p.add_run('文本颜色测试 (test)')        # 在当前段落增加文本
        run.font.name = 'Times New Roman'            # 设置英文字体
        run.font.size = Pt(5 + i * 5)                # 设置字号

        run.font.bold = True                         # 设置粗体
        run.font.italic = True                       # 设置斜体
        run.font.underline = False                   # 不设置下划线

        # 设置颜色
```

```
        color = (random.randint(0, 255) for _ in range(3))
        run.font.color.rgb = RGBColor(*color)

doc.add_paragraph('')
doc.save('test.docx')
```

【例 17.3】请将“工资统计 .xlsx”文件中的“工作量汇总”表的数据（如图 17.2 所示）在 Word 文件中以表格（如图 17.3 所示）的方式制作一份。

	A	B	C	D	E	F
1	工号	教师姓名	实验工作量	理论工作量	总工作量	工作量工资
2	00101001	陈勇	49.51	80.64	130.15	7110.50
3	00101002	李想	50.17	41.81	91.98	4599.00
4	00101003	江河	48.16	75.1	123.26	6628.20
5	00101004	阮小五	22.4	16	38.4	1920.00
6	00101005	陈立标	54.88	43.73	98.61	4930.50
7	00101006	李然	44.8	37.33	82.13	4106.50
8	00101007	林苏洁	53.2	75.74	128.94	7025.80
9	00101008	刘政委	38.75	45.6	84.35	4217.50
10	00101009	胡姝芬	46.15	38.4	84.55	4227.50
11	00101010	潘丽丽	40.43	0	40.43	2021.50
12	00101011	王默然	51.52	0	51.52	2576.00
13	00101012	肖峰	52.19	0	52.19	2609.50

图 17.2 “工资统计 .xlsx”文件中的数据

工资表

工号	教师姓名	实验工作量	理论工作量	总工作量	工作量工资
00101001	陈勇	49.51	80.64	130.15	7110.50
00101002	李想	50.17	41.81	91.98	4599.00
00101003	江河	48.16	75.10	123.26	6628.20
00101004	阮小五	22.40	16	38.40	1920.00
00101005	陈立标	54.88	43.73	98.61	4930.50
00101006	李然	44.80	37.33	82.13	4106.50
00101007	林苏洁	53.20	75.74	128.94	7025.80
00101008	刘政委	38.75	45.60	84.35	4217.50
00101009	胡姝芬	46.15	38.40	84.55	4227.50
00101010	潘丽丽	40.43	0	40.43	2021.50
00101011	王默然	51.52	0	51.52	2576.00
00101012	肖峰	52.19	0	52.19	2609.50

图 17.3 用“工资统计 .xlsx”文件中的数据制作的 Word 文件中的表格

```
import openpyxl
import docx
import random
from docx.enum.text import WD_PARAGRAPH_ALIGNMENT
from docx.shared import Pt, RGBColor

# 从 Excel 文件中读数据（所有数据）
wb = openpyxl.load_workbook('工资统计 .xlsx')
sheet = wb['工作量汇总']
# lst = []
# for row in sheet.rows:
#     x = list(map(lambda cell: cell.value, row))
#     lst.append(x)
```

```
lst = [list(map(lambda cell: cell.value, row)) for row in sheet.rows]

# 生成 Word 文件
doc = docx.Document()

p = doc.add_paragraph(' 工资表 ')
p.alignment = WD_PARAGRAPH_ALIGNMENT.CENTER
p.runs[0].font.size = Pt(30)
p.runs[0].font.bold = True

# 表格中的列：
# 工号、教师姓名、实验工作量、理论工作量、总工作量、工作量工资
table = doc.add_table(rows=13, cols=6, style='Table Grid')
for i in range(13):
    for j in range(6):
        value = lst[i][j]
        if type(value) == float:
            value = str('%.2f' % value)
        elif type(value) == int:
            value = str(value)

        cell = table.cell(i, j)          # 单元格
        cell.text = value

        cell.paragraphs[0].alignment = WD_PARAGRAPH_ALIGNMENT.CENTER
        color = (random.randint(0, 255) for _ in range(3))
        cell.paragraphs[0].runs[0].font.color.rgb = RGBColor(*color)

doc.save('test.docx')
```

17.2 PDF文件

PDF（Portable Document Format，便携式文档格式）使用 .pdf 文件扩展名。用于处理 PDF 文件的模块是 PyPDF2，这个模块名称是区分大小写的。

17.2.1 从 PDF 文件提取文本

PyPDF2 虽然不能从 PDF 文件中提取图像、图表和其他媒体，但是它可以提取文本，并以字符串形式返回。例如：

```
>>> import PyPDF2
>>> file = open('meeting.pdf', 'rb')
>>> reader = PyPDF2.PdfFileReader(File)
>>> reader.numPages
19
>>> page = reader.getPage(0)
```

```
>>> page.extractText()
>>> file.close()
```

在示例中，首先，导入 PyPDF2 模块。其次，以读二进制的模式打开“meeting.pdf”文件。再次，执行 reader=PyPDF2.PdfFileReader(File) 语句，取得表示这个 PDF 文件的 PdfFileReader 对象。meeting.pdf 有 19 页，但这里只提取第一页的文本。最后，执行 page=reader.getPage(0) 语句，以取得 Page 对象，以及执行 page.extractText( ) 语句，返回第 1 页文本的字符串。

但是从 PDF 文件中提取文本并不完美。例如，示例 PDF 文件中的文本 Charles E. “Chas” Roemer, President，在函数返回的字符串中消失了，而且空格有时候也会缺失。

17.2.2 创建 PDF 文件

在 PyPDF2 中，与 PdfFileReader 对象相对应的是 PdfFileWriter 对象。注意，不能将任意文本写入 PDF 文件中，仅限于从其他 PDF 文件中复制的页面。此外，可以对 PDF 文件进行旋转页面、重叠页面的操作，还可以对 PDF 文件进行加密。

模块不允许直接编辑 PDF，必须创建一个新的 PDF，然后从已有的 PDF 文件中复制内容。步骤如下：

（1）打开一个或多个已有的 PDF 文件，得到 PdfFileReader 对象。

（2）创建一个新的 PdfFileWriter 对象。

（3）将页面从 PdfFileReader 对象复制到 PdfFileWriter 对象中。

（4）最后，利用 PdfFileWriter 对象写入新的 PDF 文件中。

创建一个 PdfFileWriter 对象，只是在 Python 中创建了一个代表 PDF 文件的值，而并没有创建实际的 PDF 文件。要实际生成文件，必须调用 PdfFileWriter 对象的 write( ) 方法。

write( ) 方法接受一个普通的 File 对象，它以写二进制的模式打开。可以用两个参数调用 Python 中的 open( ) 函数，得到这样的 File 对象：一个是要打开的 PDF 文件名字符串，一个是‘wb’，表明文件应该以写二进制的模式打开。

【例 17.4】利用 PyPDF2 模块，从一个 PDF 文件中把页面复制到另一个 PDF 文件中。这能够组合多个 PDF 文件，如去除不想要的页面或调整页面的次序等。

```
import PyPDF2

file1 = open('meeting.pdf', 'rb')
reader1 = PyPDF2.PdfFileReader(file1)
file2 = open('meeting2.pdf', 'rb')
reader2 = PyPDF2.PdfFileReader(file2)

writer = PyPDF2.PdfFileWriter()
for num in range(reader1.numPages):
    page = reader1.getPage(num)
    writer.addPage(page)
for num in range(reader2.numPages):
    page = reader2.getPage(num)
    writer.addPage(page)
```

```
with open('combined.pdf', 'wb') as file3:
    writer.write(file3)

file1.close()
file2.close()
```

PyPDF2 模块中的 addPage( ) 方法不能在 PdfFileWriter 对象中间插入页面，只能够在末尾添加页面。

17.2.3　加密 PDF 文件

PdfFileWriter 对象也可以为 PDF 文件进行加密。例如：

```
import PyPDF2

reader = PyPDF2.PdfFileReader(open('meeting.pdf', 'rb'))
writer = PyPDF2.PdfFileWriter()
for num in range(reader.numPages):
    writer.addPage(reader.getPage(num))

writer.encrypt('computer')
with open('mymeeting.pdf', 'wb') as f:
    writer.write(f)
```

本示例在调用 write( ) 方法保存文件之前，先调用 encrypt( ) 方法，传入口令字符串。PDF 文件可以有一个用户口令（允许查看这个 PDF 文件）和一个拥有者口令（允许设置打印、注释、提取文本等）。用户口令和拥有者口令分别是 encrypt( ) 的第一个参数和第二个参数。如果只把一个字符串传入给 encrypt( ) 方法，则它将同时作为用户和拥有者的口令。

17.2.4　解密 PDF 文件

已加密的 PDF 文件，只有在打开文件输入口令后才能阅读。例如：

```
>>> import PyPDF2
>>> reader = PyPDF2.PdfFileReader(open('encrypted.pdf', 'rb'))
>>> reader.isEncrypted
True
>>> reader.getPage(0)
……
    raise utils.PdfReadError("file has not been decrypted")
PyPDF2.utils.PdfReadError: file has not been decrypted
>>> reader.decrypt('rosebud')
1
>>> page = reader.getPage(0)
```

所有 PdfFileReader 对象都有一个 isEncrypted 属性，如果 PDF 是加密的，它就是 True，否则就是 False。

程序在读取加密的 PDF 文件时，就要调用 decrypt( ) 方法，传入口令字符串。在文件用正确的口令解密之前，如果尝试读取文件，则会导致错误。

请注意，decrypt( ) 方法只是解密了 PdfFileReader 对象，而不是实际的 PDF 文件。在程序中止后，文件仍然是加密的。程序下次运行时，还是需要再次调用 decrypt( )。

17.2.5 旋转页面

rotateClockwise( ) 方法和 rotateCounterClockwise( ) 方法可以将 PDF 文件的页面旋转 90° 的整数倍。例如：

```
import PyPDF2

file = open('meeting.pdf', 'rb')
reader = PyPDF2.PdfFileReader(file)

page = reader.getPage(0)
page.rotateClockwise(90)
writer = PyPDF2.PdfFileWriter()
writer.addPage(page)

with open('rotatedPage.pdf', 'wb') as f:
    writer.write(f)
file.close()
```

17.2.6 叠加页面

PyPDF2 模块也可以将一页的内容叠加到另一页上，这可以用来在页面上添加公司标志、时间戳和水印。

【例 17.5】请给 meeting.pdf 文件的第 1 页加上水印，水印文件是 watermark.pdf。

```
import PyPDF2

file1 = open('meeting.pdf', 'rb')
reader1 = PyPDF2.PdfFileReader(file1)

file2 = open('watermark.pdf', 'rb')
reader2 = PyPDF2.PdfFileReader(file2)

# 只有第 1 页加上了水印
writer = PyPDF2.PdfFileWriter()
firstPage = reader1.getPage(0)
firstPage.mergePage(reader2.getPage(0))
writer.addPage(firstPage)

for num in range(1, reader1.numPages):
    page = reader1.getPage(num)
    writer.addPage(page)
```

```
with open('addwatermarked.pdf', 'wb') as f:
    writer.write(f)
file1.close()
file2.close()
```

本例在 firstPage 上调用 mergePage( ) 方法，传递给 mergePage( ) 方法中的参数是 watermark.pdf 文件第一页的 Page 对象。

17.3　Word 文件转换为 PDF 文件

示例如下：

```
"""Word 文件转换为 PDF 文件 """
import glob
import re
from win32com import client as wc

word = wc.Dispatch('Word.Application')

# glob.glob 遍历指定目录下的所有文件和文件夹，不递归遍历
files = glob.glob('F:/*.docx')

for file in files:
    name = re.findall('(.*).docx', file)[0]
    try:
        doc = word.Documents.Open(file)
        doc.SaveAs('%s.pdf' % name, 17)  # wdFormatPDF = 17
        doc.Close()
    except:
        continue
word.Quit()
```

17.4　小结

本章介绍了如何利用 python-docx 模块读写 Word 文件，以及利用 PyPDF2 模块读写 PDF 文件。在处理 Word 文件和 PDF 文件时有很多限制，这些格式的本意是为了更好地展示给人们看，而不是让软件很容易解析。

第18章 自动化编程

18.1 发送邮件

SMTP（Simple Mail Transfer Protocol，简单邮件传输协议），它是一组用于由源地址到目的地址传送邮件的规则，由它来控制信件的中转方式。SMTP 属于 TCP/IP 协议簇，它能帮助每台计算机在发送或中转信件时找到下一个目的地。通过 SMTP 指定服务器，就可以把 E-mail 寄到收信人的服务器上。

使用 SMTP 的基本步骤是：①连接服务器；②登录；③发送服务请求；④退出。

18.2 接收邮件

POP（Post Office Protocol，邮局协议），可以让用户访问邮件服务器中的邮件，允许用户从服务器上把邮件存储到本地主机上，同时删除保存在邮件服务器上的邮件。

POP3 是 Post Office Protocol 3 的简称，即邮局协议的第 3 个版本，它是 Internet 电子邮件的第一个离线协议标准。POP3 允许用户从服务器上把邮件存储到本地主机上，同时删除保存在邮件服务器上的邮件。

Python 的 poplib 模块支持 POP3，基本步骤是：①连接服务器；②登录；③发送服务请求；④退出。

之后又出现了 IMAP（Interactive Mail Access Protocol，交互式邮件访问协议），与 POP3 的不同之处在于：开启 IMAP 后，在邮件客户端收取的邮件仍然保留在服务器上，同时在客户端上的操作都会反馈到服务器上，例如，在删除邮件、标记已读的邮件时，服务器上的邮件也会做出相应的动作。

18.3 用QQ邮箱发送邮件

18.3.1 开启 QQ 邮箱的 SMTP 服务

为了保障用户邮箱的安全，QQ 邮箱设置了 POP3/IMAP/SMTP 的开关。系统默认设置是“关闭”的，在用户需要这些功能时需要“开启”它们。首先，登录邮箱，进入设置—

账户；其次，在“账户”设置中，对设置项进行设置，如图 18.1 所示。

POP3/IMAP/SMTP/Exchange/CardDAV/CalDAV服务		
开启服务：	POP3/SMTP服务 (如何使用 Foxmail 等软件收发邮件？)	已开启 | 关闭
	IMAP/SMTP服务 (什么是 IMAP，它又是如何设置？)	已开启 | 关闭
	Exchange服务 (什么是Exchange，它又是如何设置？)	已开启 | 关闭

图 18.1　对设置项进行设置

18.3.2　QQ 邮箱群发邮件

示例如下：

```
import config   # config中有登录的用户名和密码
import smtplib
from email.mime.multipart import MIMEMultipart
from email.mime.text import MIMEText
from email.mime.image import MIMEImage
from email.mime.application import MIMEApplication

# 1. 连接服务器
host = 'smtp.qq.com'
port = 25
server = smtplib.SMTP(host, port)
server.starttls()

# 2. 登录
# 密码为发件人申请开启 POP3/SMTP 时的授权口令
server.login(config.username, config.password)

username = config1.username
password = config1.password

# 要群发的电子邮件地址
recipients = ('345783511@qq.com', 'lzhongyue@163.com')
body = """ 您好！这是邮件正文信息。"""

# 3. 发送服务请求
for item in recipients:
    msg = MIMEMultipart()   # 创建一个带附件的实例

    # 设置发信人、收信人和主题
    msg['From'] = '345783511@qq.com'
    msg['To'] = item
    msg['Subject'] = ' 这是一个测试 '

    # 1.设置邮件文字内容
    part1 = MIMEText(body, 'plain', 'utf-8')
```

```
    # 2. 添加 txt 文件作为附件
    part2 = MIMEText(open('三国演义.txt', 'rb').read(), 'base64', 'utf-8')
    part2.add_header('Content-Disposition', 'attachment',
                     filename=('utf-8', '', '三国演义.txt'))

    # 3. 添加 Word 文件作为附件
    # 这里的 filename 可以任意，写什么名字，邮件中就显示什么名字
    part3 = MIMEText(open('test.docx', 'rb').read(), 'base64', 'utf-8')
    part3.add_header('Content-Disposition', 'attachment',
                     filename=('utf-8', '', '测试.docx'))

    # 4. 添加图片作为附件
    part4 = MIMEImage(open('bird1.gif', 'rb').read())
    part4.add_header('Content-Disposition', 'attachment',
                     filename=('utf-8', '', '图片.gif'))

    # 5. 添加压缩文件作为附件
    part5 = MIMEApplication(open('牛牛.zip', 'rb').read())
    part5.add_header('Content-Disposition', 'attachment',
                     filename=('utf-8', '', '牛牛.rar'))

    msg.attach(part1)
    msg.attach(part2)
    msg.attach(part3)
    msg.attach(part4)
    msg.attach(part5)
    server.send_message(msg)            # 发送邮件
# 4. 退出
server.quit()                           # 退出登录
```

18.4 xpath

xpath 是一种 XML 路径语言，通过该语言可以在 XML 文档中迅速地查找到相应的信息，xpath 表达式通常称为 xpath selector。

在 xpath 表达式中，使用“/”可以选择某个标签，并且可以使用“/”进行多层标签的查找。比如，现在有以下代码：

```
<!DOCTYPE html>
<html lang="en">
   <head><title>首页</title></head>
   <body>
        <h2>大数据与爬虫有什么关系？</h2>
        <p2>在大数据处理中，数据源是很重要的，某些时候，
        数据源无法直接得到，此时使用爬虫可以轻松地对大量的
        数据进行采集，……
```

```
        </p2>
        <p2>除此之外，它们之间的关系还有……</p2>
    </body>
</html>
```

如果要找到 <h2></h2> 标签，使用下面的 xpath 表达式即可实现：/html/body/h2：

如果想获取该标签中的文本信息，可以通过 text( ) 实现：/html/body/h2/text( )。该表达式会提取出如下信息：大数据与爬虫有什么关系？

使用 “//” 可以提取某个标签的所有信息。如果想将所有 <p2> 标签的信息都提取出来，则可以使用：//p2。

如果想获取属性 X 的值为 Y 的所有 <Z> 标签的内容，则可以使用：//Z[@X=”Y”]。

具体操作如下：

（1）/，选择节点（标签）。例如：

```
/html/head/meta：能够选中 html 下的 head 下的所有 meta 标签。
```

（2）//，能够从任意节点开始选择。例如：

```
//li：当前页面上的所有的 li 标签。
/html/head//link：head 下的所有的 link 标签。
```

（3）@ 符号的用途。例如：

```
//div[@class='feed-infinite-wrapper']/ul/li
//div[@class='feed-infinite-wrapper']/ul/li//div[@class='title-box']/a/@href
```

（4）text( )，获取文本。例如：

```
/a/text()：获取 a 下的文本。
//div[@class='feed-infinite-wrapper']/ul/li//div[@class='title-box']/a/text()
/a//text()：获取 a 下的所有文本。
```

（5）./a：当前节点下的 a。

18.5 selenium

selenium 是一个用于测试 Web 应用程序的工具，它直接运行在浏览器中，就像真正的用户在操作一样。selenium 支持的浏览器包括 IE（7, 8, 9, 10, 11），Mozilla Firefox，Safari，Google Chrome，Opera 等。因为测试时 selenium 启动了 Web 浏览器，如果这时想从网络上下载一些文件，速度就会有点慢，并且难以在后台运行。

如果 selenium 要使用 Google Chrome 浏览器，则需要安装 chromedriver。用户可以下载 chromedriver.exe，并将其解压到 Python 的安装目录下。

18.5.1　在页面中寻找元素

WebDriver 对象有很多方法，用于在页面中寻找元素，包括 find_element_* 和 find_elements_* 两种类型的方法。

find_element_* 方法返回一个 WebElement 对象，代表页面中匹配查询的第一个元素。find_elements_* 方法返回 WebElement 对象列表，包含页面中所有匹配的元素。selenium 的 webDriver 方法如表 18.1 所示。

表 18.1　selenium 的 webDriver 方法

方法名	返回的WebElement对象列表
driver.find_element_by_class_name(name) driver.find_elements_by_class_name(name)	使用 CSS 类 name 的元素
driver.find_element_by_css_selector(selector) driver.find_elements_by_css_selector(selector)	匹配 CSS 类 selector 的元素
driver.find_element_by_id(id) driver.find_elements_by_id(id)	匹配 id 属性值的元素
driver.find_element_by_link_text(text) driver.find_elements_by_link_text(text)	完全匹配提供的 text 的 <a> 元素
driver.find_element_by_partial_link_text(text) driver.find_elements_by_partial_link_text(text)	包含提供的 text 的 <a> 元素
driver.find_element_by_name(name) driver.find_elements_by_name(name)	匹配 name 属性值的元素
driver.find_element_by_tag_name(name) driver.find_elements_by_tag_name(name)	匹配标签 name 的元素 （大小写无关，<a> 元素匹配 ‘a’ 和 ‘A’）

除了 *_by_tag_name( ) 方法，所有方法的参数都是区分大小写的。如果页面上没有元素匹配该方法要查找的元素，selenium 模块就会抛出 NoSuchElement 异常。如果不希望这个异常让程序崩溃，就在代码中添加 try 语句和 except 语句。

一旦有了 WebElement 对象，就可以读取表 18.2 中的属性或方法，了解它的更多功能。

表 18.2　WebElement 的属性或方法

属性或方法	描述
tag_name	标签名，例如 ‘a’ 表示 <a> 元素
get_attribute(name)	该元素 name 属性的值
text	该元素内的文本，例如 <span>hello</span> 中的 ‘hello’
clear( )	对于文本字段或文本区域元素，清除其中输入的文本
is_displayed( )	如果该元素可见，则返回 True，否则返回 False
is_enabled( )	对于输入的元素，如果该元素启用，则返回 True，否则返回 False
is_selected( )	对于复选框或单选框元素，如果该元素被选中，则选择 True，否则返回 False
location	一个字典，包含键 ‘x’ 和 ‘y’，表示该元素在页面上的位置

18.5.2 发送特殊键

selenium 有一个模块，针对键盘击键，它的功能非常类似于转义字符。这些值保存在 selenium.webdriver.common.keys 模块的属性中，这个模块中常用的常量如表 18.3 所示。

表 18.3 selenium.webdriver.common.keys 模块中常用的常量

属性	含义
Keys.DOWN, Keys.UP, Keys.LEFT, Keys.RIGHT	键盘箭头键
Keys.ENTER, Keys.RETURN	回车键和换行键
Keys.HOME, Keys.END, Keys.PAGE_UP, Keys.PAGE_DOWN	Home、End、PgUp 和 PgDn 键
Keys.ESCAPE, Keys.BACK_SPACE, Keys.DELETE	Esc、Backspace 和 Delete 键
Keys.F1, Keys.F2, . . . , Keys.F12	键盘顶部的 F1 到 F12 键
Keys.TAB	Tab 键

18.6 自动登录

18.6.1 自动打开百度网页

示例如下：

```
from selenium import webdriver
url = 'http://www.baidu.com'
driver = webdriver.Chrome()
driver.get(url)
driver.implicitly_wait(3)          # 隐式等待
driver.maximize_window()           # 窗口最大化
```

为什么需要设置元素等待？

因为目前大多数 Web 应用程序都是使用 Ajax 和 Javascript 开发的，每次加载一个网页，就会加载各种 HTML 标签、JS 文件。加载有加载顺序，大型网站很难在 1 秒之内就把网页的所有元素都加载出来。不仅如此，加载速度也受网络波动的影响。因此，当我们要在网页中做元素定位的时候，有可能我们已经打开了网页但元素还未加载出来，此时就定位不到元素，会报错。因此，我们需要设置元素等待，即等待指定的元素已经被加载出来之后，我们才去定位该元素，这样就不会出现定位失败的现象了。

在 selenium 中常用的等待分为隐式等待 implicitly_wait( )、显示等待 WebDriverWait( ) 和强制等待 sleep( ) 三种。

如果某些元素不是立即可用的，隐式等待就会告诉 WebDriver 去等待一定的时间后去查找元素。默认等待时间是 0 秒，隐式等待对整个 WebDriver 的周期都起作用，所以只要设置一次即可。

当需要定位某个元素而该元素可能不可见的时候，针对这个元素就可以使用显式等待。

显式等待和隐式等待最大的不同就是，可以把它看成是局部变量，作用于指定元素。

强制等待，需要设置固定的休眠时间。如果指定的时间过长，即使元素已被加载出来，但还是要继续等待，这样会浪费很多时间。

18.6.2 自动登录判题系统

示例如下：

```
from selenium import webdriver
from selenium.webdriver.common.keys import Keys
from config  # config 中有登录的用户名和密码

url = 'http://10.132.246.246/'
driver = webdriver.Chrome()
driver.get(url)
driver.implicitly_wait(3)
driver.maximize_window()

driver.find_element_by_name('username').send_keys(config.username)
elem = driver.find_element_by_name('password')
elem.send_keys(config.password)
elem.send_keys(Keys.RETURN)              # 第 1 种
# driver.find_element_by_xpath('/html/body/div[1]/div/div/div/form/button').
click() # 第 2 种
# driver.find_element_by_xpath('//*[@class="btn"]').click()  # 第 3 种
# driver.find_element_by_xpath('//*[@class="navbar-form pull-right"]/button').
click()# 第 4 种
```

注意：xpath 的表示可以与上面的示例不一样。

18.6.3 自动登录豆瓣

示例如下：

```
import config   #config 中有登录的用户名和密码
from selenium import webdriver
from selenium.webdriver.common.keys import Keys

url = 'https://www.douban.com'
driver = webdriver.Chrome()
driver.get(url)
driver.implicitly_wait(5)           # 隐式等待
driver.maximize_window()            # 窗口最大化

driver.switch_to.frame(0)           # 使用 frame 的 index 定位
# 定位密码登录方式
driver.find_element_by_xpath('//*[@class="account-body-tabs"]/ul/li[2]').click()

driver.find_element_by_name('username').send_keys(config.username)
```

```
    elem = driver.find_element_by_name('password')
    elem.send_keys(config.password)
    elem.send_keys(Keys.RETURN)
    # driver.find_element_by_xpath('/html/body/div[1]/div[2]/div[1]/div[5]/a').
click()
    # driver.find_element_by_xpath('//*[@class="account-form"]/div[5]/a').click()
    # driver.find_element_by_xpath('//*[@class="account-form-field-submit "]/a').
click()
```

iframe是HTML中常用的一种技术，即一个网页中嵌套了另一个网页，selenium默认无法访问iframe中的内容。具体的解决思路是：首先，使用driver.switch_to.frame( )定位并切换到iframe内；其次，进行元素操作；最后，再从iframe中切换出来。

18.7 用163邮箱自动发送邮件

各个组件的定位比较麻烦，可以用下面几种方法：①xpah；②直接搜索；③右击组件，选择“检查”进行定位。

示例如下：

```
from selenium import webdriver
import time
import config

url = 'https://mail.163.com/'
driver = webdriver.Chrome()
driver.get(url)
driver.implicitly_wait(5)
driver.maximize_window()

# 单击"邮箱账号登录"按钮
driver.find_element_by_xpath('//*[@id="normalLoginTab"]/h2').click()

iframe = driver.find_element_by_tag_name('iframe')
driver.switch_to.frame(iframe)                                    # 切换到iframe内
driver.find_element_by_name('email').send_keys(config.username)
driver.find_element_by_name('password').send_keys(config.password)
driver.find_element_by_id('dologin').click()    # 单击"登录"按钮
time.sleep(15)

# 写信
driver.find_element_by_xpath('//*[@id="_mail_component_24_24"]/span[2]').
click()
time.sleep(5)

# 收件人
driver.find_element_by_class_name('nui-editableAddr-ipt').send_
```

```
keys('2218935145@qq.com')
    time.sleep(5)

    # 主题
    driver.find_element_by_xpath('//*[contains(@id, "subjectInput")]').send_
keys('friends')
    time.sleep(5)

    iframe = driver.find_element_by_xpath('//*[@class="APP-editor-iframe"]')
    driver.switch_to.frame(iframe)  # 切换到 iframe 内
    time.sleep(5)

    driver.find_element_by_xpath('/html/body').send_keys('test')  # 添加正文
    time.sleep(5)

    driver.switch_to.parent_frame()  # 切换出 iframe

    # 单击“发送”按钮
    driver.find_element_by_xpath('//*[@class="nui-toolbar-item"]/div/span[2]').
click()

    time.sleep(20)
    driver.quit()
```

18.8 批量批改实验报告

【例 18.1】批量批改 Word 形式的实验报告。首先，单击“打开 word 文件”按钮，打开一个 Word 文件；其次，教师批改，批改完毕后教师单击“A 等”或“B 等”或“C 等”或“D 等”或“E 等”按钮，即可在 Word 文件的最后添加文字（如“A 等”）；最后，这个 Word 文件自动关闭，再自动打开另一个 Word 文件。直到指定文件夹下所有的 Word 文件处理完毕，程序结束。程序界面如图 18.2 所示。

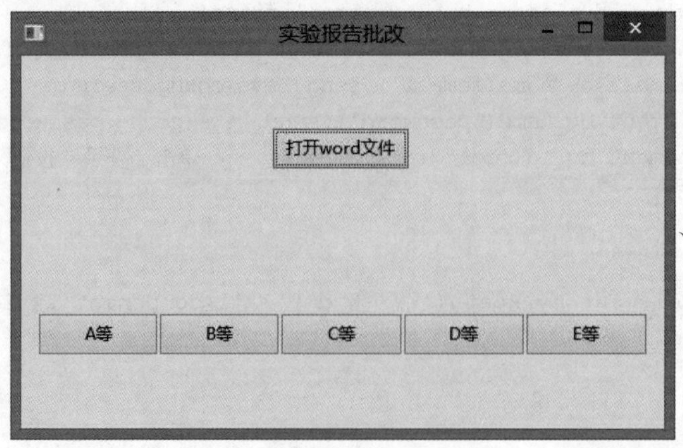

图 18.2 程序界面

```
import wx
import threading
import time
import docx
import os

class MyFrame(wx.Frame):
    def __init__(self):
        super().__init__(
            parent=None,
            title='实验报告批改',
            size=(480, 300),
            pos=(400, 200),
            style=wx.DEFAULT_FRAME_STYLE | wx.STAY_ON_TOP
        )
        panel = wx.Panel(self)

        btn = wx.Button(panel, label='打开word文件')
        self.Bind(wx.EVT_BUTTON, self.openfile, btn)

        btn_a = wx.Button(panel, label='A等', id=1)
        btn_b = wx.Button(panel, label='B等', id=2)
        btn_c = wx.Button(panel, label='C等', id=3)
        btn_d = wx.Button(panel, label='D等', id=4)
        btn_e = wx.Button(panel, label='E等', id=5)
        self.Bind(wx.EVT_BUTTON, self.grade, id=1, id2=5)

        # 布局
        hbox1 = wx.BoxSizer()
        hbox1.Add(btn, 1, flag=wx.ALIGN_CENTER | wx.FIXED_MINSIZE)

        hbox2 = wx.BoxSizer()
        hbox2.Add(btn_a, 1, flag=wx.ALIGN_CENTER | wx.FIXED_MINSIZE)
        hbox2.Add(btn_b, 1, flag=wx.ALIGN_CENTER | wx.FIXED_MINSIZE)
        hbox2.Add(btn_c, 1, flag=wx.ALIGN_CENTER | wx.FIXED_MINSIZE)
        hbox2.Add(btn_d, 1, flag=wx.ALIGN_CENTER | wx.FIXED_MINSIZE)
        hbox2.Add(btn_e, 1, flag=wx.ALIGN_CENTER | wx.FIXED_MINSIZE)

        vbox = wx.BoxSizer(wx.VERTICAL)
        vbox.Add(hbox1, 1, flag=wx.ALIGN_CENTER | wx.FIXED_MINSIZE)
        vbox.Add(hbox2, 1, flag=wx.ALIGN_CENTER | wx.FIXED_MINSIZE)
        panel.SetSizer(vbox)
    def openfile(self, event):
        t = threading.Thread(target=self.thread_openfile)
        t.start()
    def thread_openfile(self):
        os.chdir('1')
```

```
        for i in range(5):
            self.filename = 'my' + str(i) + '.docx'
            os.system(self.filename)
            time.sleep(1)
    def grade(self, event):
        bid = event.GetId()
        level = ''
        if bid == 1:
            level = 'A'
        elif bid == 2:
            level = 'B'
        elif bid == 3:
            level = 'C'
        elif bid == 4:
            level = 'D'
        elif bid == 4:
            level = 'E'

        doc = docx.Document(self.filename)
        doc.add_paragraph(level + '等')
        doc.save('【已阅】' + level + '-' + self.filename)
        os.system('taskkill /IM WINWORD.EXE')

class App(wx.App):
    def OnInit(self):
        frame = MyFrame()
        frame.Show()
        return True

if __name__ == '__main__':
    app = App()
    app.MainLoop()
```

18.9 自动把网页保存为PDF文件

【例 18.2】将本校判题系统上已经 AC（通常用在信息学竞赛在线评测系统中，表示测试样例通过。）的题目批量自动保存为 PDF 文件，如果能设置保存的路径，则文件名可以不用修改。注意：这里要利用 Microsoft Spy++ 工具确定窗口的句柄、窗口内控件、窗口内某组成部分的坐标等。

【分析】解决这个问题的思路是：

（1）先进入需要保存为 PDF 文件的网页。

（2）按 Ctrl+P 键，进入打印窗口。利用 Microsoft Spy++ 工具，定位图 18.3 中箭头所指的 3 个位置。

（3）定位到网页上的“保存”按钮并单击。之后，进入“另存为”窗口。

（4）“另存为”窗口打开后，需要找到窗口，然后定位图 18.4 中箭头所指的 3 个位置。

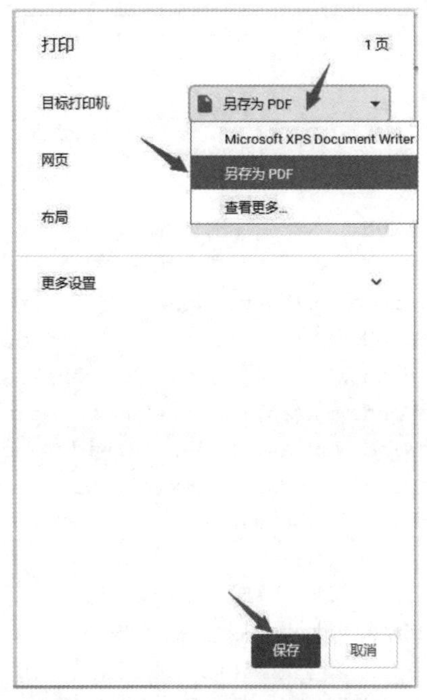

图 18.3　定位网页中的 3 个位置

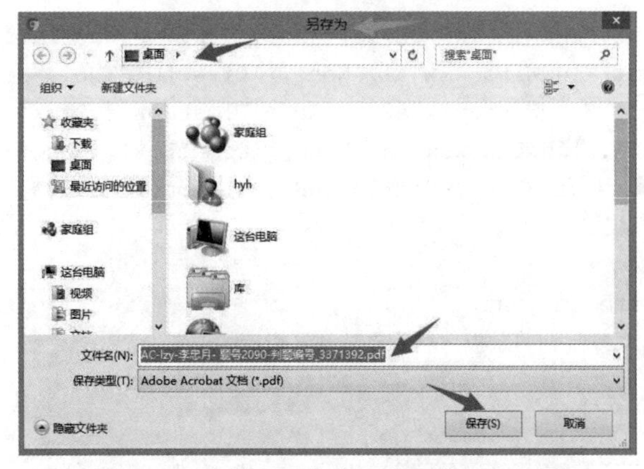

图 18.4　定位“另存为”窗口的 3 个位置

```
import config
import time
import win32gui
import win32api
import win32con
import win32clipboard
from selenium import webdriver
from selenium.webdriver.common.keys import Keys

def find_saveas_hwnd():
    """ 查找 " 另存为 " 窗口 """
    classname = '#32770'
```

```
    titlename = '另存为'
    hwnd = win32gui.FindWindow(classname, titlename)
    return hwnd

def find_filepath_hwnd():
    """查找"另存为"窗口中的路径栏句柄"""
    time.sleep(3)
    hwnd = find_saveas_hwnd()  # 先查找"另存为"窗口

    a1 = win32gui.FindWindowEx(hwnd, None, 'WorkerW', None)
    a2 = win32gui.FindWindowEx(a1, None, 'ReBarWindow32', None)
    a3 = win32gui.FindWindowEx(a2, None, 'Address Band Root', None)
    a4 = win32gui.FindWindowEx(a3, None, 'msctls_progress32', None)
    a5 = win32gui.FindWindowEx(a4, None, 'Breadcrumb Parent', None)
    hwnd_filepath = win32gui.FindWindowEx(a5, None, 'ToolbarWindow32', None)
    return hwnd_filepath

def find_filename_hwnd():
    """查找"另存为"窗口中的文件名输入框句柄"""
    time.sleep(3)
    hwnd = find_saveas_hwnd()  # 先查找"另存为"窗口

    a1 = win32gui.FindWindowEx(hwnd, None, 'DUIViewWndClassName', None)
    a2 = win32gui.FindWindowEx(a1, None, 'DirectUIHWND', None)
    a3 = win32gui.FindWindowEx(a2, None, 'FloatNotifySink', None)
    a4 = win32gui.FindWindowEx(a3, None, 'ComboBox', None)
    hwnd_filename = win32gui.FindWindowEx(a4, None, 'Edit', None)
    return hwnd_filename

def copy_and_paste(content):
    """将content复制到剪贴板，然后再粘贴到指定的位置"""

    time.sleep(1)
    win32clipboard.OpenClipboard()
    win32clipboard.EmptyClipboard()
    win32clipboard.SetClipboardText(content)
    win32clipboard.CloseClipboard()

    # 按Ctrl+V键，进行粘贴
    time.sleep(1)
    win32api.keybd_event(0x11, 0, 0, 0)
    win32api.keybd_event(0x56, 0, 0, 0)
    win32api.keybd_event(0x56, 0, win32con.KEYEVENTF_KEYUP, 0)
    win32api.keybd_event(0x11, 0, win32con.KEYEVENTF_KEYUP, 0)

    # 按回车键进入指定的位置。这里必须按回车键，否则所设置的内容不起作用
    time.sleep(1)
```

```
    win32api.keybd_event(0x0D, 0, 0, 0)
    win32api.keybd_event(0x0D, 0, win32con.KEYEVENTF_KEYUP, 0)

def set_filepath(filepath):
    # 第 1 步：查找 " 另存为 " 窗口中的路径栏句柄
    hwnd_filepath = find_filepath_hwnd()

    #第 2 步：找到路径栏句柄，然后使地址栏变成可输入的状态
    win32gui.PostMessage(hwnd_filepath, win32con.WM_LBUTTONDOWN,
                         win32con.MK_LBUTTON, 0)
    time.sleep(1)
    win32gui.PostMessage(hwnd_filepath, win32con.WM_LBUTTONUP,
                         win32con.MK_LBUTTON, 0)

    # 第 3 步：先将路径复制到剪贴板，然后再粘贴到路径栏
    time.sleep(1)
    copy_and_paste(filepath)

def set_filename(filename):
    # 第 1 步：查找 " 另存为 " 窗口中的 " 文件名输入框 " 句柄
    hwnd_filename = find_filename_hwnd()

    # 第 2 步：找到 " 文件名输入框 " 句柄，然后使它变成可输入的状态
    win32gui.PostMessage(hwnd_filename, win32con.WM_LBUTTONDOWN,
                         win32con.MK_LBUTTON,0)
    time.sleep(1)
    win32gui.PostMessage(hwnd_filename, win32con.WM_LBUTTONUP,
                         win32con.MK_LBUTTON,0)

    # 第 3 步：先将文件名复制到剪贴板，然后再粘贴到 " 文件名输入框 " 中。
    copy_and_paste(filename)

def click_save_button():
    """ 单击 " 另存为 " 窗口中的 " 保存 " 按钮控件 """

    time.sleep(1)
    hwnd = find_saveas_hwnd()   # 查找 " 另存为 " 窗口

    # 查找 " 另存为 " 窗口中的 " 保存 " 按钮控件并单击
    hwnd_save = win32gui.FindWindowEx(hwnd, None, 'Button', None)
    win32gui.PostMessage(hwnd_save, win32con.WM_LBUTTONDOWN,
                         win32con.MK_LBUTTON, 0)

    win32gui.PostMessage(hwnd_save, win32con.WM_LBUTTONUP,
                         win32con.MK_LBUTTON, 0)
    # win32gui.PostMessage(hwnd_save, win32con.WM_KEYDOWN,
    #                          win32con.VK_RETURN, 0)
```

```
    # win32gui.PostMessage(hwnd_save, win32con.WM_KEYUP,
    #                      win32con.VK_RETURN, 0)

    # 请注意：如果不需要修改路径和文件名，则可以直接按回车键
    # 因为此时焦点正处在 " 保存 " 按钮控件上面
    # time.sleep(2)
    # win32api.keybd_event(0x0D, 0, 0, 0)
    # win32api.keybd_event(0x0D,0,win32con.KEYEVENTF_KEYUP,0)

def login(url):
    driver = webdriver.Chrome()
    driver.get(url)
    # 隐式等待对整个 driver 的周期都起作用，所以只要设置一次即可
    # 设置最长等待时间。如果在规定时间内网页加载完成，则执行下一步
    # 否则一直等到时间截止，然后执行下一步
    driver.implicitly_wait(2)
    driver.maximize_window()  # 窗口最大化

    driver.find_element_by_name('username').send_keys(config.username)
    elem = driver.find_element_by_name('password')
    elem.send_keys(config.password)
    elem.send_keys(Keys.RETURN)
    return driver

def locate_and_click(x, y):
    """ 定位，然后单击 """
    win32api.SetCursorPos([x, y])
    win32api.mouse_event(win32con.MOUSEEVENTF_LEFTDOWN, 0, 0, 0, 0)
    time.sleep(1)
    win32api.mouse_event(win32con.MOUSEEVENTF_LEFTUP, 0, 0, 0, 0)

if __name__ == '__main__':
    driver = login('http://10.132.246.246/')

    lst = ['http://10.132.246.246/judge/3371392/course/96/print_exp/',
           'http://10.132.246.246/judge/3371537/course/96/print_exp/']

    for i in range(len(lst)):
        driver.get(lst[i])

        # 按 Ctrl+P 键，进入打印页面。Ctrl 的 ASCII 码是 0x11。
        win32api.keybd_event(0x11, 0, 0, 0)
        win32api.keybd_event(0x50, 0, 0, 0)
        win32api.keybd_event(0x50, 0, win32con.KEYEVENTF_KEYUP, 0)
        win32api.keybd_event(0x11, 0, win32con.KEYEVENTF_KEYUP, 0)

        # 第 1 次，需要定位到 " 另存为 PDF" 窗口
```

```
        if i == 0:
            time.sleep(5)
            locate_and_click(1073, 150)
            time.sleep(5)
            locate_and_click(1073, 220)

        # 定位到网页上的 " 保存 " 按钮控件，单击后打开 " 另存为 " 窗口
        time.sleep(2)
        locate_and_click(1060, 670)

        # 第 1 次，需要设置 " 另存为 " 窗口中所需要切换的路径
        if i == 0:
            filepath = r'E:\4-30'
            set_filepath(filepath)

        # 设置 " 另存为 " 窗口中的所要的文件名（如果需要改名）
        # filename = 'my'
        # set_filename(filename)

        # 单击 " 保存 " 按钮控件
        time.sleep(2)
        click_save_button()
    time.sleep(2)
    driver.quit()
```

18.10 ftplib模块

18.10.1 获取文件名

【例 18.3】FTP 上某文件夹下有很多文件，文件命名方式一样，如“AC-19211260119-俞飞飞 - 题号 3007- 判题编号 _3444963.pdf ”。现要求提取此文件夹下每个文件的学号、姓名和题号，然后写入 Excel 文件中。

```
import re
from ftplib import FTP
import openpyxl

wb = openpyxl.Workbook()
del wb['Sheet']

ftp = FTP()
ftp.connect('10.132.252.220')   # ftp.connect('10.132.239.5', 6727)
ftp.login()                            # ftp.login(' 用户名 ***', ' 密码 ***')
ftp.encoding = 'GB18030'
```

```
path = '/PythonExercise/实验'                # FTP上的地址
pat = r'AC-(\d*)-(.*?)-题号(\d*)'            # 提取学号，姓名，题号
for i in range(1, 8):
    ftp.cwd(path + '%02d' % i)
    lst = ftp.nlst()

    # 从FTP上读取数据放入字典中
    d = {}
    for filename in lst:
        a = re.compile(pat).findall(filename)
        sid, name, tid = a[0]   # 学号, 姓名, 题号
        if sid in d:
            d[sid].append(tid)
        else:
            d[sid] = [name, tid]

    # 把字典中的数据写入Excel文件中
    sheet = wb.create_sheet('实验' + '%02d' % i)
    sheet.append(['学号', '姓名', '题号'])
    for sid, value in d.items():
        sheet.append([sid, *value])

wb.save('实验报告情况.xlsx')
ftp.quit()
```

18.10.2 下载文件

【例18.4】FTP上某文件夹下有很多文件，文件命名方式一样，如“AC-19211260119-俞飞飞-题号3007-判题编号_3444963.pdf”。现要求根据给定的学生学号、题号，从FTP上下载文件，然后放在本机的一个目录下面。

```
import os
import re
from ftplib import FTP

ftp = FTP()
ftp.connect('10.132.252.220')
ftp.login()
ftp.encoding = 'GB18030'

# 给定的学生学号
stu_list = ['16211134101', '16211134106', '16211134110',
            '16211134119', '16211134129']
# 给定的题号
problem_list = ['0538', '1168']
```

```
path = '/PythonExercise/实验'   # FTP上的地址
pat = r'AC-(\d*).*题号(\d*)'    # 提取学号，题号
dest_path = 'C:/FFF/18jiben'    # 存放文件的本地目录
for i in range(1, 8):
    ftp.cwd(path + '%02d' % i)
    try:
        lst = ftp.nlst()
        for filename in lst:
            a = re.compile(pat).findall(filename)
            sid, tid = a[0]
            if (sid in stu_list) and (tid in problem_list):
                handler = open(os.path.join(dest_path, filename), 'wb').write
                ftp.retrbinary('RETR ' + filename, handler)
    except Exception:
        pass
    continue
ftp.quit()
```

18.10.3 上传文件

【例 18.5】上传文件到 FTP 上指定的文件夹。

```
import os
from ftplib import FTP

ftp = FTP()
ftp.connect('10.132.252.220')
ftp.login()
ftp.encoding = 'GB18030'

ftp.cwd('/PythonExercise')                # FTP上的地址

local_path = 'C:/FFF/18jiben/' # 存放文件的本地目录
for root, dirs, files in os.walk(local_path):
    for file in files:
        handler = open(os.path.join(root, file), 'rb')
        ftp.storbinary('STOR ' + file, handler)
ftp.quit()
```

18.11 小结

本章主要讲解自动化编程，包括自动发送邮件、自动登录、自动把网页保存为 PDF 文件等。

第4篇
数据篇

第19章 requests模块

Python 中可以用来做爬虫 [1] 的库有很多，比较常用的是 urllib、urllib2 和 requests，这三个库基本上可以解决大部分抓取需求。urllib 和 urllib2 是 Python 标准库；requests 是第三方库，但是功能很强大，比 urllib、urllib2 更简单明了，本章主要讲解 requests 模块。

19.1 实例导入

【例 19.1】 查询 IP 地址的归属地。进入查询网 https://www.ip138.com/ 进行查询。

```
import requests
import re
headers = {
    'User-Agent': 'Mozilla/5.0 (Windows NT 10.0; Win64; x64) AppleWebKit/537.36 (KHTML, like Gecko) Chrome/81.0.4044.138 Safari/537.36'}
url = 'https://www.ip138.com/iplookup.asp?ip='
ip = '218.75.27.164'
suffix = '&action=2'
response = requests.get(url + ip + suffix, headers=headers)
html = response.content.decode(response.apparent_encoding)

# 设置规则
pat1 = '"ASN 归属地 ":"(.*?)"'
pat2 = '"iP 段 ":"(.*?)"'


print('ASN 归属地 :', re.findall(pat1, html)[0])
print('iP 段 :', re.findall(pat2, html)[0])
```

【例 19.2】 爬取京东网站中手机的网页，将这些网页上的图片全部爬取到本地。打开京东商城的首页（http://www. jd.com），然后选择对应的“手机 / 运营商 / 数码”分类，并进入其下的“手机通讯 / 手机”子分类。

① 本书爬取的数据是开放数据，仅用于教学。

```
import requests
from lxml import etree
import config
headers = {
    'User-Agent': 'Mozilla/5.0 (Windows NT 6.3; Win64; x64) AppleWebKit/537.36
(KHTML, like Gecko) Chrome/73.0.3683.86 Safari/537.36',
    'Cookie': config.Cookie
}
url = 'https://list.jd.com/list.html?cat=9987,653,655&page='
for page in range(1, 4):
    per_url = url + str(page * 2 - 1)
    response = requests.get(per_url, headers=headers)
    html = response.content.decode()
    element = etree.HTML(html)

    # 图片所在的位置
    lst = element.xpath('//*[@class="p-img"]/a/img/@data-lazy-img')

    for index, x in enumerate(lst, start=1):
        image_url = 'https:' + x
        filename = 'images/' + str(page) + '_' + str(index) + '.jpg'
        try:
            response = requests.get(image_url, headers=headers)
            with open(filename, 'wb') as f:
                f.write(response.content)
        except Exception as e:
            print(e)
```

19.2 爬虫基础

19.2.1 爬虫

网页有三大特征：①每个网页都通过自己的URL（统一资源定位符）来进行定位；②网页都使用HTML（超文本标记语言）来描述页面信息；③网页都使用HTTP/HTTPS协议来传输HTML数据。

HTTP协议，是一种发布和接收HTML页面的方法。

HTTPS协议，是HTTP的协议安全版，在HTTP协议下加入SSL（Secure Socket Layer，安全套接层）。SSL主要用于Web的安全传输协议，在传输层对网络连接进行加密，保障数据在Internet上安全地传输。

爬虫就是爬取网页数据的程序，爬虫爬取过程可以理解为模拟浏览器操作的过程。爬虫的爬取流程是：

（1）首先确定需要爬取的网页URL地址。

（2）通过HTTP/HTTPS协议来获取对应的HTML页面。

（3）提取 HTML 页面里有用的数据。如果是需要的数据，就保存起来；如果是页面里的其他 URL，就继续执行步骤（2）。

19.2.2 HTTP 协议请求

如果要进行客户端与服务器之间的消息传递，可以使用 HTTP 协议请求进行。HTTP 协议请求主要分为 6 种类型，各类型的主要作用如下：

（1）GET 请求：GET 请求会通过 URL 地址传递信息，可以直接在 URL 地址中写上要传递的信息，也可以由表单进行传递。如果使用表单进行传递，则表单中的信息会自动转为 URL 地址中的数据，通过 URL 地址传递。

（2）POST 请求：可以向服务器提交数据，是一种比较主流也比较安全的数据传递方式。例如，在登录时，经常使用 POST 请求发送数据。

（3）PUT 请求：请求服务器存储一个资源，通常要指定存储的位置。

（4）DELETE 请求：请求服务器删除一个资源。

（5）HEAD 请求：请求获取对应的 HTTP 的报头信息。

（6）OPTIONS 请求：可以获得当前 URL 所支持的请求类型。

除此之外，还有 TRACE 请求与 CONNECT 请求等，TRACE 请求主要用于测试或诊断。由于它们用得非常少，因此本书不进行介绍。

GET 请求和 POST 请求用得最多，在进行注册、登录等操作的时候，基本上都会用到 POST 请求。

19.2.3 爬虫的浏览器伪装技术

有一些网站为了避免爬虫的恶意访问，会设置一些反爬虫机制，常见的反爬虫机制主要有以下三种：

（1）网站通过分析用户请求的 Headers 信息进行反爬虫。这种反爬虫机制，在目前的网站中应用得最多。可以在爬虫中构造用户请求的 Headers 信息，将爬虫伪装成浏览器，从而攻克限制。

（2）网站通过检测用户的行为进行反爬虫。比如，网站通过判断同一个 IP 地址在短时间内是否频繁访问本网站等进行分析。这种反爬虫机制，可以通过切换代理服务器的方式攻克限制。

（3）网站通过动态页面增加爬虫爬取的难度，达到反爬虫的目的。这种反爬虫机制，可以利用一些工具软件（比如 selenium）攻克限制。

1. headers 信息

当爬虫通过浏览器访问某个网址的时候，会向服务器发送一些 headers 头信息，然后服务器会根据对应的用户请求的 headers 信息生成一个网页内容，并将生成的内容返回给浏览器。在这个过程中，当服务器接收到这些 headers 信息之后，可以知道当前浏览器的状态，同样服务器也可以根据当前浏览器的状态分析对应请求的用户是爬虫的可能性有多大，从而决定是否做出响应以及做出什么样的响应。

要使用这些 headers 信息，首先要知道这些 headers 信息中常见的各字段是什么含义。

各字段的基本格式为：字段名 : 字段值。

（1）Accept 字段：主要用来表示浏览器能够支持的内容类型有哪些。例如：

```
Accept: text/html, application/xhtml+xml, application/xml; q=0.9, */*; q=0.8
```

其中，text/html 表示 HTML 文档；

application/xhtml+xml 表示 XHTML 文档；

application/xml 表示 XML 文档；

q 代表权重系统，值介于 0 和 1 之间。

上面这行代码表示浏览器可以支持 text/html、application/xhtml+xml、application/xml、*/* 等内容类型，支持的优先顺序从左到右依次排列。

（2）Accept-Encoding 字段：主要用来表示浏览器支持的压缩编码有哪些。例如：

```
Accept-Encoding: gzip, deflate, br
```

其中，gzip 是压缩编码的一种；

deflate 是一种无损数据压缩算法。

（3）Accept-Language 字段：主要用表示浏览器所支持的语言类型。例如：

其中，zh-CN 表示简体中文，zh 表示中文，CN 表示简体；

en-US 表示英语（美国）语言；

en 表示英语语言。

（4）User-Agent 字段：主要表示用户代理服务器可以通过该字符识别客户端的浏览器类型及版本号、操作系统类型及版本号、网页排版引擎等信息。例如：

```
User-Agent: Mozilla/5.0 (Windows NT 6.3; Win64; x64) AppleWebKit/537.36 (KHTML, 
like Gecko) Chrome/71.0.3578.98 Safari/537.36
```

其中，Mozilla/5.0 表示客户端的浏览器类型及版本信息；

Windows NT 6.3; Win64; x64 表示客户端操作系统所对应的信息；

KHTML, like Gecko 表示客户端的网页排版引擎所对应的信息；

Chrome 表示客户端的浏览器类型。

（5）Connection 字段：表示客户端与服务器的连接类型。

其中，keep-alive 表示持久性连接；

close 表示单方面关闭连接，让连接断开。

（6）Host 字段：表示请求的服务器网址是什么。

（7）Referer 字段：主要表示来源网址。比如，我们从 http://www.youku.com 网址中访问了其他子页面，那么此时 Referer 字段的值为 http://www.youku.com。

有时候爬虫无法爬取一些网页，就会出现 403 错误，因为这些网页为了防止他人恶意采集其信息而进行了一些反爬虫的设置。此时，爬虫可以设置一些 headers 信息，模拟成浏览器去访问这些网页，就能够攻克限制。

注意： *User Agent 是爬虫和反爬虫斗争的第一大招。程序员在编程时要养成良好的习惯，即发送请求带上 User Agent。*

2. 代理服务器的设置

很多网站会检测某一段时间某个 IP 地址的访问次数（如通过流量统计、系统日志等方式）。如果这个IP地址的访问次数多的不正常，网站就会禁止这个IP地址的访问。那么怎样解决这个问题呢？使用代理服务器，可以很好地解决这个问题。当使用代理服务器爬取某个网站的内容时，在对方网站上，显示的不是真实的IP地址，而是代理服务器的IP地址。

我们可以设置一些代理服务器，每隔一段时间换一个，就算IP地址被禁止，依然可以换其他的IP地址继续爬取。

使用代理服务器的IP地址，这是爬虫/反爬虫的第二大招，通常也是最好用的。

免费的开放代理服务器的获取基本没有成本，可以在一些代理网站上收集这些免费的代理服务器，测试后如果可以用，就把它收集起来用在爬虫上面。目前，免费短期代理网站有：西刺代理、快代理、89代理等。

如果代理服务器的IP地址足够多，就可以像随机获取User-Agent一样，随机选择一个代理服务器的IP地址访问网站。例如：

```
import requests
import random
from lxml import etree

# 设置代理服务器，从西刺代理网站上找出一些可用的代理服务器的IP地址
# 此处通过列表形式，设置多个代理服务器的IP地址
# 后面通过random.choice()随机选取一个代理服务器的IP地址来使用
proxies = [
    'http://117.66.167.116:8118',
    'http://118.190.95.35:9001',
    'http://116.77.204.2:80',
    'http://110.40.13.5:80',
    'https://112.87.71.21:9999'
    'https://219.218.102.146:33323'
]
headers = {
    'User-Agent': 'Mozilla/5.0 (Windows NT 6.3; Win64; x64) AppleWebKit/537.36 
(KHTML, like Gecko) Chrome/73.0.3683.86 Safari/537.36'
}

url = 'https://www.ipip.net/'
for i in range(1, 20):
    try:
        response = requests.get(url,
                     proxies={'https': random.choice(proxies)},
                     timeout=2)
        html = response.content.decode()
        element = etree.HTML(html)
        ip = element.xpath('//*[@class="inner"]/li[1]/a/text()')
        print('第%s次请求的IP为：%s' % (i, ip))
    except Exception:
        continue
```

示例中的timeout=2，是设置超时2秒。有些网站的服务器反应快，有些网站的服务器反应慢，我们可以根据自己的需要来设置超时的时间值。

19.2.4 异常

程序在执行过程中，难免会发生异常。在Python的爬虫中，经常要处理一些与URL相关的异常。

程序在进行异常处理时，经常使用try…except语句，在try中执行主要代码，在except中捕获异常信息，并进行相应的异常处理。

状态码是服务器返回给客户端的一个编码，不同的编码具有不同的含义，4开头的是服务器页面出错，5开头的是服务器问题。状态码及含义如表19.1所示。

表19.1 状态码及含义

状态码	含义
200	OK，一切正常
301	Moved Permanently，重定向到新的URL，是永久性的
302	Found，重定向到临时的URL，非永久性
304	Not Modified，请求的资源未更新
400	Bad Request，非常请求
401	Unauthorized，请求未经授权
403	Forbidden，禁止访问
404	Not Found，没有找到对应页面
500	Internal Server Error，服务器内部出现错误
501	Not Implemented，服务器不支持实现请求所需要的功能

19.3 GET请求实例

【例19.3】 爬取百度首页1。

```
import requests
url = 'http://www.baidu.com'
response = requests.get(url)
print(response)
```

运行结果为：

```
<Response [200]>
```

【例19.4】 爬取百度首页2。

```
import requests
url = 'http://www.baidu.com'
response = requests.get(url)
print(response.content.decode())
```

说明： response.content.decode( )方法默认是utf-8编码，把响应的二进制字节流转化为str类型。如果这种方式无法获取正确的数据，则可以使用gbk编码，也可以使用response.

content.decode (response.apparent_encoding) 方法。

【例 19.5】爬取百度首页 3。

```
import requests
url = 'http://www.baidu.com'
response = requests.get(url)
response.encoding = 'utf-8'
print(response.text)
```

说明：response.text 方式往往会出现乱码，所以之前要使用 response.encoding ='utf-8' 语句或 response.encoding=response.apparent_encoding 语句。

response 还有其他的方法：response.request.url，发送请求的 URL 地址；response.url，响应的 URL 地址；response.request.headers，请求 Headers；response.headers，响应 Headers 请求。

【例 19.6】打开百度，爬取指定的关键字页面，并保存在本地。

如果想在百度上查询关键词 hello，则可以打开百度首页，在搜索引擎中输入 hello 进行查询，之后会出现对应的查询结果。下面，我们来观察 URL 变化：

```
https://www.baidu.com/s?ie=utf-8&f=8&rsv_bp=1&rsv_idx=1&tn=baidu&wd=hello&fenlei=256&rsv_pq=cca38eda0000f844&rsv_t=dfe2yRjEW4NkLCiiedlwzre0d3iOtzISPKTn41g94dJS5RP239n%2B5QlTqZE&rqlang=cn&rsv_enter=1&rsv_dl=tb&rsv_sug3=6&rsv_sug1=5&rsv_sug7=101&rsv_sug2=0&rsv_btype=i&inputT=1234&rsv_sug4=2512&rsv_sug=1
```

我们可以发现，对应的查询信息是通过 URL 传递的，采用的是 HTTP 中的 GET 请求，将该网址提取出来进行分析。字段 ie 的值为 utf-8，代表的是编码信息，而字段 wd 的值为 hello，是所要查询的信息，所以字段 wd 应该存储的就是用户检索的关键词。

根据猜测，简化该网址为：https://www.baidu.com/s?wd=hello，此时只包含了对应的 wd 字段，即待检索关键词字段。我们将该网址复制到浏览器中，刷新后发现该网址能够出现关键词为 hello 的搜索结果。由此可见，在百度上查询一个关键词时，会使用 GET 请求进行，其中关键性字段是 wd，网址的格式是：https://www.baidu.com/s?wd= 关键词。

根据上面找出的规律，我们就可以通过构造 GET 请求，用爬虫实现在百度上自动查询某个关键词。

```
import requests
headers = {
    'User-Agent': 'Mozilla/5.0 (Windows NT 6.3; Win64; x64) AppleWebKit/537.36 (KHTML, like Gecko) Chrome/73.0.3683.86 Safari/537.36',
}
url = 'https://www.baidu.com/s?wd=' + 'hello'
response = requests.get(url, headers=headers)
print(response.status_code)
with open('1.html', 'wb') as f:
    f.write(response.content)
```

通过例 19.6 可以知道，如果要使用 GET 请求，思路如下：构建对应的 URL 地址，该 URL 地址包含 GET 请求的字段名和字段内容等信息，并且 URL 地址满足 GET 请求的格式，即 http:// 网址 ? 字段名 1= 字段内容 1 & 字段名 2= 字段内容 2。

读者可以试一下，如果程序中不带“headers”，会是什么情况？

19.4 POST请求实例

一般使用requests中的POST请求会基于以下两种情况：①模仿浏览器进行登录注册；②需要传输大文本数据，因为POST请求不限制数据长度。

为了模拟浏览器，发送具有headers的请求，获取和浏览器一模一样的内容，程序中还可以使用timeout参数。比如：

```
request.post(url, headers=headers, data=data, timeout=3) # 3秒内必须响应，否则会报错
```

【例 19.7】做一个有道翻译的用户接口，能够根据输入的中英文进行自动翻译。有道翻译的网址是 http://fanyi.youdao.com/。

```
import json
import requests

# 比较完整的headers
headers = {
    'Accept': 'application/json, text/javascript, */*; q=0.01',
    'X-Requested-With': 'XMLHttpRequest',
    'User-Agent': 'Mozilla/5.0 (Windows NT 6.3; Win64; x64) AppleWebKit/537.36
(KHTML, like Gecko) Chrome/71.0.3578.98 Safari/537.36',
    'Accept-Language': 'zh-CN,zh;q=0.9'
}

key = input('请输入要翻译的数据：')  # 用户接口输入
# 发送到web服务器的表单数据
data = {
    'i': key,
    'from': 'AUTO',
    'to': 'AUTO',
    'smartresult': 'dict',
    'client': 'fanyideskweb',
    'doctype': 'json',
    'version': '2.1',
    'keyfrom': 'fanyi.web',
    'action': 'FY_BY_CLICKBUTTION',
}

# 通过分析，获取的url并不是浏览器上显示的url
url = 'http://fanyi.youdao.com/translate?smartresult=dict&smartresult=rule'

response = requests.post(url, data=data, headers=headers)
data = response.content.decode()                  # data是json字符串
data_dict = json.loads(data)
s = data_dict['translateResult'][0][0]
print(s['tgt'])
```

19.5 Cookie

HTTP协议是一个无状态协议，所谓的无状态协议就是无法维持会话之间的状态。比如，在仅使用HTTP协议登录一个网站以后，当访问该网站的其他网页时，该登录状态会消失，此时还需要再登录一次该网站。此外，只要页面涉及更新，就需要反复登录该网站，这非常不方便。因此，需要将对应的会话信息，通过一些方式保存下来。常用的方式有两种：通过Cookie保存会话信息，以及通过Session保存会话信息。

通过Cookie保存会话信息，会将会话信息保存在客户端。当访问同一个网站的其他页面时，会从Cookie中读取对应的会话信息，从而判断目前的会话状态。

通过Session保存会话信息，会将会话信息保存在服务器。服务器会给客户端发送SessionID等信息，这些信息一般保存在客户端的Cookie中，即使客户端禁止了Cookie，也会通过其他方式存储。但是，目前大部分的情况还是会将这一部分信息保存到Cookie中。当用户访问该网站的其他网页时，会到Cookie中读取这一部分信息，然后服务器的Session根据这一部分信息检索出该客户端的所有会话信息并进行会话控制。

在requests中添加cookie参数有三种方式：① Cookie放在headers信息中；② Cookie字典传给cookies参数；③先发送POST请求，获取Cookie，然后带上Cookie请求登录之后的页面。

19.5.1 Cookie 放在 headers 中

【例 19.8】打开百度网站，爬取指定的关键字页面并保存在本地。

```
import requests
import config  # config文件中已存放了Cookie
headers = {
    'User-Agent': 'Mozilla/5.0 (Windows NT 6.3; Win64; x64) AppleWebKit/537.36
(KHTML, like Gecko) Chrome/73.0.3683.86 Safari/537.36',
    'Cookie': config.Cookie
}
url = 'https://www.baidu.com/s?wd=' + 'hello'
response = requests.get(url, headers=headers)
print(response.status_code)
with open('2.html', 'wb') as f:
    f.write(response.content)
```

19.5.2 Cookie 字典传给 cookies 参数

【例 19.9】打开百度网站，爬取指定的关键字页面并保存在本地。

```
import requests
import config  # config文件中存放了Cookie
headers = {
    'User-Agent': 'Mozilla/5.0 (Windows NT 6.3; Win64; x64) AppleWebKit/537.36
(KHTML, like Gecko) Chrome/73.0.3683.86 Safari/537.36',
}
```

```
Cookie = config.Cookie
cookies = {i.split('=')[0]: i.split('=')[1] for i in Cookie.split('; ')}
url = 'https://www.baidu.com/s?wd=' + 'hello'
response = requests.get(url, headers=headers, cookies=cookies)
print(response.status_code)
with open('3.html', 'wb') as f:
    f.write(response.content)
```

19.5.3　爬虫登录携带 Cookie 和 Token

用 Python 写爬虫很方便，可以做模拟登录，登录携带 Cookie 和 Token 请求页面。

【例 19.10】采用 requests 模拟登录本校的判题系统，它的登录网址为：http://10.132.246.246/user/logincheck/（学校内部网址仅做例子使用）。

```
import requests
import config  # config 中有登录的用户名和密码

headers={
    'User-Agent': 'Mozilla/5.0 (Windows NT 6.3; Win64; x64) AppleWebKit/537.36 (KHTML, like Gecko) Chrome/80.0.3987.132 Safari/537.36'
}
first_url = 'http://10.132.246.246'                           # 网站的首页
session = requests.session()
response = session.get(first_url, headers=headers)

token = response.cookies.items()[0][1]                        # 获得 token

data = {# 登录所需的账号、密码、token
    'username':config.username,
    'password':config.password,
    'csrfmiddlewaretoken':token
}
# 登录 url
login_url = 'http://10.132.246.246/user/logincheck/'          # 登录接口

response = session.post(login_url, data=data, headers=headers)
print(response.status_code)  # 打印状态码，看是否请求成功
with open('onjudge.html', 'wb') as f:
    f.write(response.content)
```

19.6　提取内容

假如想爬取当当网 (http://www.dangdang.com/) 上的商品信息，可以编写对应的 Python 网络爬虫程序来实现。当当网网络爬虫的实现思路及步骤如下：

（1）分析网页的网址规律，构造网址变量，并可以通过循环实现多页内容的爬取。

（2）模拟成浏览器访问，观察对应网页源代码中的内容，可以利用正则表达式、xpath 或 Beautiful Soup 提取段子内容，这里只讲解前两种方式。

19.6.1 利用正则表达式提取内容

【例 19.11】 当当网爬虫。现在要爬取当当网上“坚果 / 炒货”商品的名称，先进入当当网首页 http://www.dangdang.com/，然后单击“全部商品分类”→“食品、茶酒”→“休闲食品”→“坚果 / 炒货”。

【分析】 首先，寻找每页商品的网址规律。例如，单击第 2 页，它的网址是：http://category.dangdang.com/pg2-cid4005712.html。再单击第 3 页，它的网址是：http://category.dangdang.com/pg3-cid4005712.html 。根据这两页的网址，可以找出它们的规律。

```
import re
import requests

headers = {
    'User-Agent':
        'Mozilla/5.0 (Windows NT 6.3; Win64; x64) AppleWebKit/537.36 (KHTML,
like Gecko) Chrome/71.0.3578.98 Safari/537.36'
    }
url = 'http://category.dangdang.com/pg{}-cid4005712.html'
pat = '<a title="(.*?)".*?class="pic"'
for i in range(1, 5):
    per_url = url.format(i)
    response = requests.get(per_url, headers=headers)
    html = response.content.decode(response.apparent_encoding)

    lst = re.compile(pat, re.S).findall(html)
    for j in range(len(lst)):
        print('第' + str(i) + '页，第' + str(j + 1) + '个商品是：')
        print(lst[j])
```

19.6.2 利用 xpath 提取内容

【例 19.12】 当当网爬虫。现在要爬取当当网上“坚果 / 炒货”商品的名称，先进入当当网首页 http://www.dangdang.com/，然后单击“全部商品分类”→“食品、茶酒”→“休闲食品”→“坚果 / 炒货”。

```
from lxml import etree
import requests

headers = {
    'User-Agent':
        'Mozilla/5.0 (Windows NT 6.3; Win64; x64) AppleWebKit/537.36 (KHTML,
like Gecko) Chrome/71.0.3578.98 Safari/537.36'
    }
url = 'http://category.dangdang.com/pg{}-cid4005712.html'
```

```
    for i in range(1, 5):
        per_url = url.format(i)
        response = requests.get(per_url, headers=headers)
        html = response.content.decode(response.apparent_encoding)

        element = etree.HTML(html)
        lst = element.xpath('//*[@class="pic"]/@title')
        for j in range(len(lst)):
            print('第' + str(i) + '页，第' + str(j + 1) + '个商品是：')
            print(lst[j])
```

19.6.3　应用实例

【例 19.13】当当网爬虫。现在要爬取当当网上“坚果 / 炒货”商品的名称、价格、链接和评论数，先进入当当网首页 http://www.dangdang.com/，然后单击“全部商品分类”→“食品、茶酒”→“休闲食品”→“坚果 / 炒货”。

```
from lxml import etree
import requests
import json

headers = {
    'User-Agent':
        'Mozilla/5.0 (Windows NT 6.3; Win64; x64) AppleWebKit/537.36 (KHTML, 
like Gecko) Chrome/71.0.3578.98 Safari/537.36'
}
url = 'http://category.dangdang.com/pg{}-cid4005712.html'
content_list = []
for i in range(1, 5):
    per_url = url.format(i)
    response = requests.get(per_url, headers=headers)
    html = response.content.decode(response.apparent_encoding)
    element = etree.HTML(html)

    # 返回所有商品的结点位置，contains( )是模糊查询方法
    # 第一个参数是要匹配的标签，第二个参数是标签名部分内容
    lst = element.xpath('//li[contains(@class, "line")]')

    for x in lst:
        item = {}

        item['name'] = x.xpath('.//*[@class="pic"]/@title')[0]
        tmp = x.xpath('.//span[@class="price_n"]/text()')[0]
        item['price'] = tmp.encode('gbk', 'ignore').decode('gbk')

        item['link'] = x.xpath('.//a[@class="pic"]/@href')[0]
```

```
        tmp = x.xpath('.//a[@dd_name="单品评论"]/text()')
        item['comment'] = tmp[0] if tmp else None

        content_list.append(item)

with open('goods.json', 'w', encoding='utf-8') as f:
    for content in content_list:
        f.write(json.dumps(content, ensure_ascii=False, indent=2))
        f.write('\n')
```

【例 19.14】进入“豆瓣电影排行榜”网站（https://movie.douban.com/chart），爬取电影标题名、电影网址、图片网址、等级、评论数等数据。

```
import re
import requests
from lxml import etree

headers = {
    'User-Agent': 'Mozilla/5.0 (Windows NT 6.3; Win64; x64) AppleWebKit/537.36
(KHTML, like Gecko) Chrome/73.0.3683.86 Safari/537.36'
}
url = 'https://movie.douban.com/chart'
response = requests.get(url, headers=headers)
html = response.content.decode()
element = etree.HTML(html)

lst = element.xpath('//*[@class="item"]')
pat = '(\d+)?人评价'

for movie in lst:
    item = {}
    item['title'] = movie.xpath('./td/a/@title')[0]           # 电影标题名
    item['href'] = movie.xpath('./td/a/@href')[0]             # 电影网址
    item['img'] = movie.xpath('./td/a/img/@src')[0]           # 图片网址

    # 等级
    item['rating'] = movie.xpath('.//span[@class="rating_nums"]/text()')[0]

    tmp = movie.xpath('.//span[@class="pl"]/text()')[0]
    item['comment'] = re.compile(pat).findall(tmp)[0]         # 评论数

    print(item)
```

【例 19.15】进入“豆瓣电影”网站 (https://movie.douban.com/)，单击“电视剧”标签，再单击“美剧”标签，获取这些网页中关于美剧的内容。

```
import json
import requests
```

```
    headers = {
        'User-Agent': 'Mozilla/5.0 (Windows NT 6.3; Win64; x64) AppleWebKit/537.36
(KHTML, like Gecko) Chrome/73.0.3683.86 Safari/537.36'
    }
    data = {
        'page_limit': '20',
        'page_start': '0'
    }
    url = 'https://movie.douban.com/j/search_subjects?type=tv&tag=%E7%BE%8E%E5%89
%A7&sort=recommend'
    response = requests.get(url, data=data, headers=headers)

    html = response.content.decode()        # 获得的是 JSON 数据
    data1 = json.loads(html)
    data2 = data1['subjects']
    with open('douban1.json', 'w', encoding='utf-8') as f:
        f.write(json.dumps(data2, ensure_ascii=False, indent=2))
```

19.7 selenium

【例 19.16】进入“北京大学出版社”网站（http://www.pup.cn/），在搜索框中输入“Python”，分析页面并爬取有关 Python 书籍的书名。

```
from selenium import webdriver
from selenium.webdriver.common.keys import Keys
import time
from lxml import etree

url = 'http://www.pup.cn/'
driver = webdriver.Chrome()
driver.get(url)
driver.implicitly_wait(10)
driver.maximize_window()

elem = driver.find_element_by_xpath('//*[@class="search"]/input')
elem.send_keys('Python')
elem.send_keys(Keys.RETURN)
time.sleep(5)

# 切换到新打开的页面
# driver.switch_to.window(driver.window_handles[-1])
html = driver.page_source
element = etree.HTML(html)
book_list = element.xpath('//*[@class="content_item"]/div/a/h2/text()')
for book in book_list:
    print(book)
```

```
time.sleep(5)

driver.quit()
```

selenium 可以获取浏览器当前呈现的页面源代码，做到可见即可爬，对应 JavaScript 动态渲染的信息爬取非常有效。但是 selenium 速度慢，而且代码也不友好。

本例在 selenium 3.0 版本下正常运行，能得到正确结果。如果是 selenium 4.0 版本，首先，要运用 pip uninstall selenium 卸载目前的 selenium 版本，其次，再运用 pip install selenium==3.3.1 安装指定的 selenium 版本。

19.8 小结

利用 requests 库或 selenium，从零开始手写一些常用的 Python 网络爬虫，包括当当网站爬虫、图片爬虫、豆瓣网站爬虫等。

第 20 章 Scrapy框架

在爬虫框架中已经实现了很多爬虫要实现的常见功能，用户能够在使用框架开发爬虫项目的时候节省很多精力，从而更高效地开发出一些优质爬虫。

Python 中常见的爬虫框架主要有 Scrapy 框架、Crawley 框架、Portia 框架、Newspaper 框架、Python-goose 框架等。

Scrapy 框架是一套比较成熟的 Python 爬虫框架，是使用 Python 开发的快速、高层次的信息爬取框架，可以高效率地爬取 Web 页面并提取出我们关注的结构化数据。本章主要讲解 Scrapy 框架。

20.1 Scrapy框架概述

Scrapy 框架中的组件主要包括 Scrapy 引擎（Scrapy Engine），它是整个架构的核心；调度器（Scheduler）；下载器（Downloader）；下载中间件（Downloader Middlewares）；蜘蛛（Spiders），也称爬虫，一个 Scrapy 项目下可能会有多个爬虫文件；爬虫中间件（Spider Middlewares）；实体管道（Item Pipeline）。如图 20.1 所示，带有箭头的线表示数据流向。

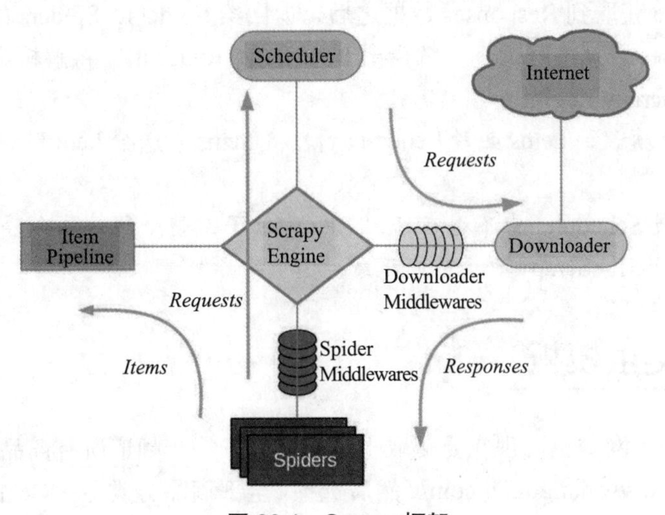

图 20.1　Scrapy 框架

20.1.1 Scrapy 组件

Spiders：负责处理所有的 Responses，从中分析提取数据，获取 Items 字段需要的数据，并将需要跟进的 URL 提交给引擎，再次进入 Scheduler。

Scrapy Engine：负责 Spiders、Item Pipeline、Downloader、Scheduler 中间的通信，进行信号、数据传递等。

Scheduler：负责接受引擎发送过来的 Requests 请求，并按照一定的方式进行整理排列、入队，当引擎需要时，交还给引擎。

Downloader：负责下载 Scrapy Engine 发送的所有 Requests 请求，并将它获取到的 Responses 交还给 Scrapy Engine，由引擎交给 Spiders 来处理。

Item Pipeline：负责处理 Spiders 中获取到的 Items，并对其进行后期处理（如详细分析、过滤、存储等）。

Downloader Middlewares：可以理解成一个可以自定义扩展下载功能的组件。

Spider Middlewares：可以理解成一个自定义扩展和操作引擎的 Spiders 组件。

20.1.2 Scrapy 的工作流程

Scrapy 的工作流程如下：

Spiders 的 yield 将 Requests 发送给 Scrapy Engine。

Scrapy Engine 对 Requests 不做任何处理就发送给 Scheduler。

Scheduler 生成 Requests 交给 Scrapy Engine。

Scrapy Engine 拿到 Requests 后，通过 Downloader Middlewares 层层过滤发送给 Downloader。

Downloader 在 Internet 上获取到 responses 数据之后，又经过 Downloader Middlewares 层层过滤发送给 Scrapy Engine。

Scrapy Engine 获取到 Responses 数据之后，返回给 Spiders，Spiders 的 parse( ) 方法对获取到的 Responses 数据进行处理，解析出 Items 或者 Requests，将解析出来的 Items 或者 Requests 发送给 Scrapy Engine。

Scrapy Engine 获取到 Items 或者 Requests 后，将 Items 发送给 Item Pipeline，将 Requests 发送给 Scheduler。

注意：只有当 Scheduler 中不存在任何 Requests 了，整个程序才会停止。也就是说，对于下载失败的 URL，Scrapy 也会重新下载。

20.2 basic爬虫模板

【例 20.1】当当网爬虫。现在要爬取当当网上中华特产频道所有商品的信息，先进入当当网首页 http://www.dangdang.com/，然后选择“全部商品分类”→“食品、茶酒”→“休闲食品”→“坚果炒货”菜单打开网页。

我们可以看到，这里的商品有很多页，要爬取的这些网页中包含了大量的数据，但我们只关注这些商品的名称、价格、链接、评论数等信息，所以可以只提取网页中每个商品的这四项信息，之后把爬取到的数据存储到 JSON 文件中。

【分析】

为了实现网页的自动爬行，需要对所要爬行的网页的 URL 地址进行观察，发现其中的规律。打开当当网中“坚果炒货”的第 1 页，网址如下所示：

http://category.dangdang.com/cid4005712.html

然后单击页面中的第 2 页按钮，网址变为：

http://category.dangdang.com/pg2-cid4005712.html

可以发现其中的规律，即网址的格式为：

http://category.dangdang.com/pg[第几页]-cid4005712.html

但是第 1 页网址不符合该格式，那么我们猜测，第 1 页的网址是否可以按下面的格式写为：

http://category.dangdang.com/pg1-cid4005712.html

将此网址复制到浏览器中并访问，证明我们的猜测是对的。总结出该规律后，在爬虫文件中就可以通过循环将所有的页面都自动爬取下来。

接下来，还需要分析如何进行信息提取。因为我们只关注各网页中的商品名称、价格、链接、评论数等信息，所以可以使用 xpath 表达式进行数据提取。分析源码如图 20.2 所示。

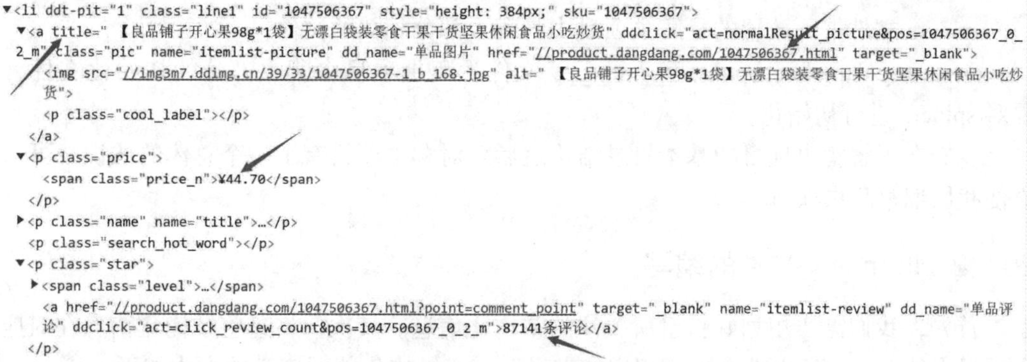

```
▼<li ddt-pit="1" class="line1" id="1047506367" style="height: 384px;" sku="1047506367">
  ▼<a title=" 【良品铺子开心果98g*1袋】无漂白袋装零食干果干货坚果休闲食品小吃炒货" ddclick="act=normalResult_picture&pos=1047506367_0_2_m" class="pic" name="itemlist-picture" dd_name="单品图片" href="//product.dangdang.com/1047506367.html" target="_blank">
     <img src="//img3m7.ddimg.cn/39/33/1047506367-1_b_168.jpg" alt=" 【良品铺子开心果98g*1袋】无漂白袋装零食干果干货坚果休闲食品小吃炒货">
     <p class="cool_label"></p>
   </a>
  ▼<p class="price">
     <span class="price_n">¥44.70</span>
   </p>
  ▶<p class="name" name="title">…</p>
   <p class="search_hot_word"></p>
  ▼<p class="star">
    ▶<span class="level">…</span>
     <a href="//product.dangdang.com/1047506367.html?point=comment_point" target="_blank" name="itemlist-review" dd_name="单品评论" ddclick="act=click_review_count&pos=1047506367_0_2_m">87141条评论</a>
   </p>
```

图 20.2 分析源码

因此，我们有以下结论：

提取商品名称的 xpath 表达式为：//a[@class="pic"]/@title；

提取商品价格的 xpath 表达式为：//span[@class="price_n"]/text( )；

提取商品链接的 xpath 表达式为：//a[@class="pic"]/@href；

提取商品评论数的 xpath 表达式为：//a[@dd_name=" 单品评论 "]/text( )。

20.2.1 创建爬虫项目

将目录切换到 C:\FFF，输入指令：scrapy startproject dangdang，接下来将创建一个爬虫项目。爬虫项目的目录结构如图 20.3 所示，目录中的文件如下：

dangdang/scrapy.cfg 文件主要是爬虫项目的配置文件。

dangdang/dangdang/__init__.py 文件为项目的初始化文件，主要写的是一些项目的初始化信息。

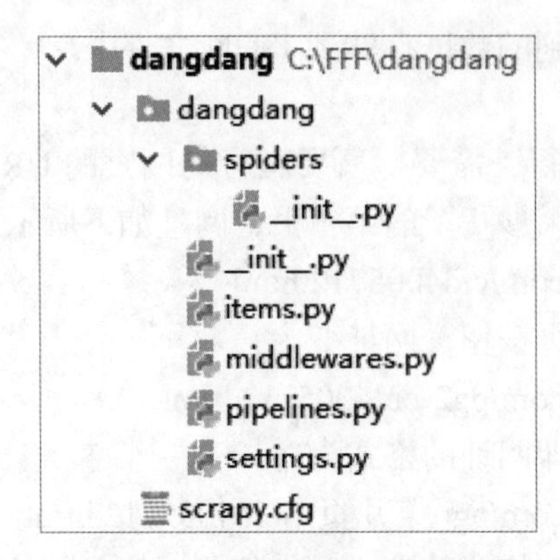

图 20.3　爬虫项目的目录结构

dangdang/dangdang/items.py 文件为爬虫项目的数据容器文件，主要用来定义要获取的数据。

dangdang/dangdang/pipelines.py 文件为爬虫项目的管道文件，主要用来对 items 里面定义的数据进一步地进行加工与处理。

dangdang/dangdang/settings.py 文件为爬虫项目的设置文件，主要为爬虫项目设置一些信息。

spiders 文件夹下放置的是爬虫项目中与爬虫部分相关的文件。

dangdang/dangdang/spiders/__init__.py 文件为爬虫项目中爬虫部分的初始化文件，主要对 spiders 进行初始化。

我们在了解爬虫项目的基本目录结构之后，对爬虫项目有了一个总体的认识，可以更方便我们编写爬虫项目。

20.2.2　items.py 文件的编写

首先，我们需要规划好自己所关注的结构化信息。其次，将这些结构化信息在对应爬虫项目中的 items.py 文件中进行相应的定义。定义结构化数据信息的格式如下：

```
结构化数据名 = scrapy.Field()
```

最后，对 dangdang 爬虫项目中的 items.py 文件进行修改：

```
import scrapy

class DangdangItem(scrapy.Item):
    # define the fields for your item here like:
    name = scrapy.Field()          # 商品名称
    price = scrapy.Field()         # 商品价格
    link = scrapy.Field()          # 商品链接
    comment = scrapy.Field()       # 商品评论数
```

items.py 文件编写好之后，就意味着已经定义好需要关注的结构化数据。

20.2.3　pipelines.py 文件的编写

items.py 文件编写好之后，还需要对爬取到的数据做进一步的处理。即数据存储到

JSON 文件中，这需要通过编写 pipelines.py 文件来实现。

（1）在将数据保存到 JSON 文件中时，这里用 codecs 模块打开，可以避免出现编码异常问题。在类加载的时候自动打开文件，进行指定名称、打开类型和编码操作。

（2）重载 process_item，将 item 写入 JSON 文件中。由于 json.dumps( ) 方法处理的是字典，所以这里要把 item 转为字典。为了避免编码出现异常问题，还要把 ensure_ascii 设置为 False，最后要返回 item，因为其他类可能要用到它。

（3）如果在 __init__( ) 中打开文件，就在 __del__( ) 中关闭文件。例如：

```
import json
import codecs

class DangdangPipeline(object):
    def __init__(self):
        self.file = codecs.open('mydata.json', 'w', encoding='utf-8')

    def process_item(self, item, spider):
        # 每条数据后加上换行
        lines = json.dumps(dict(item), ensure_ascii=False, indent=2) + '\n'
        self.file.write(lines)  # 数据写入到 mydata.json 文件
        return item

    def __del__(self):
        self.file.close()
```

通过 pipelines.py 文件将获取到的当当网中的商品信息存储到 mydata. json 文件中。DangdangPipeline 类中的 __init__( ) 和 __del__( ) 方法也可以分别改成：

```
def open_spider(self, spider):
    self.file = codecs.open('mydata.json', 'w', encoding='utf-8')
def close_spider(self, spider):
    self.file.close()
```

20.2.4　settings.py 文件的编写

pipelines.py 文件编写好之后，还需要编写 settings.py 文件进行相应的设置。打开该爬虫项目中的 settings.py 文件，修改 pipelines 的配置部分如下：

```
# Configure item pipelines
# See https://doc.scrapy.org/en/latest/topics/item-pipeline.html
ITEM_PIPELINES = {
   'dangdang.pipelines.DangdangPipeline': 300,
}
```

因为 pipelines 默认是关闭的，所以需要通过上面的设置将 pipelines 开启，这样 pipelines.py 文件才会生效。

为了避免当当网服务器通过 Coookie 信息识别我们的爬虫行为，从而对我们进行屏蔽，所以还需要关闭本地的 Cookie。

```
# Disable cookies (enabled by default)
```

```
COOKIES_ENABLED = False
```

这样，对方的服务器就无法根据 Cookie 信息对我们进行识别及屏蔽了。当然，如果对方服务器通过其他方式对我们进行屏蔽，我们也可以采取策略进行相应的反屏蔽处理。

20.2.5 爬虫文件的编写

设置好 settings.py 文件之后，需要对该项目中最核心的部分，即爬虫文件进行相应的编写，来实现目标网页的自动爬取以及关键信息的提取。

首先，需要在该爬虫项目对应的目录下创建一个爬虫文件。

```
C:\FFF\dangdang\dangdang\spiders>scrapy genspider -t basic myspider dangdang.com
```

在该爬虫项目中创建了一个名为 myspider 的爬虫文件，依据的爬虫模板是 basic。接下来，就可以编写该爬虫项目中的爬虫文件 myspider.py：

```
import scrapy
from dangdang.items import DangdangItem
from scrapy.http import Request

class MyspiderSpider(scrapy.Spider):
    name = 'myspider'
    allowed_domains = ['dangdang.com']
    start_urls = [http://category.dangdang.com/pg1-cid4005712.html]

    def parse(self, response):
        # response 的类型: <class 'scrapy.http.response.html.HtmlResponse'>
        item = DangdangItem()
        item['name'] = response.xpath('//a[@class="pic"]/@title').extract()
        item['price'] = response.xpath('//span[@class="price_n"]/text()').extract()
        item['link'] = response.xpath('//a[@class="pic"]/@href').extract()
        item['comment'] = response.xpath('//a[@dd_name="单品评论"]/text()').extract()

        yield item  # 提取完后返回 item

        for i in range(2, 5):
            url = 'http://category.dangdang.com/pg' + str(i) + '-cid4005712.html'
            # 通过 yield 返回 Request
            # 指定要爬取的网址和回调函数，实现自动爬取
            yield Request(url, callback=self.parse)
```

在上面的爬虫文件中，关键部分为通过 xpath 表达式对所关注的数据信息进行提取，要爬取的网址的构造以及通过 yield 返回 Request 实现网页的自动爬取等。

20.2.6 调试与运行

在进行调试与运行时，需要到所创建的爬虫项目的特定目录下运行 scrapy crawl myspider 命令：

```
C:\FFF\dangdang>scrapy crawl myspider
```

或者：

```
C:\FFF\dangdang\dangdang>scrapy crawl myspider
```

或者：

```
C:\FFF\dangdang\dangdang\spiders>scrapy crawl myspider
```

在使用 scrapy crawl myspider 命令运行爬虫的时候，可能会爬取失败。如提示当当网的 robots.txt 文件禁止我们爬取。其中，robots.txt 是爬虫协议，一般情况下，我们都应该遵守该协议。如果想对该网站进行爬取，则需要修改该爬虫项目中的设置文件 settings.py，使爬虫项目不遵循 robots.txt 协议即可。例如：

```
# Obey robots.txt rules
ROBOTSTXT_OBEY = False
```

程序运行后，会通过在 pipelines.py 文件中编写的代码，将爬取到的对应的数据存储到本地文件 mydata. json 中。

调试时如果出现如下错误：[twisted] CRITICAL: Unhandled error in Deferred，则可以通过安装 pywin32 解决。

如果想要一行存储一个商品的对应信息，则需要修改 pipelines.py 文件。例如：

```
import json

class DangdangPipeline(object):
    def open_spider(self, spider):
        self.file = open('mydata2.json', 'w', encoding='utf-8')

    def process_item(self, item, spider):
        # len(item['name'])为当前页中商品的总数，依次遍历
        for i in range(len(item['name'])):
            # 将当前页的第 i 个商品的信息放在字典中
goods = {}
            goods['name'] = item['name'][i]
            goods['price'] = item['price'][i]
            goods['link'] = item['link'][i]
            goods['comment'] = item['comment'][i]

            # 将当前页中第 i 个商品的信息写入 JSON 文件
            line = json.dumps(goods, ensure_ascii=False, indent=2) + '\n'
            self.file.write(line)

        return item

    def close_spider(self, spider):
        self.file.close()
```

从上面的代码中可以看到，此时每一行中存储的是一个商品的信息，分别包含该商品的商品名称、商品价格、商品对应的链接信息、商品对应的评论数等信息。

此外，我们也可以编写一个脚本运行爬虫 start.py：

```
from scrapy import cmdline
cmdline.execute('scrapy crawl myspider'.split())
```

注意：start.py 文件所在的位置，它只能出现在前面所说的三个位置中。

20.3 crawl爬虫模板

在 Scrapy 框架中，提供了一种自动爬取网页的 crawl 爬虫模板，这与第 19 章所讲解的自动爬取网页的爬虫实现的机制不同。

20.3.1 创建爬虫项目

首先，创建一个爬虫项目，C:\FFF>scrapy startproject dangdang2。其次，依据 crawl 爬虫模板创建即可：

```
C:\FFF\dangdang2\dangdang2\spiders>scrapy genspider -t crawl myspider dangdang.com
```

之后，我们打开该爬虫文件 myspider.py，可以看到爬虫文件里的默认内容为：

```
import scrapy
from scrapy.linkextractors import LinkExtractor
from scrapy.spiders import CrawlSpider, Rule

class MyspiderSpider(CrawlSpider):
    name = 'myspider'
    allowed_domains = ['dangdang.com']
    start_urls = ['http://dangdang.com/']

    rules = (
        Rule(LinkExtractor(allow=r'Items/'), callback='parse_item', follow=True),
    )

    def parse_item(self, response):
        item = {}
        #item['domain_id'] = response.xpath('//input[@id="sid"]/@value').get()
        #item['name'] = response.xpath('//div[@id="name"]').get()
        #item['description'] = response.xpath('//div[@id="description"]').get()
        return item
```

在上面的代码中，start_urls 设置要爬取的起始网址。rules 设置自动爬行的规则，LinkExtractor 为链接提取器，用来提取页面中满足条件的链接，以供下一次爬行使用。parse_item( ) 方法主要用于编写爬虫的处理过程。

20.3.2 链接提取器

链接提取器主要负责将 Responses 响应中符合条件的链接提取出来，这些条件可以自行设置。链接提取器中常见的设置参数如表 20.1 所示。

表 20.1 链接提取器中常见的设置参数

参数名	参数含义
allow	提取符合对应正则表达式的链接
deny	禁止提取符合对应正则表达式的链接
restrict_xpaths	提取出同时符合对应 xpath 表达式和对应正则表达式的链接
allow_domains	允许提取的域名
deny_domains	禁止提取的域名

比如，如果想提取链接中有“.shtml”字符串的链接，则可以将 rules 规则设置为：

```
rules = (
    Rule(LinkExtractor(allow=('.shtml')), callback='parse_item', follow=True),
)
```

又如，如果想进一步限制只能提取搜狐官方的链接，则可以将域名设置为只允许提取 sohu.com 域名的链接，将 rules 规则设置为：

```
rules = (
     Rule(LinkExtractor(allow=('.shtml'), allow_domains=(sohu.com)),
callback='parse_item', follow=True),
)
```

rules 规则设置好之后，就会按照对应的规则提取 responses 响应中符合条件的链接，提取出这些链接之后会进一步爬取这些链接。

CrawlSpider 爬虫的主要工作流程是：CrawlSpider 爬虫会根据链接提取器中设置的规则自动提取符合条件的网页链接，提取之后再自动地对这些链接进行爬行，形成一个循环，如果链接设置为跟进，则会一直循环下去；如果链接设置为不跟进，则第一次循环后就会断开。

链接是否跟进可以通过 rules 规则中的 follow 参数设置，follow 参数的值为 True 表示跟进，为 False 表示不跟进。CrawlSpider 爬虫默认情况为跟进链接。

我们用 CrawlSpider 爬虫完成例 20.1 的编写。其中，items.py 文件的编写、pipelines.py 文件的编写和 settings.py 文件的编写与 20.2 节一样，这里不再赘述。

20.3.3 爬虫文件的编写

现在编写本项目的核心部分，即爬虫文件 myspider.py：

```
import scrapy
from scrapy.linkextractors import LinkExtractor
from scrapy.spiders import CrawlSpider, Rule
from dangdang2.items import Dangdang2Item

class MyspiderSpider(CrawlSpider):
    name = 'myspider'
    allowed_domains = ['dangdang.com']
    start_urls = ['https://category.dangdang.com/pg1-cid4005712.html']

    rules = (
        Rule(LinkExtractor(allow=('pg\d+')),
```

```
            callback='parse_item', follow=True),
    )

    def parse_item(self, response):
        item = Dangdang2Item()
        # 提取信息
        item['name'] = response.xpath('//a[@class="pic"]/@title').extract()
        item['price'] = response.xpath('//span[@class="price_n"]/text()').extract()
        item['link'] = response.xpath('//a[@class="pic"]/@href').extract()
        item['comment'] = response.xpath('//a[@dd_name="单品评论"]/text()').extract()

        yield item
```

此时，会进行链接的跟进，所以会一直根据网站中的链接一直爬取下去，如果我们想在爬行的过程中停止，则可以按 Ctrl+C 键终止爬行。

CrawlSpider 爬虫主要是根据网页之间的链接关系依次自动爬行的，它可以爬取无规律的 URL 网址对应的网页，当然也可以爬取有规律的 URL 网址对应的网页。在一定程度上，如果要做通用爬虫，CrawlSpider 会更适合。

20.4 新浪新闻网站爬虫

【例 20.2】创建一个爬虫项目，用于自动获取新浪网站中多个新闻网页中的标题和关键字等信息，然后存储到数据库中。

爬虫项目的程序设计流程如下：

20.4.1 数据库设计

本项目用 MySQL 数据库存储新闻标题、关键字等信息。数据库名为 sina，表名为 sinatb。数据库表 sinatb 的设计如表 20.2 所示。

表 20.2 数据库表sinatb

字段名	字段含义	字段类型及大小	是否为主键
id	文章 id	INT(10)	是
title	文章名	VARCHAR(50)	否
keywords	文章关键字	VARCHAR(50)	否

20.4.2 items.py 文件的编写

首先，创建一个爬虫项目 scrapy startproject sina。其次，修改该项目中的 items.py 文件如下：

```
import scrapy

class SinaItem(scrapy.Item):
    # define the fields for your item here like:
```

```
    # name = scrapy.Field()
    title = scrapy.Field()
    keywords = scrapy.Field()
```

20.4.3　pipelines.py 文件的编写

将对应的信息存储到数据库中主要是在 pipelines.py 文件中实现的。需要注意的是，事先需要设计好 MySQL 数据库和数据表。例如：

```
import pymysql

class SinaPipeline(object):
    def __init__(self):
        self.conn = pymysql.connect(
            host='127.0.0.1',
            port=3306,
            user='root',
            password='1234',
            database='sina',
            charset='utf8'
        )
        self.cursor = self.conn.cursor()

    def process_item(self, item, spider):
        title = item['title'][0]
        keywords = item['keywords'][0]

        # 构造对应的 SQL 语句
        sql = 'insert into sinatb(title, keywords) values(%s, %s)'
        self.cursor.execute(sql, (title, keywords))
        self.conn.commit()

        return item

    def __del__(self):
        self.cursor.close()
        self.conn.close()
```

20.4.4　settings.py 文件的编写

之后，还需要通过设置 settings.py 文件启用对应的 pipelines.py 文件：

```
# Configure item pipelines
# See https://doc.scrapy.org/en/latest/topics/item-pipeline.html
ITEM_PIPELINES = {
   'sina.pipelines.SinaPipeline': 300,
}
```

实现关闭 Cookie 的代码如下：

```
# Disable cookies (enabled by default)
# COOKIES_ENABLED = False
```

让爬虫项目不遵循 robots.txt 规则的代码如下：

```
# Obey robots.txt rules
# ROBOTSTXT_OBEY = False
```

20.4.5 爬虫文件的编写

创建和编写对应的爬虫文件可以实现具体的网页的爬取。基于 crawl 爬虫模板创建一个名为 myspider 的爬虫文件：

```
C:\FFF\sina\sina\spiders>scrapy genspider -t crawl myspider sina.com.cn
```

接下来，就可以编写该爬虫项目中的爬虫文件 myspider.py：

```
import scrapy
from scrapy.linkextractors import LinkExtractor
from scrapy.spiders import CrawlSpider, Rule
from sina.items import SinaItem

class MyspiderSpider(CrawlSpider):
    name = 'myspider'
    allowed_domains = ['sina.com.cn']
    start_urls = ['https://news.sina.com.cn/']

    rules = (
        Rule(LinkExtractor(allow=('.*?/\d{4}.\d{2}.\d{2}.doc-.*?shtml ')),
             callback='parse_item', follow=True),
    )

    def parse_item(self, response):
        item = SinaItem()
        item['title'] = response.xpath('//title/text()').extract()
        item['keywords'] = response.xpath('//*[@name="keywords"]/@content').extract()

        return item
```

20.5 小结

本章通过一些项目讲解如何利用 Scrapy 框架做爬虫。如果需要让爬虫持续不断地自动爬取多个网页，就要编写自动爬取网页的爬虫。

第21章 数据分析工具

数据分析是指用适当的方法对收集来的大量数据进行分析，提取有用信息的过程。在数据分析与可视化方面，numpy、pandas、matplotlib、sklearn 等提供了非常强大的数据分析和可视化能力，构建了一个非常好的数据分析生态圈，使 Python 成为数据科学领域和人工智能领域的主流语言。

21.1 numpy

Python 中的列表可以当作数组使用，由于列表的元素可以是任何对象，因此列表中所保存的是对象的地址。对于数值运算来说，这种结构显然比较浪费内存和CPU的计算时间。

此外，Python 还提供了一个 array 模块。array 模块中的对象和列表不同，它直接保存数值，和 C 语言的一维数组比较类似。由于它不支持多维数组，也没有各种运算函数，因此也不适合做数值运算。

numpy 的诞生弥补了这些不足，numpy 提供了两种基本的对象：ndarray 和 ufunc。ndarray 是存储单一数据类型的多维数组，而 ufunc 则是能够对数组进行处理的函数。

ndarray 对象具有如下一些重要的属性：

ndarray.ndim：维度个数，也就是数组轴的个数。在 numpy 中，维度叫作轴，轴的个数叫作秩。

ndarray.shape：数组的维度，这是一个整数的元组，表示每个维度上数组的大小。

ndarray.size：数组元素的个数。

ndarray.dtype：描述数组中元素类型的对象，既可以使用标准的 Python 类型创建或指定，也可以使用 numpy 特有的数据类型来指定，比如 numpy.int32、numpy.float64 等。

ndarray.itemsize：数组中每个元素的字节大小。

21.1.1 创建数组

ndarray 是整个 numpy 库的核心对象，它可以高效地存储大量的数值元素，提高数组处理的速度，还能用它与各种扩展库进行数据交换。与 Python 内置的列表和元组数据类型不同的是，ndarray 中的所有数据类型必须相同。

numpy 提供了一系列函数用于创建数组，如表 21.1 所示。

表 21.1 numpy常用的数组创建函数

函数	描述
array([x,y,z],dtyte=int)	将列表转换为数组
arange([x,],y,[,i])	创建从 x 到 y，步长为 i 的数组。当 x 默认时，从 0 开始；当 i 默认时，步长为 1
linspace(x,y,[,n])	创建一维等差数组。参数 x 和 y 分别是数组的开头和结尾，n 的默认值为 50
logspace(x,y,[,n])	创建一维等比数组。参数 x 和 y 分别是数组的开头和结尾，n 的默认值为 50
random.rand(m,n)	创建 m 行 n 列的随机数组
zeros(shape,dtype=float,order= 'C')	创建全 0 数组，shape 要以元组格式传入，表示行与列的数量
ones(shape,dtype=None,order= 'C')	创建全 1 数组，shape 要以元组格式传入，表示行与列的数量
empty(shape,dtype=None,order= 'C')	创建拥有趋近 0 值的数组，shape 要以元组格式传入，表示行与列的数量

其中，order: {'C', 'F'} 为可选项。在存储器中以 C 或 Fortran 语言连续存储多维数据（按行或列的方式）。

常用的创建数组的方法有以下三种：① 将列表或元组等 Python 数据类型转换为数组；② 利用 arange( )、ones( )、zeros( ) 等内置方法自动创建数组；③ 利用 random( ) 等函数创建数组。例如：

```
>>> import numpy as np
>>> np.array([1, 2, 3, 4, 5])                    # 把列表转换成数组
array([1, 2, 3, 4, 5])
>>> np.array((1, 2, 3, 4, 5))                    # 把元组转换成数组
array([1, 2, 3, 4, 5])
>>> np.array(range(5))                           # 把 range 对象转换成数组
array([0, 1, 2, 3, 4])
>>> np.array([[1, 2, 3], [4, 5, 6]])             # 二维数组
array([[1, 2, 3],
       [4, 5, 6]])
>>> np.arange(1, 10, 2)                          # 类似于内置函数 range()
array([1, 3, 5, 7, 9])
>>> a=np.array([1, 2, 3, 4])
>>> a.shape
(4,)
>>> b=np.array([[1, 2, 3, 4], [4, 5, 6, 7], [7, 8, 9, 10]])
>>> b
array([[ 1,  2,  3,  4],
       [ 4,  5,  6,  7],
       [ 7,  8,  9, 10]])
>>> b.shape
(3, 4)
```

本例数组 a 的 shape 只有一个元素，因此它是一维数组；而数组 b 的 shape 有两个元素，

因此它是二维数组，其中，第 0 轴的长度为 3，第 1 轴的长度为 4。

在保持数组元素个数不变的情况下，还可以通过修改数组的 shape 属性，改变数组中每个轴的长度。例如：

```
>>> b.shape = 4, 3
>>> b
array([[ 1,  2,  3],
       [ 4,  4,  5],
       [ 6,  7,  7],
       [ 8,  9,  10]])
```

本例将数组 b 的 shape 改为（4, 3），不是对数组进行转置，而只是改变每个轴的大小，数组元素在内存中的位置并没有改变。再如：

```
>>> b.shape = 2,-1
>>> b
array([[ 1,  2,  3,  4,  4,  5],
       [ 6,  7,  7,  8,  9, 10]])
>>> b.shape
(2, 6)
```

本例中当某个轴的元素为 -1 时，将根据数组元素的个数自动计算此轴的长度，将数组 b 的 shape 改为了（2, 6）。又如：

```
>>> np.random.randint(0, 50, 5)                  # 随机数组，5 个 0 到 50 之间的数字
array([34, 34, 4, 13, 12])
>>> np.random.randint(0, 50, (3, 5))             # 3 行 5 列
array([[27,  4, 22, 16, 47],
       [19, 21,  6, 31, 31],
       [19, 42, 19, 32, 12]])
>>> np.random.rand(10)   # 返回一个或一组服从 "0 ～ 1" 均匀分布的随机样本值。随机样本取值范围是 [0, 1)
array([0.72097166, 0.49266774, 0.39421679, 0.13434758, 0.5804894 ,
       0.66587932, 0.84710515, 0.8919054 , 0.570178, 0.22281611])
>>> np.random.standard_normal(5)                 # 从标准正态分布中随机采样
array([0.49566705, -0.3185935, 1.4753656 , 0.16151265, -0.8668783 ])
```

21.1.2　数组运算

numpy 数组不需要循环遍历，即可对每个元素执行批量的算术运算，这个过程叫作矢量化运算。此外，数组还支持使用算术运算符与标量进行运算。例如：

```
>>> import numpy as np
>>> data1=np.array([[1, 2, 3], [4, 5, 6]])
>>> data2=np.array([[1, 2, 3], [4, 5, 6]])
>>> data1+data2   # 矢量化运算
array([[ 2,  4,  6],
       [ 8, 10, 12]])
>>> data1+10                 # 数组与标量的算术运算
array([[11, 12, 13],
       [14, 15, 16]])
```

当两个数组的形状并不相同的时候，我们可以通过扩展数组的方法来实现相加、相减、相乘等操作，这种机制叫作广播（Broadcasting）。广播主要发生在两种情况，一种是有一个数组的长度为1; 另一种是两个数组的维数不相等，但是它们的后缘维度（Trailing Dimension, 即从末尾开始算起的维度）的轴长相符。例如：

```
>>> data3=np.array([[1], [2], [3], [4]])
>>> data3.shape
(4, 1)
>>> data4=np.array([1, 2, 3])
>>> data4.shape
(3,)
>>> data3+data4  # 数组广播
array([[2, 3, 4],
       [3, 4, 5],
       [4, 5, 6],
       [5, 6, 7]])
```

其采用的运算方式是：

$$\begin{matrix}[1]\\[2]\\[3]\\[4]\end{matrix}+[1\quad 2\quad 3]\rightarrow\begin{matrix}[1\ \ 1\ \ 1]\\[2\ \ 2\ \ 2]\\[3\ \ 3\ \ 3]\\[4\ \ 4\ \ 4]\end{matrix}+\begin{matrix}[1\ \ 2\ \ 3]\\[1\ \ 2\ \ 3]\\[1\ \ 2\ \ 3]\\[1\ \ 2\ \ 3]\end{matrix}=\begin{matrix}[2\ \ 3\ \ 4]\\[3\ \ 4\ \ 5]\\[4\ \ 5\ \ 6]\\[5\ \ 6\ \ 7]\end{matrix}$$

在上面的运算中，data3 第 1 轴的长度为 1，沿着 1 轴进行扩展；同样的，data4 第 0 轴的长度为 1，沿着 0 轴进行扩展。再如：

```
>>> data5=np.array([[1, 1, 1],[2, 2, 2], [3, 3, 3], [4, 4, 4]])
>>> data5.shape
(4, 3)
>>> data6=np.array([1, 2, 3])
>>> data6.shape
(3,)
>>> data5+data6
array([[2, 3, 4],
       [3, 4, 5],
       [4, 5, 6],
       [5, 6, 7]])
```

本例中 data5 的 shape 是（4, 3），data6 的 shape 是（3,）。前者是二维的，而后者是一维的，但是它们的后缘维度相等，data5 的第二维长度为 3，和 data6 的维度相同，它们可以执行相加操作，data6 沿着 0 轴进行扩展。其采用的运算方式是：

$$\begin{matrix}[1\ \ 1\ \ 1]\\[2\ \ 2\ \ 2]\\[3\ \ 3\ \ 3]\\[4\ \ 4\ \ 4]\end{matrix}+[1\quad 2\quad 3]\rightarrow\begin{matrix}[1\ \ 1\ \ 1]\\[2\ \ 2\ \ 2]\\[3\ \ 3\ \ 3]\\[4\ \ 4\ \ 4]\end{matrix}+\begin{matrix}[1\ \ 2\ \ 3]\\[1\ \ 2\ \ 3]\\[1\ \ 2\ \ 3]\\[1\ \ 2\ \ 3]\end{matrix}=\begin{matrix}[2\ \ 3\ \ 4]\\[3\ \ 4\ \ 5]\\[4\ \ 5\ \ 6]\\[5\ \ 6\ \ 7]\end{matrix}$$

21.1.3 索引和切片

ndarray 对象支持索引和切片操作。

1. 一维数组

```
>>> import numpy as np
>>> a=np.arange(10)
>>> a[5]
5
>>> a[1:4]
array([1, 2, 3])
>>> a[1:6:2]
array([1, 3, 5])
```

2. 多维数组

对于多维数组，每个索引位置上的元素不再是一个标量，而是一个一维数组。

```
>>> import numpy as np
>>> b=np.arange(25).reshape(5,5)
>>> b
array([[ 0,  1,  2,  3,  4],
       [ 5,  6,  7,  8,  9],
       [10, 11, 12, 13, 14],
       [15, 16, 17, 18, 19],
       [20, 21, 22, 23, 24]])
>>> b[1]   # 获取索引为 1 的元素
array([5, 6, 7, 8, 9])
```

如果想通过索引的方式获取二维数组的单个元素，就需要用以逗号分隔的索引来实现。例如：

```
>>> b[0,1]   # 获取第 0 行第 1 列的元素
1
```

多维数组的切片是沿着行或列的方向选取元素的，可以传入一个切片，也可以传入多个切片，还可以将切片与整数索引混合使用。例如：

```
>>> b[:2]
array([[0, 1, 2, 3, 4],
       [5, 6, 7, 8, 9]])
>>> b[:2, :2]
array([[0, 1],
       [5, 6]])
>>> b[3, :3]
array([15, 16, 17])
```

3. 花式索引

花式索引是指将整数数组或列表作为索引。如果使用索引操作一维数组，则获取的结果是对应下标的元素；如果使用索引操作二维数组，则获取的结果就是对应下标的一行数据。例如：

```
>>> b[[0, 2]]   # 获取索引为 [0, 2] 的元素
```

```
array([[ 0,  1,  2,  3,  4],
       [10, 11, 12, 13, 14]])
```

如果使用两个花式索引操作数组，即两个列表或数组，则会将第一个索引作为行索引，第二个索引作为列索引，通过二维数组索引的方式，选取其对应位置的元素。例如：

```
>>> b[[0, 2], [1, 3]]  # 获取索引为 (0,1) 和 (2,3) 的元素
array([ 1, 13])
```

4. 布尔索引

布尔索引是指将一个布尔数组作为数组索引，返回的数据是布尔数组中 True 对应位置的值。例如：

```
>>> name=np.array(['王哲', '李水平', '耀眼', '天平'])
>>> name=='耀眼'
array([False, False,  True, False])
>>> score=np.array([[90, 80, 85], [70, 65, 72],[90, 95, 98], [85, 75, 100]])
>>> score
array([[ 90,  80,  85],
       [ 70,  65,  72],
       [ 90,  95,  98],
       [ 85,  75, 100]])
>>> score[name=='耀眼']
array([[90, 95, 98]])
>>> score[name=='耀眼', :2]  # 布尔数组和切片混合使用
array([[90, 95]])
```

注意：布尔数组的长度必须和被索引的轴长度一致。

21.1.4 通用函数

通用函数是一种针对 ndarray 中的数据执行元素级运算的函数，函数返回的是一个新的数组。例如：

```
>>> a=np.array([4, 9, 16])
>>> np.square(a)
array([ 16,  81,  256], dtype=int32)
>>> np.sqrt(a)
array([2., 3., 4.])
>>> x=np.array([1, 2, 3])
>>> y=np.array([4, 5, 6])
>>> np.add(x, y)
array([5, 7, 9])
>>> np.maximum(x, y)
array([4, 5, 6])
>>> np.greater(x, y)
array([False, False, False])
```

21.2 pandas

pandas 是基于 numpy 的专门用于数据分析的开源 Python 库，它能够以最简单的方式进行数据拼接、数据抽取和数据聚合等操作，并且提供了高效地操作大型数据集所需的工具。

pandas 选择以 numpy 为基础，不仅使 pandas 与其他大多数模块相兼容，而且还能利用 numpy 具有的高计算性能优势。pandas 提供了大量能使我们快速便捷地处理数据的函数和方法。

在 pandas 出现之前，数据分析师和数据科学家在进行数据相关工作时，常常依赖于不同的库，pandas 的出现统一了数据工作的规范。

pandas 有两个主要的数据结构：Series 和 DataFrame。Series 是一维的数据结构，而 DataFrame 是二维的数据结构。

21.2.1 Series

Series 增加了一个标签，标签主要用于索引，使 pandas 除了通过位置索引外，还可以通过标签进行元素存取。

在没有指定索引时，pandas 会自动加入一个 0 ～ N 的整数索引，可以通过数字获取具体位置上的元素，也可以使用切片的方法获取元素。例如：

```
>>> import pandas as pd
>>> a=pd.Series([8, 1, 5, 2])
>>> a
0    8
1    1
2    5
3    2
dtype: int64
>>> b = pd.Series([8, 1, 5, 2], index=['one', 'two', 'three', 'four'])
>>> b
one      8
two      1
three    5
four     2
dtype: int64
>>> b['two']
1
>>> b[:2]
one    8
two    1
dtype: int64
>>> b['one':'three']
one      8
two      1
```

```
three     5
dtype: int64
```

注意：在使用位置索引进行切片时，切片结果包含起始位置但不包含结束位置；在使用名称索引进行切片时，切片结果包含起始位置和结束位置。例如：

```
>>> b[b>2]
one       8
three     5
dtype: int64
```

布尔索引同样适用于pandas，将布尔数组索引作为模板筛选数据，返回与模板中True位置对应的元素。

21.2.2 DataFrame

DataFrame是一个类似于二维数组的对象，它每列的数据可以是不同的数据类型。DataFrame的结构也是由索引和数据组成的，它有行索引和列索引，如果没有指定行列的标签，则DataFrame会自动创建0～N的整数索引。例如：

```
>>> import pandas as pd
>>> df_obj=pd.DataFrame([[5, 6, 2, 3], [8, 4, 6, 3], [6,4, 31, 2]])
>>> df_obj
   0  1   2  3
0  5  6   2  3
1  8  4   6  3
2  6  4  31  2
>>> df_obj2=pd.DataFrame([[5, 6, 2, 3], [8, 4, 6, 3], [6, 4, 31, 2]],
              columns=['one', 'two', 'three', 'four'])
>>> df_obj2
   one  two  three  four
0    5    6      2     3
1    8    4      6     3
2    6    4     31     2
>>> df_obj3=pd.DataFrame([[5, 6, 2, 3], [8, 4, 6, 3], [6,4, 31, 2]],
              index=['A', 'B', 'C'],
              columns=['one', 'two', 'three', 'four'])
>>> df_obj3
   one  two  three  four
A    5    6      2     3
B    8    4      6     3
C    6    4     31     2
>>> df_obj4 = pd.DataFrame({
   'one':4,
   'two':[6, 2, 3],
   'three':list(str(982))
   })
>>> df_obj4
   one  two three
0    4    6    9
```

```
1    4    2    8
2    4    3    2
>>> df_obj4['four']=[10, 1, 5]          # 增加一列
>>> df_obj4
   one  two three  four
0    4    6     9    10
1    4    2     8     1
2    4    3     2     5
>>> del df_obj4['two']                  # 删除一列
>>> df_obj4
   one three  four
0    4     9    10
1    4     8     1
2    4     2     5
```

DataFrame 的行索引通过 index 属性获取，列索引通过 columns 属性获取。DataFrame 中每列的数据都是一个 Series 对象，例如：

```
>>> type(df_obj4['three'])
<class 'pandas.core.series.Series'>
```

21.2.3　重置索引

pandas 中默认的索引是 index 类对象，该对象是不可以进行修改的，以保障数据的安全。

pandas 中提供了一个重要的方法 reindex( )，该方法的作用是对原索引和新索引进行匹配，原索引数据按照新索引排序。如果新索引中没有原索引数据，那么程序不仅不会报错，而且会添加新索引，并将值填充为 NaN 或者使用 fill_value 参数填充其他值。例如：

```
>>> import pandas as pd
>>> ser_obj=pd.Series([1, 2, 3], index=['c', 'a', 'b'])
>>> ser_obj
c    1
a    2
b    3
dtype: int64
>>> ser_obj2=ser_obj.reindex(['a', 'b', 'c', 'd'])
>>> ser_obj2
a    2.0
b    3.0
c    1.0
d    NaN
dtype: float64
>>> ser_obj3=ser_obj.reindex(['a', 'b', 'c', 'd'], fill_value=4)
>>> ser_obj3
a    2
b    3
c    1
d    4
dtype: int64
```

fill_value 参数会让所有的缺失数据都填充为同一个值。如果期望使用相邻的元素值进行填充，则可以使用 method 参数。method 参数对应的值有多个：ffill 或 pad，前向填充值；bfill 或 backfill，后向填充值；nearest，用最近的索引值填充。例如：

```
>>> ser_obj4=ser_obj3.reindex(['a', 'b', 'c', 'd', 'e'], method='ffill')
>>> ser_obj4
a    2
b    3
c    1
d    4
e    4
dtype: int64
```

21.2.4 读写数据

1. 读写 CSV 文件

CSV 文件是一种纯文本文件，可以使用任何文本编辑器进行编辑，它支持追加模式并能节省内存开销。pandas 中提供了 read_csv( ) 函数与 to_csv( ) 函数，分别用于读取 CSV 文件和写入 CSV 文件。

2. 读写 Excel 文件

Excel 文件也是比较常见的用于存储数据的方式，pandas 中提供了 read_excel( ) 函数与 to_excel( ) 函数，分别用于读取 Excel 文件和写入 Excel 文件。

3. 读取 HTML 表格数据

在浏览网页时，有些数据会在 HTML 网页中以表格的形式进行展示，对于这部分数据，我们可以使用 pandas 的 read_html( ) 函数进行读取，并返回一个包含多个 DataFrame 对象的列表。例如：

```
import pandas as pd
import requests
url = 'http://kaoshi.edu.sina.com.cn/college/majorlist'
response = requests.get(url)
table = pd.read_html(response.content, encoding='utf-8')
print(table[1])
```

4. 读写数据库

在大多数情况下，海量的数据是使用数据库进行存储的，pandas 支持对 MySQL、Oracle、SQLite 等主流数据库的读写操作。

为了高效地对数据库中的数据进行读取，我们需要引入 SQLAlchemy。SQLAlchemy 是使用 Python 编写的一款开源软件，它提供的 SQL 工具包和对象映射工具能够高效地访问数据库。例如：

```
import pandas as pd
from sqlalchemy import create_engine

engine = create_engine(
    'mysql+pymysql://root:1234@127.0.0.1:3306/smis?charset=utf8')
```

```
data = pd.read_sql('student', engine)
print(data)

df = pd.DataFrame({'id':[6], 'name': ['欢乐'], 'class_id': [4]})
df.to_sql('student', engine, if_exists='append', index=False)
```

21.2.5　数据统计

numpy 提供了一系列统计函数用于对数据的描述性统计，pandas 是基于 numpy 库的，也可以应用这些函数。

pandas 也提供了一些数值型数据的统计方法，可以更方便地实现数据的统计。表 21.2 列出了 pandas 提供的统计方法。

表 21.2　pandas提供的统计方法

方法名称	描述	方法名称	描述
count( )	非空值数目	max( )	最大值
sum( )	求和	mode( )	众数
mean( )	平均值	abs( )	绝对值
mad( )	平均绝对偏差	prod( )	乘积
median( )	值的中位数	std( )	样本标准差
min( )	最小值	var( )	方差
sem( )	标准误差	cumsum( )	累加
skew( )	样本偏离	cumprod( )	累乘
kurt( )	样本峰度	cummax( )	累积最大值
quantile( )	样本分位数	cummin( )	累积最小值

例如：

```
import pandas as pd
data = pd.read_csv('iris.csv')
print(data['sepal_length'].groupby(data['species']).mean())
print(data['sepal_length'].groupby(data['species']).agg(['mean', 'max', 'min']))
```

运行结果为：

```
species
setosa        5.006
versicolor    5.936
virginica     6.588
Name: sepal_length, dtype: float64
              mean  max  min
species
setosa       5.006  5.8  4.3
versicolor   5.936  7.0  4.9
```

```
virginica   6.588  7.9  4.9
```

注意：groupby 方法用来对 DataFrame 数据进行分组（拆分），agg 方法用来对数据进行聚合，对每一分组后的数据应用一个或多个函数。

21.3 matplotlib

matplotlib 是一个支持 Python 的 2D 绘图库，它可以绘制各种形式的图表，从而使数据可视化，便于进行数据分析。

21.3.1 创建画布

在 matplotlib.pyplot 模块中，默认拥有一个 Figure 对象，该对象可以理解为一张空白的画布，用于容纳图表的各种组件，比如图例、坐标轴等，可以调用 figure( ) 函数构建一张新的空白画布。例如：

```
import numpy as np
import matplotlib.pyplot as plt
nums=np.arange(100, 201)
figure=plt.figure(facecolor='gray')
plt.plot(nums)
plt.show()
```

运行结果如图 21.1 所示。

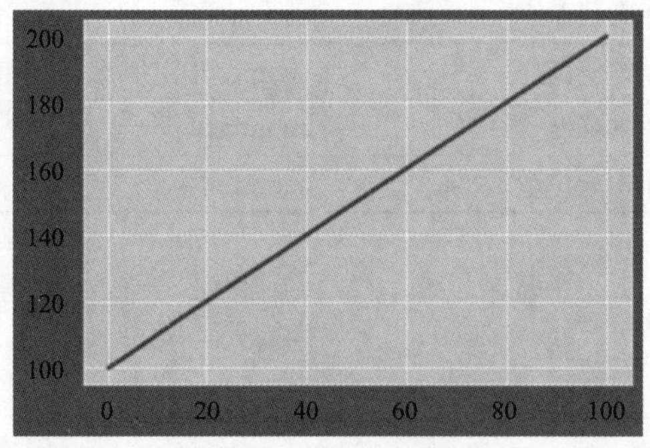

图 21.1　构建空白画布

在调用 plot( ) 函数时，如果传入单个列表或数组，则会将其设为 y 轴序列。x 轴序列会自动生成，从 0 开始，与 y 轴序列具有相同的长度，所以本例的范围为 0 ～ 100。

21.3.2 创建单个子图

Figure 对象允许划分为多个绘图区域，每个绘图区域都是一个 Axes 对象，它拥有属于自己的坐标系统，被称为子图。

如果想在画布上创建一个子图，则可以通过 subplot( ) 函数实现。subplot( ) 函数的语法格式如下：

```
subplot(nrows, ncols, index, **kwargs)
```

subplot( ) 函数会将整个绘图区域等分为“行 × 列”的矩阵区域，之后按照从左到右、从上到下的顺序对每个区域进行编号。其中，位于左上角的子区域编号为 1，依次递增。

注意：如果 nrows、ncols 和 index 这三个参数的值都小于 10，则可以把它们简写为一个实数。

例如：

```
import numpy as np
import matplotlib.pyplot as plt
nums=np.arange(0, 101)
plt.subplot(221)
plt.plot(nums, nums)
plt.subplot(222)
plt.plot(nums, -nums)
plt.subplot(212)
plt.plot(nums, nums**2)
plt.show()
```

运行结果如图 21.2 所示。

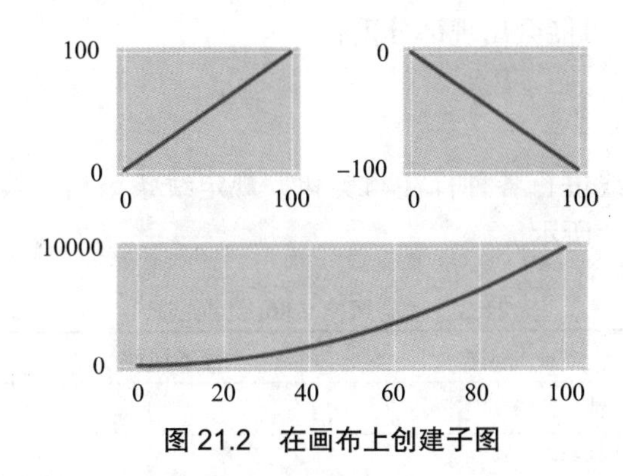

图 21.2 在画布上创建子图

注意：subplot( ) 函数在规划 Figure 对象时，可以将其划分为多少个子图，但是每调用一次，该函数只创建一个子图。

21.3.3 创建多个子图

如果希望一次性创建一组子图，则可以通过 subplots( ) 函数实现。subplots( ) 函数会返回一个元组，元组的第一个元素为 Figure 对象（画布）；第二个元素，如果创建的是单个子图，则返回一个 Axes 对象，否则返回一个 Axes 对象数组。例如：

```
import numpy as np
import matplotlib.pyplot as plt
nums=np.arange(1, 101)
fig, axes=plt.subplots(2, 2)
ax1=axes[0, 0]
ax2=axes[0, 1]
ax3=axes[1, 0]
ax4=axes[1, 1]
ax1.plot(nums, nums)
ax2.plot(nums, -nums)
ax3.plot(nums, nums**2)
```

```
ax4.plot(nums, np.log(nums))
plt.tight_layout()
plt.show()
```

运行结果如图 21.3 所示。

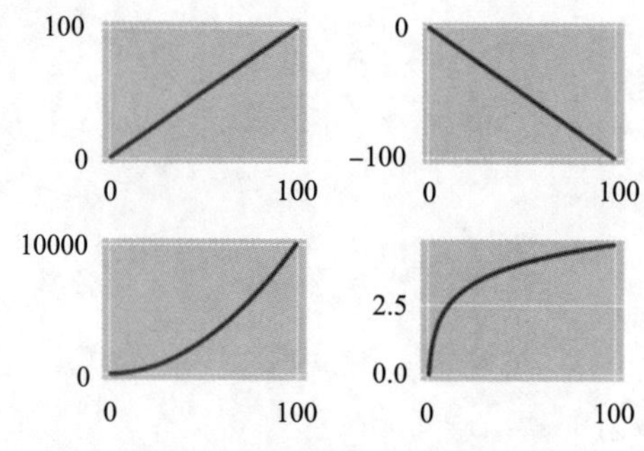

图 21.3 在画布上创建多个子图

plt.tight_layout( ) 函数可以调整各个图表的布局，使得它们都能正常显示。如果未调整布局，则各子图表之间可能会出现部分重叠。

21.3.4 标注与美化

matplotlib 支持对曲线进行各种标注与美化，规定线条风格、线条颜色、线条标记等操作，如表 21.3 ～表 21.5 所示。

表 21.3 线条风格（linestyle或ls）

线条风格	描述	线条风格	描述
–	实线	:	虚线
––	破折线	–.	点画线

表 21.4 线条颜色（color或c）

color	别名	颜色	color	别名	颜色
blue	b	蓝色	green	g	绿色
red	r	红色	yellow	y	黄色
cyan	c	青色	black	k	黑色
magenta	m	洋红色	white	w	白色

表 21.5 常用线条标记（marker）

标记	描述	标记	描述
.	点	>	一角朝右的三角形
o	圆	<	一角朝左的左三角形
D	菱形	∨	倒三角形
d	小菱形	∧	正三角形
s	正方形	1	正三分支

续表

标记	描述	标记	描述
p	五边形	2	倒三分支
h	六边形1	3	左三分支
H	六边形2	4	右三分支
8	八边形	*	星号
|	竖直线	+	加号
_	水平线	P	填充的加号
x	乘号		

图表有标题、x轴坐标和y轴坐标，也可以为x轴和y轴添加标题，x轴和y轴有默认刻度，也可以根据需要改变刻度，还可以为刻度添加标题。图表中有类似的图形时可以为其添加图例，用不同的颜色标识出它们的区别。表21.6所示为相关操作函数。

表 21.6 相关操作函数

函数	描述
title( )	为当前图形添加标题
legend( )	为当前图形放置图例
annotate( )	为指定数据点创建注释
xlabel( )	设置x轴标签
ylabel( )	设置y轴标签
xticks( )	设置x轴刻度位置和标签
yticks( )	设置y轴刻度位置和标签

21.3.5 绘制常见图表

matplotlib.pyplot 模块中包含了生成多种图表的函数，这些函数如表21.7所示。

表 21.7 matplotlib.pyplot模块中绘制图表的函数

函数名称	函数说明	函数名称	函数说明	函数名称	函数说明
bar	柱状图	pie	饼状图	scatter	散点图
barh	水平柱状图	specgram	光谱图	plot	折线图
hist	直方图	stackplot	堆积区域图	boxplot	箱形图

1. 绘制折线图

折线图是由线构成的，是比较简单的图表。

```
import matplotlib.pyplot as plt

# 设置中文字体
plt.rcParams['font.family'] = ['SimHei']

x = [5, 4, 2, 1]          # x 轴坐标数据
```

```
y = [7, 8, 9, 10]            # y 轴坐标数据

# 绘制折线图
plt.plot(x, y, 'b', label='线1', linewidth=1)

plt.title('绘制折线图')
plt.xlabel('x轴')
plt.ylabel('y轴')
plt.legend()                 # 设置图例

# 以分辨率 72 来保存图片
#plt.savefig('折线图', dpi=72)

plt.show()                   # 显示图形
```

运行结果如图 21.4 所示。

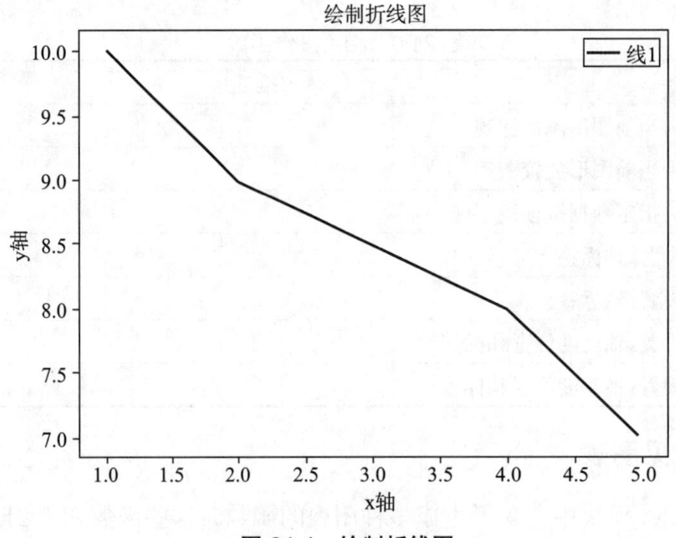

图 21.4　绘制折线图

SimHei 是黑体，当不设置中文字体时，若图表中有中文，则黑体无法正常显示。rcParams 是 matplotlib 的全局变量，用来保存一些设置的信息。

坐标数据放到列表或元组等序列中，两个序列数据一一对应，即 x 轴坐标数据的第一个元素对应 y 轴坐标数据的第一个元素。

2. 绘制柱状图

柱状图是一种以长方形的长度为变量表达图形的统计报告图，它由一系列高度不等的纵向条纹表示数据分布的情况。例如：

```
import matplotlib.pyplot as plt

# 设置中文字体
plt.rcParams['font.family'] = ['SimHei']

x1 = [1, 3, 5, 7, 9]        # x1 轴坐标数据
```

```
y1 = [5, 2, 7, 8, 2]       # y1 轴坐标数据

x2 = [2, 4, 6, 8, 10]      # x2 轴坐标数据
y2 = [8, 6, 2, 5, 6]       # y2 轴坐标数据

# 绘制柱状图
plt.bar(x1, y1, label=' 柱状图 1')
plt.bar(x2, y2, label=' 柱状图 2')

plt.title(' 绘制柱状图 ')
plt.xlabel('x 轴 ')
plt.ylabel('y 轴 ')
plt.legend()                       # 设置图例

plt.show()                         # 显示图形
```

运行结果如图 21.5 所示。

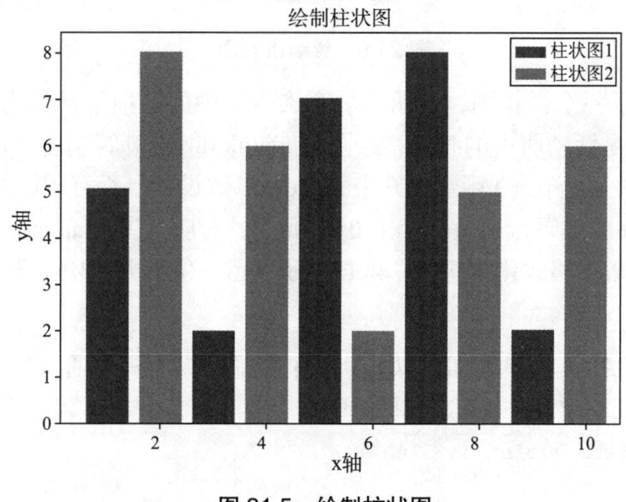

图 21.5　绘制柱状图

3. 绘制饼状图

饼状图用来展示各分项在总和中的比例。饼状图有点特殊，它没有坐标。例如：

```
import matplotlib.pyplot as plt

# 设置中文字体
plt.rcParams['font.family'] = ['SimHei']          # 该命令对全局起作用

activities = [' 工作 ', ' 睡 ', ' 吃 ', ' 玩 ']     # 各种活动标题列表
slices = [8, 7, 3, 6]                             # 各种活动所占的时间列表
cols = ['c', 'm', 'r', 'b']                       # 各种活动在饼状图中的颜色列表

plt.pie(slices, labels= activities, colors=cols,
        shadow=True, explode=(0, 0.1, 0, 0),
        autopct='%.1f%%')
```

```
plt.title('绘制饼状图')

plt.show()
```

运行结果如图 21.6 所示。

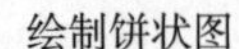

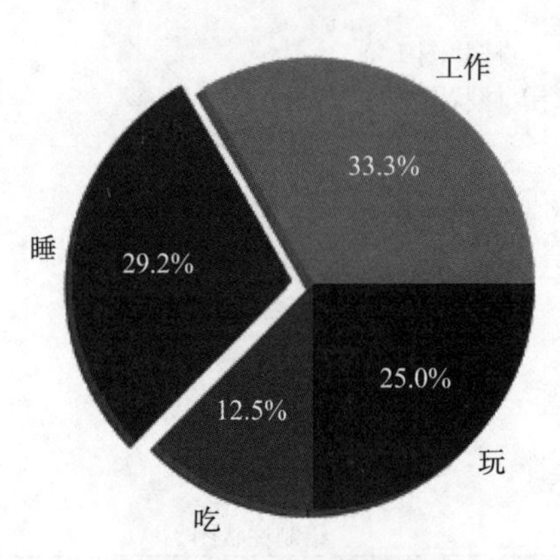

图 21.6　绘制饼状图

上述代码绘制了一个饼状图，展示了一个人一天中的各项活动所占的比例。activities 是活动标题，slices 是活动所占的时间，绘图时 matplotlib 会计算出各个活动所占的比例。

绘制饼状图的关键是 pie( ) 函数，其中 shadow 参数设置是否有阴影；explode 参数设置各项脱离饼状图主体的效果，它是 (0, 0.1, 0, 0) 元组，对应各项；autopct 参数设置各项显示的百分比，%.1f%% 表示格式化字符串，%.1f 表示保留一位小数，%% 显示一个百分号。

4. 绘制散点图

散点图是以某个特征为横坐标，以另外一个特征为纵坐标，通过散点的疏密程度和变化趋势表示两个特征的数量关系。例如：

```
import matplotlib.pyplot as plt
import numpy as np

# 设置中文字体
plt.rcParams['font.family'] = ['SimHei']
plt.rcParams['axes.unicode_minus'] = False  # 设置显示负号

n = 1024
x = np.random.normal(0, 1, n)
y = np.random.normal(0, 1, n)
plt.scatter(x, y)
plt.title('绘制散点图')

plt.show()
```

运行结果如图 21.7 所示。

plt.rcParams['axes.unicode_minus'] = False 设置显示负号，这是由于本例设置了中文字体，这个设置会影响图表中负号的显示，因此需要重新设置。np.random.normal( ) 是

numpy 库提供的计算随机函数，本例是生成 1024 个 0 ～ 1 的随机数。

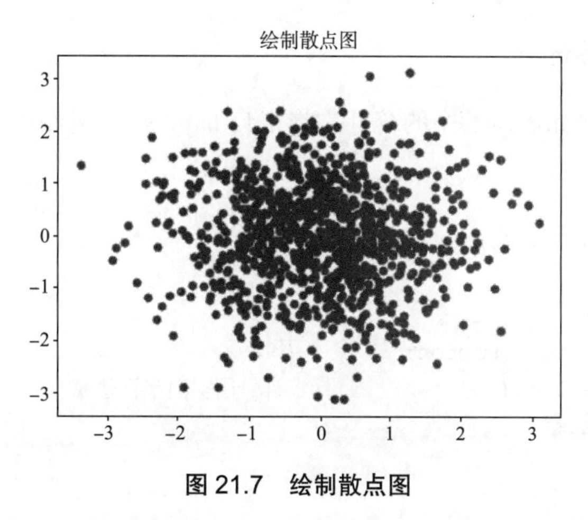

图 21.7　绘制散点图

利用 matplotlib 自带的几种美化样式，可以很轻松地对生成的图形进行美化。（注意：该命令对全局起作用）例如：

```
import matplotlib.pyplot as plt
import numpy as np
x = np.arange(0, np.pi * 2, 0.1)
plt.style.use('bmh')
plt.plot(x, np.sin(x))
plt.plot(x, np.cos(x))
plt.legend(['sin', 'cos'])
plt.show()
```

运行结果如图 21.8 所示。

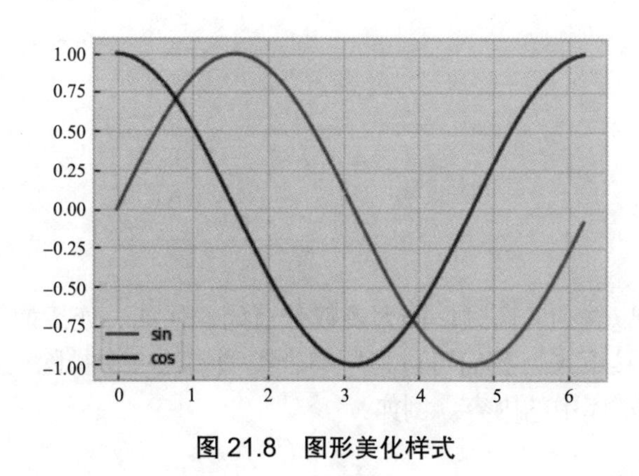

图 21.8　图形美化样式

利用 plt.style.available 可以获取所有可用的美化样式。

21.4 词云

词云是一种应用广泛的数据可视化方法，是过滤掉文本中大量的低频信息，对出现频率较高的“关键字”进行视觉化的展现。浏览者只要看一眼词云就可领略文本的主旨。

Python 中可导入 wordcloud 库，借助 wordcloud 库制作词云。

21.4.1 英文词频统计

英文词频统计示例如下，其中的统计文本来自 hamlet.txt 文件：

```
import string

with open('hamlet.txt', 'r') as f:
    txt = f.read()
txt = txt.lower()
for ch in string.punctuation:
    txt = txt.replace(ch, ' ')  # 标点符号用空白字符替换
words = txt.split()

d = {}
for w in words:
    d[w] = d.get(w, 0) + 1

# 输出前 10 个高频单词
lst = sorted(d.items(), key=lambda x: -x[1])
for i in range(10):
    word, count = lst[i]
    print('{:<10}{:>5}'.format(word, count))
```

运行结果为：

```
the       43
and       966
to        762
of        669
i         631
you       554
a         546
my        514
hamlet    471
in        45
```

观察输出结果可以看到，高频单词大多数是冠词、代词、连接词等语法型词汇，并不能代表文章的含义。接下来，我们可以采用集合类型构建一个排除词汇库 excludes，在输出结果中排除这个词汇库中的内容。例如：

```
import string

with open('hamlet.txt', 'r') as f:
    txt = f.read()
txt = txt.lower()
for ch in string.punctuation:
    txt = txt.replace(ch, ' ')
words = txt.split()
```

```
excludes = {'the', 'and', 'to', 'of', 'i', 'you', 'a', 'my', 'in'}
d = {}
for w in words:
    if w not in excludes:
        d[w] = d.get(w, 0) + 1

lst = sorted(d.items(), key=lambda x: -x[1])
for i in range(10):
    print('{:<10}{:>5}'.format(lst[i][0], lst[i][1]))
```

运行结果为：

```
hamlet    47
it        419
that      407
IS        358
not       315
lord      31
this      297
his       296
but       271
with      268
```

21.4.2　jieba 库的使用

jieba 库是 Python 中一个重要的第三方中文分词库。表 21.8 列出了 jieba 库的函数。

表 21.8　jieba库的函数

函数	描述
jieba.cut（s）	精确模式，返回一个可迭代的数据类型
jieba.cut（s, cut_all=True）	全模式，输出文本 s 中所有可能的单词
jieba.cut_for_search（s）	搜索引擎模式，适合搜索引擎建立索引的分词结果
jieba.lcut（s）	精确模式，返回一个列表类型，建议使用
jieba.lcut（s, cut_all=True）	全模式，返回一个列表类型，建议使用
jieba.lcut_for_search（s）	搜索引擎模式，返回一个列表类型，建议使用
jieba.add_word（w）	向分词词典中增加新词 w

例如：

```
>>> import jieba
>>> jieba.lcut('中华人民共和国是一个伟大的国家')
['中华人民共和国', '是', '一个', '伟大', '的', '国家']
>>> jieba.lcut('中华人民共和国是一个伟大的国家', cut_all=True)
['中华', '中华人民', '中华人民共和国', '华人', '人民', '人民共和国', '共和', '共和国', '国是', '一个', '伟大', '的', '国家']
>>> jieba.lcut_for_search('中华人民共和国是一个伟大的国家')
['中华', '华人', '人民', '共和', '共和国', '中华人民共和国', '是', '一个', '伟大', '的', '国家']
```

21.4.3 《三国演义》中的人物出场统计

可以说，wordcloud库是Python非常优秀的词云展示第三方库。词云以词语为基本单位，能够更加直观和艺术地展示文本。

wordcloud 库把词云当作一个对象，它可以将文本中词语出现的频率作为一个参数绘制词云，而词云的大小、颜色、形状等都是可以设置的。

一个漂亮的词云文件通过以下三步就可以生成：① 配置对象参数；② 加载词云文本；③ 输出词云文件。

【例 21.1】统计《三国演义》中人物的出场次数，并用词云展示。

```
import jieba

with open('三国演义.txt', 'r', encoding='utf-8') as f:
    txt = f.read()
words = jieba.lcut(txt)

d = {}
for w in words:
    if len(w) == 1:                   # 排除单个字符的分词结果
        continue
    d[w] = d.get(w, 0) + 1

# 输出前15个高频单词
lst = sorted(d.items(), key=lambda x: -x[1])
for i in range(15):
    word, count = lst[i]
    print('{:<10}{:>5}'.format(word, count))
```

运行结果为：

```
曹操        953
孔明        836
将军        772
却说        656
玄德        585
关公        510
丞相        491
二人        469
不可        440
荆州        425
玄德曰      390
孔明曰      390
不能        384
如此        378
张飞        358
```

观察输出结果，同一个人物会有不同的名字，这种情况需要整合处理。同时，与英文词频统计类似，需要排除一些与人名无关的词汇，如“却说”“将军”等。修改后的代码如下：

```
import jieba
```

```
import wordcloud

def show(d):
    font = r'C:/Windows/fonts/simfang.ttf'
    wc = wordcloud.WordCloud(
        font_path=font,
        width=500,
        height=400,
        background_color='white',
        font_step=3,
        random_state=False
    )
    t = wc.generate_from_frequencies(d)
    t.to_image().show()

with open('三国演义.txt', 'r', encoding='utf-8') as f:
    txt = f.read()
words = jieba.lcut(txt)

excludes = ['将军', '却说', '二人', '不可', '荆州', '不能', '如此',
            '今日', '次日', '然后', '大败', '不见', '正是', '因此',
            '大喜', '背后', '城中', '此人', '大叫', '东吴', '不敢']
d = {}
for w in words:
    if len(w) == 1 or (w in excludes):
        continue
    elif w == '诸葛亮' or w == '孔明曰':
        w = '孔明'
    elif w == '关公' or w == '云长':
        w = "关羽"
    elif w == '玄德' or w == '玄德曰':
        w = "刘备"
    elif w == '孟德' or w == '丞相':
        w = '曹操'

    d[w] = d.get(w, 0) + 1

show(d)
```

运行结果如图 21.9 所示。

当然，我们也可以尝试继续完善程序，排除更多无关词汇的干扰。WordCloud( ) 函数的一些重要参数解释如下：

（1）font_path：指明字体及其所有路径，默认为None，在英文词云中可以不用设置；如果显示中文词云，则需要明确指定字体

图 21.9　词云展示《三国演义》中的人物出场次数

及其路径，否则无法正常显示中文字符。

（2）width：生成词云画布的宽（默认为400）。

（3）height：生成词云画布的高（默认为400）。

（4）mask：背景图片，默认为None。当mask不为None时，width和height无效，被mask的形状替代。除了白色块，mask其他部位会被作为填充单词的区域。

（5）background_color：词云背景色，默认为black。

（6）random_state：该参数会在color_func参数中被调用，默认为None，实际上的作用是作为随机数的种子。

21.5 sklearn

sklearn是基于Python语言的数据分析与机器学习的开源库。sklearn对一些常用的机器学习方法进行了封装，只需要简单地调用sklearn里的模块就可以实现大多数机器学习的任务。

机器学习的任务通常包括分类（Classification）、回归（Regression）、聚类（Clustering）、数据降维（Dimensionality Reduction）、数据预处理（Preprocessing）等。在sklearn的官方文档中包含了分类、回归、聚类、模型选择、数据预处理、数据降维6个功能。

21.5.1 使用sklearn转换器处理数据

1. 加载datasets模块中的数据集

sklearn的datasets子模块集成了一些数据分析的经典数据集，具体如表21.9所示。

表21.9 datasets模块中的数据集

数据集加载函数	数据集内容	数据集任务类型
load_boston	波士顿房价数据	回归
fetch_california_housing	加利福尼亚房价数据	回归
load_digits	手写字体数据	分类
load_breast_cancer	乳腺癌患病数据	分类、聚类
load_iris	鸢尾花分类数据	分类、聚类
load_wine	红酒分类的评分数据	分类

加载后的数据集可以视为一个字典，几乎所有的sklearn数据集均可以使用data、target、feature_names、DESCR分别获取数据集的数据、目标变量（标签）、特征名称和描述信息。用户可以使用这些数据集进行数据预处理，进行分类、聚类、回归模型的构建，以熟悉sklearn的数据处理流程和建模流程。

比如，现在采集了506份波士顿的房价数据，其中，前13列为特征值，最后一列为房价，我们可以利用如下命令查看相关的数据情况。

```
from sklearn.datasets import load_boston
boston = load_boston()                           # 返回字典数据
print('1: ', boston.keys())                      # 输出字典的键
print('2: ', boston['feature_names'])            # 输出特征名称
```

```
print('3: ', boston['DESCR'])                    # 各特征名称的说明信息
print('4: ', boston['target'])                   # 目标变量
print('5: ', boston['data'])                     # 多维数组。包含 506 行记录，13 列数据
```

鸢尾花数据集可能是模式识别、机器学习等领域里被使用最多的一个数据集，鸢尾花数据集共收集了三类鸢尾花，即 setosa 山鸢尾花、versicolor 变色鸢尾花、virginica 维吉尼亚鸢尾花。每一类鸢尾花收集了 50 条样本记录，共计 150 条。数据集包括 4 个属性，分别为花萼的长、花萼的宽、花瓣的长和花瓣的宽。可以利用以下代码导入鸢尾花数据集：

```
from sklearn.datasets import load_iris
iris = load_iris()
```

其余数据集的导入方法类似。

2. 数据集的划分

在机器学习中，通常需要把样本数据划分为训练集与测试集，以对模型的泛化误差进行评估。其中，训练集用于建立模型，测试集用于对模型进行评估。sklearn 的 model_selection 子模块提供了 train_test_split 方法，能够对数据集进行拆分。如果传入的是一组数据，那么生成的就是这一组数据随机划分后的训练集和测试集，总共有两组。如果传入的是两组数据，则会生成两组训练集和测试集，总共得到 4 组数据。例如：

```
from sklearn.datasets import load_boston
from sklearn.model_selection import train_test_split
boston = load_boston()
train_data, test_data, train_target, test_target = train_test_split(
    boston['data'], boston['target'], test_size=0.2)
print(train_data.shape)
print(test_data.shape)
print(train_target.shape)
print(test_target.shape)
```

以上代码将波士顿房价数据中的 80% 划分为训练集数据，20% 划分为测试集数据。

3. 使用 sklearn 转换器进行数据预处理

sklearn 能够对传入的 numpy 数组进行标准化处理、归一化处理、二值化处理和 PCA 降维等操作。sklearn 把相关的功能封装为转换器（Transformer），转换器主要包括三个方法：① fit 方法，主要通过分析特征和目标值，提取有价值的信息；② transform 方法，主要用来对特征进行转换；③ fit_transform 方法，即先调用 fit 方法，再调用 transform 方法。

sklearn 常用的预处理方法如表 21.10 所示。

表 21.10　sklearn常用的预处理方法

方法名称	作用
MinMaxScaler	对特征进行离差标准化
StandardScaler	对特征进行标准差标准化
Normalizer	对特征进行归一化
Binarizer	对定量特征进行二值化处理
OneHotEncoder	对定性特征进行独热编码处理
FunctionTransformer	对特征进行自定义函数变换

MinMaxScaler 的计算公式如下：

```
X_std = (X - X.min(axis=0)) / (X.max(axis=0) - X.min(axis=0))
X_scaled = X_std / (max - min) + min
```

例如，下面代码使用 sklearn 转换器对数据进行离差标准化操作：

```
from sklearn.preprocessing import MinMaxScaler
import numpy as np

train_data = np.array([[1., -1., 2.],
              [2., 0., 0.],
              [0., 1., -1.]])
test_data = np.array([[-3., -1., 4.]])

min_max_scaler = MinMaxScaler()
# 对训练集中的数据提取相应特征，并用 transform 方法进行转换
train_data_mms = min_max_scaler.fit_transform(train_data)
print(train_data_mms)

# 对测试集做同样规则的转换
test_data_mms = min_max_scaler.transform(test_data)
print(test_data_mms)
```

运行结果为：

```
[[0.5        0.         1.        ]
 [1.         0.5        0.33333333]
 [0.         1.         0.        ]]
[[-1.5       0.         1.66666667]]
```

21.5.2 构建聚类模型

聚类分析是根据数据相似度进行样本分组的一种方法，它是一种非监督的学习算法。sklearn 的 cluster 子模块提供了聚类算法。sklearn 的估计器（Estimator）可以实现聚类算法。sklearn 估计器和转换器类似，拥有 fit 和 predict 两个方法，fit 方法主要用于训练算法，predict 方法用于对传入的数据进行类别划分，或预测有监督学习的测试集标签。

1. 利用 K-Means 算法对鸢尾花数据做聚类

示例如下：

```
from sklearn.datasets import load_iris
from sklearn.cluster import KMeans
import matplotlib.pyplot as plt

iris = load_iris()
model = KMeans(n_clusters=3, random_state=2).fit(iris['data'])
print(model.labels_)  # 查看聚类标签

# 原始数据有四列，用散点图展示前两列数据的聚类结果，如图 21.10 所示
for i in range(3):
```

```
    plt.scatter(iris['data'][model.labels_ == i, 0],
                iris['data'][model.labels_ == i, 1])
plt.show()

# 预测花瓣、花萼的长度和宽度全为 1.5 的鸢尾花的类别
model.predict([[1.5, 1.5, 1.5, 1.5]])
```

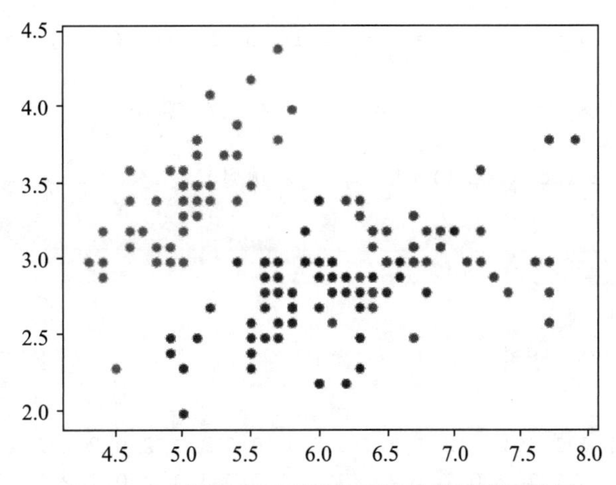

图 21.10　用散点图展示前两列数据的聚类结果

运行结果为：

```
[1 1 1 1 1 1 1 1 1 1 1 1 1 1 1 1 1 1 1 1 1 1 1 1 1 1 1 1 1 1 1 1 1 1 1 1 1
 1 1 1 1 1 1 1 1 1 1 1 1 1 0 0 2 0 0 0 0 0 0 0 0 0 0 0 0 0 0 0 0 0 0 0 0 0
 0 0 0 2 0 0 0 0 0 0 0 0 0 0 0 0 0 0 0 0 0 0 0 0 0 0 0 2 0 2 2 2 2 0 2 2 2
 2 2 0 0 2 2 2 2 0 2 0 2 0 2 2 0 0 2 2 2 2 2 0 2 2 2 2 0 2 2 2 0 2 2 2 0 2
 2 0]
```

K-Means 算法构建聚类模型，它的 random_state 参数对聚类的初始中心做初始化，类似设置随机数种子，使得每次运行代码获得相同的聚类标签 model.labels_。

2. 评价聚类模型

sklearn 的 metrics 子模块提供了模型评价指标。聚类模型的评价标准是组内的对象相互之间是相似的（相关的），而不同组中的对象是不同（或不相关）的。即组内的相似性越大，组间差别越大，聚类效果就越好。

下面，采用轮廓系数评价法对上面建立的模型进行评价：

```
from sklearn.metrics import silhouette_score
print(silhouette_score(iris['data'], model.labels_))
```

得到的评价结果约为 0.55，聚类效果一般。从图 21.10 中可以看出，聚类结果中有两类参数存在交叉。

21.5.3　构建分类模型

分类模型建立在已经有类标记的数据集上面，属于有监督学习。下面利用 SVC 支持向量机算法对鸢尾花数据构建分类模型：

```
from sklearn.model_selection import train_test_split
from sklearn.svm import SVC
```

```
from sklearn.datasets import load_iris

iris = load_iris()
X = iris['data']            # 特征矩阵
y = iris['target']          # 目标向量

# 数据切分
X_train, X_test, y_train, y_test = train_test_split(X, y, test_size=0.2)

model = SVC().fit(X_train, y_train)       # 构建分类模型

y_pre = model.predict(X_test)             # 预测
print(y_pre)
print(y_test)

# 模型在测试集里的正确率
print(model.score(X_test, y_test))
```

运行结果为:

```
[0 0 0 1 2 2 1 1 0 1 1 2 0 2 1 2 1 1 1 0 0 0 1 1 2 0 2 2 2 2]
[0 0 0 1 2 2 1 1 0 1 1 2 0 1 1 2 1 1 1 0 0 0 1 1 2 0 2 2 2 2]
0.9666666666666667
```

21.5.4 构建回归模型

回归算法的实现过程与分类算法类似，两者的主要区别在于，分类算法的标签是离散的，而回归算法的标签是连续的。

下面以波士顿房价数据集为例，利用 sklearn 构建回归模型:

```
from sklearn.datasets import load_boston
from sklearn.model_selection import train_test_split
from sklearn.linear_model import LinearRegression
import matplotlib.pyplot as plt

# 读入数据集
boston = load_boston()
X = boston['data']
y = boston['target']

# 数据切分
X_train, X_test, y_train, y_test = train_test_split(X, y, test_size=0.2)

# 模型预处理，略

# 用训练集去拟合回归方程
model = LinearRegression().fit(X_train, y_train)

# 用测试集进行预测
y_pre = model.predict(X_test)
```

```
#绘制折线图比较预测值与真实值的差异
plt.plot(range(len(y_test)), y_test)   # ,color='r')
plt.plot(range(len(y_test)), y_pre)    # ,color='b')
plt.legend(['real', 'predict'])
plt.show()
```

运行结果如图 21.11 所示。

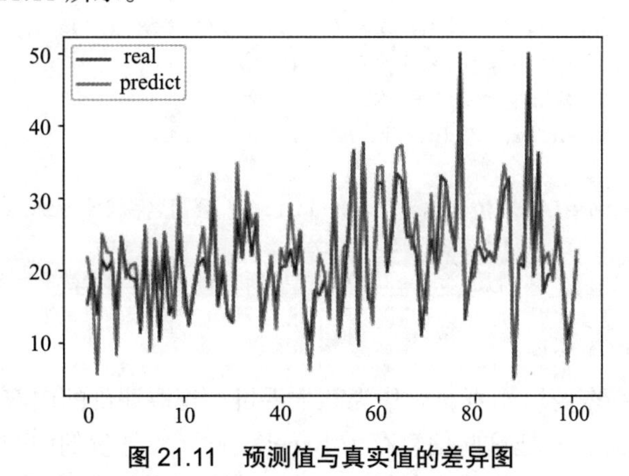

图 21.11 预测值与真实值的差异图

21.6 应用实例

【例 21.2】进入人才热线网 https://www.cjol.com/，在搜索栏中输入“数据分析”，对数据分析岗位爬取职位名称、公司名称、工作地区、月薪、更新时间等信息，并存为 Excel 文件。

```
import requests
import re
from lxml import etree
import pandas as pd

headers = {
    'User-Agent': 'Mozilla/5.0 (Windows NT 6.3; Win64; x64) AppleWebKit/537.36
(KHTML, like Gecko) Chrome/80.0.3987.132 Safari/537.36'
}

url = 'https://s.cjol.com/kw-数据分析/?SearchType=1&KeywordType=3'
response = requests.get(url, headers=headers)
html = response.content.decode()
element = etree.HTML(html)

# 职位名称
pat = '<li class="list_type_first">.*?<a.*?>(.*?)</a>'
tmp = re.findall(pat, html)
job_list = []
for x in tmp:
```

```
        x = x.replace('<strong>', '')
        x = x.replace('</strong>', '')
        job_list.append(x)

    prefix = '//ul[@class="results_list_box"]'

    company_name = element.xpath(prefix + '/li[3]/a/text()')        # 公司名称
    address = element.xpath(prefix + '/li[4]/text()')               # 工作地区
    salary = element.xpath(prefix + '/li[7]/text()')                # 月薪
    update_time = element.xpath(prefix + '/li[8]/text()')           # 更新时间

    data = pd.DataFrame({'职位名称': job_list, '公司名称': company_name,
                         '工作地区': address,
                         '月薪': salary, '更新时间': update_time})
    print(data)
    data.to_excel('job.xlsx')
```

【例 21.3】打开京东商城网页，对华为某款手机，爬取评价的内容、分数、创建时间、产品颜色、昵称等信息，并把这些信息存为 Excel 文件，对评价的内容用词云可视化。

【分析】打开搜索页面中显示的商品，单击“商品评价”，然后单击“第 2 页”，寻找商品评价 url 的规律，如图 21.12 所示。

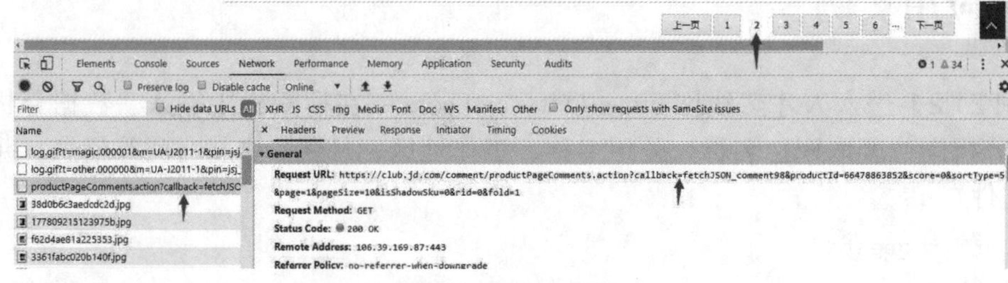

图 21.12　url 分析

得到 Request URL：

https://club.jd.com/comment/productPageComments.action?callback=fetchJSON_comment98&productId=100011762577&score=0&sortType=5&page=1&pageSize=10&isShadowSku=0&rid=0&fold=1

之后，我们可以多查看几个网页，发现只有 page 的值在变，由此可以构造其他页的 url。获得的数据如图 21.13 所示 .

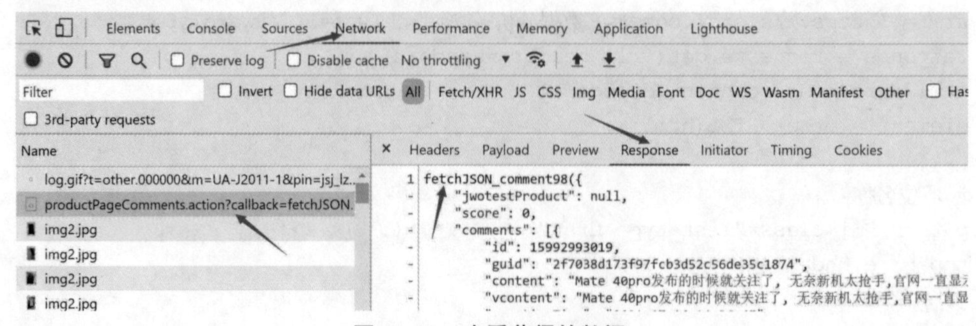

图 21.13　查看获得的数据

```
import requests
import pandas as pd
import json
from collections import Counter
import jieba
import wordcloud
import matplotlib.pyplot as plt

headers = {
    'User-Agent': 'Mozilla/5.0 (Windows NT 10.0; Win64; x64)
AppleWebKit/537.36 (KHTML, like Gecko) Chrome/81.0.4044.138 Safari/537.36'}
url = 'https://club.jd.com/comment/productPageComments.
action?callback=fetchJSON_comment98&productId=100011762577&score=0&sortType=5&pag
e={}&pageSize=10&isShadowSku=0&rid=0&fold=1'
data_all = pd.DataFrame()
for i in range(1, 10):
    per_url = url.format(i)
    response = requests.get(per_url, headers=headers)
    html = response.content.decode('gbk')

    tmp = json.loads(html[len('fetchJSON_comment98('):-2])
    comments = tmp['comments']

    content = [x['content'] for x in comments]
    score = [x['score'] for x in comments]
    creationTime = [x['creationTime'] for x in comments]
    productColor = [x['productColor'] for x in comments]
    nickname = [x['nickname'] for x in comments]
    data = pd.DataFrame(
        {'content': content, 'score': score,
         'creationTime': creationTime, 'productColor': productColor,
         'nickname': nickname})
    data_all = pd.concat([data_all, data], axis=0)
data_all.to_excel('京东手机评价.xlsx', index=None)

# 可视化，stoplist.txt 是停用词文件
data_cut = data_all['content'].apply(jieba.lcut)
with open('stoplist.txt', 'r', encoding='utf8') as f:
    stop = f.read()
stop = stop.split() + ['\n']
data_after = data_cut.apply(lambda x: [i for i in x if i not in stop])

lst = []
for item in data_after:
    lst.extend(item)
result = dict(Counter(lst))

def show(d, pic):
```

```
    font = r'C:/Windows/fonts/simfang.ttf'
    wc = wordcloud.WordCloud(
        font_path=font,
        width=500,
        height=400,
        background_color='white',
        font_step=1,
        mask=pic,                # 词云形状
        random_state=False
    )
    t = wc.generate_from_frequencies(d)
    t.to_image().show()          # 展示图片
    t.to_file('phone.png')       # 保存图片

pic = plt.imread('circle.jpg')
show(result, pic)
```

21.7 小结

本章主要介绍了 numpy、pandas、matplotlib、sklearn 等与数据分析、可视化相关库的使用，读者需要熟练掌握它们。词云可以对文本中出现频率较高的关键字进行展示，应用比较广泛。

参考文献

[1] 关东升 . Python 从小白到大牛 [M]. 2 版 . 北京：清华大学出版社，2021.

[2] 黑马程序员 . Python 数据分析与应用：从数据获取到可视化 [M]. 北京：中国铁道出版社，2019.

[3] 赵广辉 . Python 语言及其应用 [M]. 北京：中国铁道出版社，2019.

[4] 阿尔 • 斯维加特 . Python 编程快速上手——让繁琐工作自动化 [M]. 2 版 . 王海鹏，译 . 北京：人民邮电出版社，2021.

[5] 埃里克 • 马瑟斯 . Python 编程从入门到实践 [M]. 2 版 . 袁国忠，译 . 北京：人民邮电出版社，2021.

[6] 韦玮 . 精通 Python 网络爬虫：核心技术、框架与项目实战 [M]. 北京：机械工业出版社，2017.

[7] 董付国 . Python 程序设计 [M]. 3 版 . 北京：清华大学出版社，2020.

[8] 小田大梦想 . Scrapy 框架流程图解析 [EB/OL]. (2018-07-12)[2021-05-12]. https://blog.csdn.net/qq_37143745/article/details/80996707.